金属材料腐蚀与防护

主 编 张少华
副主编 刘宝胜 胡 勇
参 编 张秀芝 赵新新
　　　　张跃忠 武鹏鹏

北京理工大学出版社
BEIJING INSTITUTE OF TECHNOLOGY PRESS

内 容 简 介

本书较系统地、由浅入深地阐述了材料腐蚀的基本规律、腐蚀控制原理及防腐蚀技术与工艺，注重理论与应用的统一性。本书共10章，前8章分别为金属与合金的高温氧化、金属电化学腐蚀热力学、均匀腐蚀与局部腐蚀、金属在各种环境中的腐蚀、材料的耐蚀性、电化学腐蚀防护、金属的缓蚀、表面防护涂层，后2章为金属腐蚀与防护的热点课题讨论。

本书既可作为材料科学与工程、材料工程、材料与化工等相关专业的研究生教学用书，也可作为大学高年级本科生教学用书以及有关科研人员的参考用书。

版权专有　侵权必究

图书在版编目（CIP）数据

金属材料腐蚀与防护／张少华主编．－－北京：北京理工大学出版社，2023.4

ISBN 978-7-5763-2296-5

Ⅰ．①金… Ⅱ．①张… Ⅲ．①金属材料-防腐 Ⅳ．①TG17

中国国家版本馆 CIP 数据核字（2023）第 067534 号

责任编辑：多海鹏	**文案编辑**：闫小惠
责任校对：刘亚男	**责任印制**：李志强

出版发行 /	北京理工大学出版社有限责任公司
社　　址 /	北京市丰台区四合庄路6号
邮　　编 /	100070
电　　话 /	（010）68914026（教材售后服务热线）
	（010）68944437（课件资源服务热线）
网　　址 /	http://www.bitpress.com.cn
版 印 次 /	2023年4月第1版第1次印刷
印　　刷 /	唐山富达印务有限公司
开　　本 /	787 mm×1092 mm　1/16
印　　张 /	16
字　　数 /	376千字
定　　价 /	90.00元

图书出现印装质量问题，请拨打售后服务热线，负责调换

前　言

《金属材料腐蚀与防护》是材料科学与工程专业本科生和研究生的必修课教材。它是为适应学科、专业结构调整及培养全面型高素质人才的需要，集编者多年教学经验、吸收国内外精华经典理论及最新研究编写而成的。

国内同类教材不少，与本书较为相似的有两本，分别为孙秋霞主编的于2001年冶金工业出版社出版的《材料腐蚀与防护》，以及张宝宏主编的于2005年化学工业出版社出版的《金属电化学腐蚀与防护》。本书以此为基础，对部分章节进行了较大调整。其中，第1~4章为腐蚀机理部分；第5~8章为腐蚀的防护部分；第9、10章为近几年金属腐蚀与防护的热点课题讨论，有利于培养研究生分析和解决实际问题的能力，并拓展其研究方向。本书理论系统内容翔实，实用性较强，有利于材料腐蚀与防护研究实践型人才的培养。

本书编委由有多年教学实践和相关领域科研经验的教师队伍组成，既对教材内容的难易度、重难点有深刻的理解，也对目前材料腐蚀与防护领域的最新发展动态有深刻的认识。本书由张少华（绪论、第1、3、4章）、刘宝胜（第5、8章）、胡勇（第6章）、张秀芝（第2章）、赵新新（第7章）、张跃忠（第10章）、武鹏鹏（第9章）合编，由张少华统稿。最后，感谢山西省研究生精品教材项目（2023JC18）的资助。

由于编委水平所限，书中难免存在疏漏，敬请读者给予批评指正，以便日后完善、修订。

编　者

目 录

第 0 章	绪论	001
0.1	金属腐蚀的基本概念	001
0.2	研究材料腐蚀的重要性	001
0.3	材料的腐蚀控制	003

第 1 章　金属与合金的高温氧化 ⋯⋯ 004

- 1.1 金属高温氧化的热力学基础 ⋯⋯ 005
  - 1.1.1 金属高温氧化的可能性 ⋯⋯ 005
  - 1.1.2 金属氧化物的高温稳定性 ⋯⋯ 006
- 1.2 金属氧化膜 ⋯⋯ 009
  - 1.2.1 金属氧化膜的形成 ⋯⋯ 009
  - 1.2.2 金属氧化膜的生长 ⋯⋯ 010
  - 1.2.3 金属氧化膜的 P-B 比 ⋯⋯ 010
  - 1.2.4 金属氧化物的晶体结构 ⋯⋯ 012
- 1.3 高温氧化动力学 ⋯⋯ 013
  - 1.3.1 高温氧化速度的测量方法 ⋯⋯ 013
  - 1.3.2 恒温氧化动力学规律 ⋯⋯ 014
  - 1.3.3 高温氧化理论——Wagner 理论 ⋯⋯ 016
- 1.4 影响金属氧化的因素 ⋯⋯ 019
  - 1.4.1 合金元素对氧化速度的影响 ⋯⋯ 019
  - 1.4.2 温度对氧化速度的影响 ⋯⋯ 021
  - 1.4.3 气体介质对氧化速度的影响 ⋯⋯ 022
- 1.5 合金氧化及抗氧化原理 ⋯⋯ 023
  - 1.5.1 二元合金的几种氧化形式 ⋯⋯ 024
  - 1.5.2 提高合金抗氧化性的途径 ⋯⋯ 027
  - 1.5.3 常见金属和耐热合金的抗氧化性 ⋯⋯ 029
  - 1.5.4 耐氧化涂层材料 ⋯⋯ 030

习题 ⋯⋯ 032

第 2 章　金属电化学腐蚀热力学 ········ 033
2.1　电极体系和电极电位 ········ 033
- 2.1.1　电极体系 ········ 033
- 2.1.2　电极电位 ········ 035

2.2　腐蚀电池 ········ 041
- 2.2.1　腐蚀电池的概述 ········ 041
- 2.2.2　金属腐蚀的电化学历程 ········ 042
- 2.2.3　腐蚀电池的类型 ········ 043

2.3　电位-pH 图及其在腐蚀研究中的应用 ········ 044
- 2.3.1　电位-pH 图的简介 ········ 044
- 2.3.2　电位-pH 图的绘制 ········ 047
- 2.3.3　电位-pH 图的应用 ········ 048
- 2.3.4　应用电位-pH 图的局限性 ········ 050

2.4　极化 ········ 051
- 2.4.1　极化现象 ········ 051
- 2.4.2　极化原因 ········ 052
- 2.4.3　过电位 ········ 053
- 2.4.4　极化曲线 ········ 056

2.5　去极化 ········ 059
- 2.5.1　去极化 ········ 059
- 2.5.2　析氢腐蚀 ········ 060
- 2.5.3　氧去极化腐蚀 ········ 063

2.6　腐蚀极化图 ········ 066
- 2.6.1　伊文思（Evans）极化图 ········ 066
- 2.6.2　腐蚀电流 ········ 067
- 2.6.3　腐蚀控制因素 ········ 068

2.7　金属的钝化 ········ 069
- 2.7.1　金属的钝化现象 ········ 069
- 2.7.2　钝化原因及其特性曲线 ········ 069
- 2.7.3　钝化膜的性质 ········ 070
- 2.7.4　钝化理论 ········ 072

习题 ········ 073

第 3 章　均匀腐蚀与局部腐蚀 ········ 074
3.1　均匀腐蚀 ········ 074
- 3.1.1　均匀腐蚀的概述 ········ 074
- 3.1.2　均匀腐蚀速度的表示 ········ 076

3.2　电偶腐蚀 ········ 077
- 3.2.1　电偶腐蚀的概述 ········ 078
- 3.2.2　电偶腐蚀的原理 ········ 078
- 3.2.3　宏观腐蚀电池对微观腐蚀电池的影响 ········ 080
- 3.2.4　影响电偶腐蚀的因素 ········ 080

3.2.5 防止电偶腐蚀的措施 ········· 083
3.3 点蚀 ········· 084
3.3.1 点蚀的概述 ········· 084
3.3.2 点蚀的机理 ········· 084
3.3.3 影响点蚀的因素 ········· 086
3.3.4 防止点蚀的措施 ········· 088
3.4 缝隙腐蚀 ········· 088
3.4.1 缝隙腐蚀的概述 ········· 088
3.4.2 缝隙腐蚀的机理 ········· 089
3.4.3 影响缝隙腐蚀的因素 ········· 091
3.4.4 防止缝隙腐蚀的措施 ········· 091
3.5 丝状腐蚀 ········· 092
3.5.1 丝状腐蚀的概述 ········· 092
3.5.2 丝状腐蚀的机理 ········· 092
3.5.3 防止丝状腐蚀的措施 ········· 093
3.6 晶间腐蚀 ········· 093
3.6.1 晶间腐蚀的概述 ········· 093
3.6.2 晶间腐蚀的机理 ········· 094
3.6.3 影响晶间腐蚀的因素 ········· 096
3.6.4 防止晶间腐蚀的措施 ········· 097
3.7 应力作用下的局部腐蚀 ········· 098
3.7.1 应力腐蚀断裂 ········· 098
3.7.2 氢损伤 ········· 101
3.7.3 腐蚀疲劳 ········· 104
3.7.4 磨损腐蚀 ········· 106
3.8 选择性腐蚀 ········· 109
3.8.1 组织选择性腐蚀 ········· 109
3.8.2 成分选择性腐蚀 ········· 109

习题 ········· 111

第4章 金属在各种环境中的腐蚀 ········· 112
4.1 大气腐蚀 ········· 112
4.1.1 大气腐蚀的分类 ········· 112
4.1.2 大气腐蚀的机理 ········· 114
4.1.3 工业大气腐蚀的特点 ········· 115
4.1.4 影响大气腐蚀的因素及防蚀方法 ········· 117

4.2 海水腐蚀 ... 118
    4.2.1 海水腐蚀的特点 ... 118
    4.2.2 影响海水腐蚀的因素 ... 120
    4.2.3 海水中常用金属材料的耐蚀性 ... 121
    4.2.4 防止海水腐蚀的措施 ... 122

4.3 土壤腐蚀 ... 122
    4.3.1 土壤腐蚀的特点 ... 122
    4.3.2 土壤腐蚀的形式 ... 123
    4.3.3 防止土壤腐蚀的措施 ... 124

4.4 人体环境中金属植入材料的腐蚀 ... 124
    4.4.1 人体环境的构成和特点 ... 124
    4.4.2 人体环境中可能发生的腐蚀形式 ... 125
    4.4.3 常用金属植入材料 ... 127

习题 ... 130

第5章 材料的耐蚀性 ... 131

5.1 纯金属的耐蚀性 ... 131
    5.1.1 热力学稳定性 ... 131
    5.1.2 自钝性 ... 132
    5.1.3 生成保护性腐蚀产物膜 ... 132

5.2 合金耐蚀途径 ... 132
    5.2.1 提高合金热力学稳定性 ... 133
    5.2.2 阻滞阴极过程 ... 133
    5.2.3 阻滞阳极过程 ... 134
    5.2.4 使合金表面生成高耐蚀的腐蚀产物膜 ... 136

5.3 铁的耐蚀性 ... 136
    5.3.1 铁的电化学性质及其耐蚀性 ... 136
    5.3.2 合金元素对铁的耐蚀性的影响 ... 137

5.4 耐蚀铸铁及其应用 ... 140
    5.4.1 高硅铸铁 ... 140
    5.4.2 镍铸铁 ... 140
    5.4.3 铬铸铁 ... 142

5.5 耐蚀低合金钢 ... 144
    5.5.1 耐大气腐蚀低合金钢 ... 144
    5.5.2 耐海水腐蚀低合金钢 ... 147
    5.5.3 耐硫酸露点腐蚀低合金钢 ... 151

5.6 不锈钢 ·········· 153
5.6.1 不锈钢的概念 ·········· 153
5.6.2 奥氏体不锈钢 ·········· 154
5.6.3 铁素体不锈钢 ·········· 157
5.6.4 奥氏体-铁素体双相不锈钢 ·········· 157

5.7 镍及镍基耐蚀合金 ·········· 159
5.7.1 镍的耐蚀性 ·········· 159
5.7.2 镍基耐蚀合金 ·········· 160

5.8 铝及铝基耐蚀合金 ·········· 161
5.8.1 铝的耐蚀性 ·········· 161
5.8.2 铝基耐蚀合金 ·········· 161

5.9 钛及钛基耐蚀合金 ·········· 163
5.9.1 钛的耐蚀性 ·········· 163
5.9.2 钛基耐蚀合金 ·········· 167

5.10 镁及镁基耐蚀合金 ·········· 169
5.10.1 镁的电化学特性及耐蚀性 ·········· 170
5.10.2 影响镁和镁合金耐蚀性的因素 ·········· 170
5.10.3 镁基合金耐蚀合金化原则 ·········· 171
5.10.4 镁合金的应力腐蚀及防止方法 ·········· 171

习题 ·········· 172

第6章 电化学腐蚀防护 ·········· 173

6.1 阴极保护 ·········· 173
6.1.1 阴极保护基本原理 ·········· 174
6.1.2 阴极保护的基本参数 ·········· 175
6.1.3 牺牲阳极法阴极保护 ·········· 177
6.1.4 阴极保护采用的阳极材料 ·········· 177

6.2 阳极保护 ·········· 179
6.2.1 阳极保护基本原理 ·········· 179
6.2.2 阳极保护的主要参数 ·········· 180
6.2.3 阳极保护采用的阴极材料 ·········· 181

习题 ·········· 183

第7章 金属的缓蚀 ·········· 184

7.1 缓蚀剂的概述 ·········· 185
7.2 缓蚀剂的分类 ·········· 185
7.2.1 按缓蚀剂的作用机理分类 ·········· 185

	7.2.2 按缓蚀剂的性质分类	186
	7.2.3 按缓蚀剂的化学成分分类	187
7.3	缓蚀剂的应用	187
	7.3.1 石油工业中的应用	187
	7.3.2 工业循环冷却水中的应用	188
	7.3.3 大气缓蚀剂	189
习题		190

第8章 表面防护涂层　191

8.1	热浸镀锌涂层	192
	8.1.1 热浸镀锌涂层性能	192
	8.1.2 热浸镀锌涂层的形成及结构	192
	8.1.3 影响热浸镀锌涂层厚度、结构和性能的因素	194
	8.1.4 热浸镀锌涂层钢材的应用	196
8.2	热喷涂铝或锌涂层	196
	8.2.1 热喷涂铝或锌涂层性能	196
	8.2.2 热喷涂铝或锌涂层的形成及结构	197
	8.2.3 热喷涂铝或锌涂层的制备工艺	199
	8.2.4 热喷涂铝或锌涂层的应用	202
8.3	电镀锌及其合金涂层	203
	8.3.1 电镀锌及其合金涂层性能	203
	8.3.2 电镀锌及其合金涂层的形成及结构	205
	8.3.3 电镀锌及其合金涂层的制备工艺	207
	8.3.4 电镀锌及其合金涂层的应用	212
8.4	锌扩散涂层	212
	8.4.1 锌扩散涂层性能	212
	8.4.2 锌扩散涂层的组织	213
	8.4.3 锌扩散涂层的制备工艺	214
	8.4.4 锌扩散涂层的应用	215
习题		215

第9章 热点课题讨论——混凝土中钢筋的腐蚀与防护　216

9.1	钢筋混凝土的概述及其腐蚀失效	216
9.2	钢筋的腐蚀	217
	9.2.1 氯离子侵蚀	218
	9.2.2 混凝土碳化	219
	9.2.3 温度的影响	220

9.3 混凝土中钢筋的腐蚀性监测 ·· 221
 9.3.1 腐蚀状态检测方法 ·· 221
 9.3.2 腐蚀速度测量技术 ·· 221
 9.3.3 局部腐蚀检测技术 ·· 222
9.4 混凝土中钢筋的保护方法 ·· 222
 9.4.1 缓蚀剂法 ··· 222
 9.4.2 钢筋覆膜法 ·· 223
 9.4.3 电化学防护法 ··· 223
9.5 牺牲阳极法阴极保护 ·· 224
 9.5.1 锌基牺牲阳极材料 ·· 224
 9.5.2 铝基牺牲阳极材料 ·· 225
 9.5.3 镁基牺牲阳极材料 ·· 225
9.6 智能镁阳极 ··· 225
 9.6.1 由晶粒取向引起的微电偶腐蚀 ·· 226
 9.6.2 由杂质引起的微电偶腐蚀 ··· 226
 9.6.3 由第二相引起的微电偶腐蚀 ·· 227

第10章 热点课题讨论——超疏水涂层的制备工艺及性能 228

10.1 超疏水涂层概述 ··· 228
 10.1.1 超疏水表面原理 ·· 228
 10.1.2 超疏水涂层制备策略 ·· 230
10.2 超疏水涂层制备工艺 ··· 231
10.3 超疏水涂层防护应用 ··· 232
 10.3.1 超疏水涂层在镁防腐领域的应用 ··· 233
 10.3.2 超疏水涂层在铝防腐领域的应用 ··· 235
 10.3.3 超疏水涂层在钢防腐领域的应用 ··· 236
10.4 超疏水涂层防护机理 ··· 238
10.5 超疏水涂层发展方向 ··· 240

参考文献 ·· 241

第 0 章 绪 论

0.1 金属腐蚀的基本概念

金属材料受周围介质的作用而损坏,称为金属腐蚀(Metallic Corrosion)。金属的锈蚀是最常见的金属腐蚀。腐蚀时,在金属的界面上发生了化学或电化学多相反应,使金属处于氧化(离子)状态。这会显著降低金属材料的强度、塑性、韧性等力学性能,破坏金属构件的几何形状,增加零件间的磨损,恶化电学和光学等物理性能,缩短设备的使用寿命,甚至造成火灾、爆炸等灾难性事故。

腐蚀现象是十分普遍的。从热力学的观点出发,除了极少数贵金属(Au、Pt 等)外,一般金属材料发生腐蚀都是一个自发过程,如铁制品生锈($Fe_2O_3 \cdot xH_2O$)、铝制品表面出现白斑(Al_2O_3)、铜制品表面产生铜绿[$Cu_2(OH)_2CO_3$]、银器表面变黑(Ag_2S、Ag_2O)等都属于金属腐蚀,其中用量最大的金属——铁制品的腐蚀最为常见。

人们已经认识到,人类使用的金属材料很少是由单纯机械因素(如拉、压、冲击、疲劳、断裂和磨损等)或其他物理因素(如热能、光能等)引起破坏的,绝大多数金属和非金属材料的破坏都与其周围环境的腐蚀因素有关。因此,金属材料的腐蚀问题已成为当今材料科学与工程领域不可忽略的课题。

0.2 研究材料腐蚀的重要性

材料腐蚀问题遍及国民经济的各个领域。从日常生活到交通运输、机械、化工、冶金,从尖端科学技术到国防工业,凡是使用材料的地方,都不同程度地存在着腐蚀问题。腐蚀给

社会带来了巨大的经济损失，造成了灾难性事故，消耗了宝贵的资源与能源，污染了环境，阻碍了高科技的正常发展。

腐蚀遍及国民经济各部门，给国民经济带来巨大的经济损失。20世纪50年代前，腐蚀的定义只局限于金属腐蚀。20世纪50年代以后，许多权威的腐蚀学者或研究机构倾向于把腐蚀的定义扩大到所有的材料。因为金属及其合金至今仍然是最重要的结构材料，所以金属腐蚀还是最引人注意的问题之一。腐蚀给合金材料造成的直接损失巨大，据统计，每年全世界腐蚀报废的金属约1亿吨。随着工业化的进程，腐蚀问题日趋严重，如美国1949年腐蚀消耗为50亿美元，1975年达700亿美元，到1985年高达1 680亿美元，与1949年相比增加了30余倍。估计全世界每年因腐蚀报废的钢铁设备相当于年产量的30%。显然，金属构件的毁坏，其价值远比金属材料的价值大得多。发达国家每年因腐蚀造成的经济损失占国民生产总值的2%~4%；美国每年因腐蚀要多消耗3.4%的能源；我国每年因腐蚀造成的经济损失至少达200亿美元。腐蚀不仅会造成经济损失，还会造成人员伤亡、环境污染、资源浪费，并阻碍新技术的发展、促进自然资源的损耗。以上数据表明，因腐蚀而造成的经济损失是十分惊人的。

腐蚀事故危及人身安全。腐蚀引起的灾难性事故屡见不鲜，损失极为严重。例如，1965年3月，美国一条输气管线因应力腐蚀断裂着火，造成17人死亡。1970年，日本大阪地下铁道的管线因腐蚀折断，造成瓦斯爆炸，乘客当场死亡75人。1985年8月12日，日本的一架波音747飞机由于构件的应力腐蚀断裂而坠毁，造成500多人死亡的惨剧，直接经济损失1亿多美元。1988年，英国北海油田的阿尔法平台由于原油中含有1.5%~3%的CO_2，并含有大量的Cl^-，仅两个月时间，API-X50高温管线就被腐蚀得薄如纸页。2000年，美国EI Paso公司在新墨西哥州的一条天然气管道发生断裂，造成12人死亡，事故原因是管壁在O_2、CO_2和氯化物等介质的长期作用下，不断腐蚀变薄。2007年，我国新疆雅克拉气田集输管线因CO_2的存在及产出水中Cl^-的影响，在仅仅不到两年的服役期就出现了大量的腐蚀穿孔现象。而且，由意外事故而引起的停工、停产所造成的间接经济损失，可能超过直接经济损失的若干倍。

腐蚀消耗宝贵的资源和能源。据统计，每年由于腐蚀而报废的金属设备和材料相当于金属年产量的10%~40%，其中2/3可再生，而1/3的金属材料被腐蚀无法回收。我国目前年产钢以1亿吨计，但每年因腐蚀消耗的钢材近1 000万吨。可见，腐蚀对自然资源是极大的浪费，同时还浪费大量的人力和能源。因此，从有限的资源与能源出发，研究解决腐蚀问题，已刻不容缓。

腐蚀引起的环境污染也相当严重。由于腐蚀增加了工业废水、废渣的排放量和处理难度，增多了直接进入大气、土壤、江河及海洋中的有害物质，因此造成了自然环境的污染，破坏了生态平衡，危害了人民健康，妨碍了国民经济的可持续发展。

此外，由于腐蚀现象的普遍性，许多新技术的发展往往都会遇到腐蚀问题。如果腐蚀问题解决得好，就能对新技术起到促进作用。例如，不锈钢的发明和应用，促进了硝酸和合成氨工业的发展。反之，如果腐蚀问题解决得不好，则可能妨碍新技术的发展。以上事实说明，材料的腐蚀研究具有很大的现实意义和经济意义。

0.3 材料的腐蚀控制

实践告诉人们，若充分利用现有的防腐蚀技术，广泛开展防腐蚀教育，实施严格的科学管理，因腐蚀而造成的经济损失中有30%~40%是可以避免的。但目前仍有一半以上的腐蚀损失还没有行之有效的方法来避免，这就需要加强腐蚀基础理论与工程应用的研究。可见，防腐蚀工作的潜在经济价值是不容忽视的。

腐蚀控制的方法很多，概括起来主要有：

（1）根据使用的环境，正确地选用金属材料或非金属材料；

（2）对产品进行合理的结构设计和工艺设计，以减少产品在加工、装配、贮存等环节中的腐蚀；

（3）采用各种改善腐蚀环境的措施，如在封闭或循环的体系中使用缓蚀剂，以及脱气、除氧和脱盐等；

（4）采用电化学保护方法，包括阴极保护和阳极保护技术；

（5）在基材上施加保护涂层，包括金属涂层和非金属涂层。

除此之外，在可能的条件下，实施现场监测和监控手段及技术，同时实施合理的技术管理和行政管理，使材料发挥最大的潜能。

第 1 章　金属与合金的高温氧化

> **课程思政**
>
> 　　腐蚀与防护技术保障航空发动机燃料室耐久性应用——航空发动机燃料室作为航空发动机的核心部件，直接决定着航空器的性能和效率，关系着航空业的可持续发展和国家的整体利益。由于其一直在高温、高氧、高压环境下工作，解决金属与合金的高温氧化成了聚焦问题。首先，燃料室中工作温度非常高，金属材料暴露在高温环境中容易发生氧化反应。其次，燃料室中的燃料和空气混合物通常含有较高含量的氧气，高氧含量会加速金属的氧化反应，减少发动机的使用寿命。根据中共二十大提出的加强可再生能源开发，提高能源生产和利用效率的要求，工程师们为了减少金属与合金的高温氧化，采用高温合金制造了部分关键部件，这些高温合金能够在高温下保持稳定性，抵抗氧化，从而延长了设备的寿命，同时提高了能源转化效率。向同学们介绍腐蚀与防护在航空发动机燃料室的关键作用，并让同学们了解金属与合金高温氧化的形成和氧化膜的生长，从而培养他们对探索金属与合金高温氧化防护方法的兴趣和好奇心。

　　在大多数条件下，金属相对于其周围的气体都是热不稳定的，因气体成分和反应条件不同，将反应生成氧化物、硫化物、碳化物和氮化物等，或者生成这些反应产物的混合物。在室温或较低温干燥的空气中，这种不稳定性对许多金属来说没有太多的影响，因为反应速度很低，但是随着温度的上升，反应速度急剧增加。这种在高温条件下，金属与环境介质中的气相或凝聚相物质发生化学反应而遭受破坏的过程称高温氧化，亦称高温腐蚀。因此，高温下的金属抗蚀性问题变得尤为重要。

　　金属的高温氧化像其他腐蚀问题一样，遍及国民经济的各个领域，归纳起来，主要涉及以下 5 个方面。

　　（1）在化学工业中存在的高温过程，比如生产氨水和石油化工等领域产生的氧化。

　　（2）在金属生产和加工过程中，比如在热处理中碳氮共渗和盐浴处理易于产生增碳、氮化损伤和熔融盐腐蚀。

　　（3）含有燃烧的各个过程，比如柴油发动机、燃气轮机、焚烧炉等所产生的复杂气氛高温氧化、高温高压水蒸气氧化及熔融碱盐腐蚀。

(4) 核反应堆运行过程中，煤的汽化和液化产生的高温硫化腐蚀。

(5) 在航空领域，如宇宙飞船返回大气层过程中的高温氧化和高温硫化腐蚀，以及航空发动机叶片受到的高温氧化和高温硫化腐蚀。

高温氧化可以产生各种各样有害的影响，它不仅使许多金属腐蚀生锈，造成大量金属的耗损，还破坏了金属表面许多优良的使用性能，降低了金属横截面承受负荷的能力，并且使金属的高温机械疲劳和热疲劳性能下降。由此可见，研究金属和合金的高温氧化规律将有助于了解各种金属及其合金在不同环境介质中的腐蚀行为，掌握腐蚀产物对金属性能破坏的规律，从而能够成功地进行耐蚀合金的设计，把它们有效、合理地应用于各类特定高温环境中，并能正确选择防护工艺和涂层材料，从而改善金属材料的高温抗蚀性，减少金属的损失，延长金属制品的使用寿命，提高生产企业的经济效益。

金属或合金的高温氧化可根据环境、介质状态变化分成气态介质、液态介质和固态介质氧化，其中以在干燥气态介质中的氧化行为的研究历史最久，认识最全面而深入。因此，本章重点介绍金属（合金）高温氧化机理及抗氧化原理。

1.1　金属高温氧化的热力学基础

从广义上看，金属的氧化反应包括硫化、卤化、氮化、碳化、液态金属腐蚀、混合气体氧化、水蒸气加速氧化、热腐蚀等高温氧化现象；从狭义上看，金属的高温氧化仅仅指金属（合金）与环境中的氧在高温条件下形成氧化物的过程。

研究金属高温氧化时，首先应讨论在给定条件下，金属与氧相互作用能否自发地进行，或者能发生氧化反应的条件是什么，这些问题可通过热力学基本定律判断。

1.1.1　金属高温氧化的可能性

金属氧化时的化学反应可以表示成

$$M(s)+1/2O_2(g)\longrightarrow MO(s) \tag{1-1}$$

根据 Vant Hoff 等温方程式：

$$\Delta G=-RT\ln K+RT\ln Q \tag{1-2}$$

即

$$\Delta G_T=-RT\ln \frac{a_{MO}}{a_M p_{O_2}}+RT\ln \frac{a'_{MO}}{a'_M p'_{O_2}} \tag{1-3}$$

由于 MO、M 是固态纯物质，活度均为 1，故式（1-3）变成

$$\Delta G_T=-RT\ln \frac{1}{p_{O_2}}+RT\ln \frac{1}{p'_{O_2}}=8.314T(\ln p_{O_2}-\ln p'_{O_2}) \tag{1-4}$$

式中：p_{O_2}——给定温度下的 MO 的分解压（平衡分压）；

p'_{O_2}——给定温度下的氧分压。

由式（1-4）可知：

如果 $p'_{O_2}>p_{O_2}$，则 $\Delta G_T<0$，反应向生成 MO 方向进行；

如果 $p'_{O_2} < p_{O_2}$，则 $\Delta G_T > 0$，反应向分解 MO 方向进行；

如果 $p'_{O_2} = p_{O_2}$，则 $\Delta G_T = 0$，金属氧化反应达到平衡。

显然，求解给定温度下金属氧化的分解压，或者说求解平衡常数，就可以看出金属氧化物的稳定程度。

对式（1-1）来说：

$$\Delta G_T^\ominus = -RT \ln K = -RT \ln \frac{1}{p_{O_2}} = 8.314 T \ln p_{O_2} \tag{1-5}$$

由式（1-5）可知，只要知道温度 T 时的标准自由能变化值（$\Delta G_T^\ominus$），即可得到该温度下的金属氧化物分解压，然后将其与给定条件下的环境氧分压比较，就可判断式（1-1）的反应方向。

1.1.2　金属氧化物的高温稳定性

1.1.2.1　$\Delta G^\ominus$-T 平衡图

在金属的高温氧化研究中，可以用金属氧化物的标准自由能 $\Delta G^\ominus$ 与温度 T 的关系来判断氧化的可能性，$\Delta G^\ominus$ 数值可在物理化学手册中查到。1944 年，Ellingham（艾灵哈姆）编制了部分金属氧化物的 $\Delta G^\ominus$-T 平衡图（见图 1-1），即 Ellingham 图，由该图可以直接读出在任何给定温度下，金属氧化反应的 $\Delta G^\ominus$ 值。$\Delta G^\ominus$ 值越负，则该金属的氧化物越稳定，即图中线的位置越低，它所代表的氧化物就越稳定。同时，它还可以预测一种金属还原另一种金属氧化物的可能性。1948 年，F. D. Richardson 等人发展了 Ellingham 图，即在金属氧化物的 $\Delta G^\ominus$-T 图上添加了平衡氧压和 CO/CO_2、H_2/H_2O 的辅助坐标。

从平衡氧压的辅助坐标可以直接读出在给定温度下金属氧化物的平衡氧压。方法是从最左边竖线上的基点 O 出发，与所讨论的反应线在给定温度的交点相连，再将连线延伸到图上最右边的氧压辅助坐标轴上，即可直接读出氧分压。如果当反应环境中含有 CO 和 CO_2，或 H_2 和 H_2O 时，在 Ellingham 图上其相应的原始点变为 C 或 H，而得到的是压力比。比如，可以通过 H 点到标有 p_{H_2}/p_{H_2O} 的辅助坐标上画一条直线，可得到给定金属氧化物的压力比 p_{H_2}/p_{H_2O}。对于 Ellingham 图的绘制和使用更详细的讨论，可参阅有关文献。

1.1.2.2　金属氧化物的蒸气压

物质在一定温度下都具有一定的蒸气压。在给定条件下，系统中固、液、气相力求平衡。当固体氧化物的蒸气压低于该温度下相平衡蒸气压时，则固体氧化物蒸发。蒸气反应中蒸气压与标准自由能的关系与上述氧化、还原反应相同：

$$\Delta G_T^\ominus = -RT \ln p_{蒸} \tag{1-6}$$

标准自由能的符号（正、负）决定反应系统状态的变化方向，如物质沸腾时，蒸气压为 1×10^5 Pa（1 atm），$\Delta G^\ominus = 0$，此温度以上气相稳定。

蒸气压与温度关系可用克拉伯隆（Clapeyron）方程式表示：

$$\frac{\mathrm{d}p}{\mathrm{d}T} = \frac{\Delta S^\ominus}{\Delta V} = \frac{\Delta H^\ominus}{T \Delta V} \tag{1-7}$$

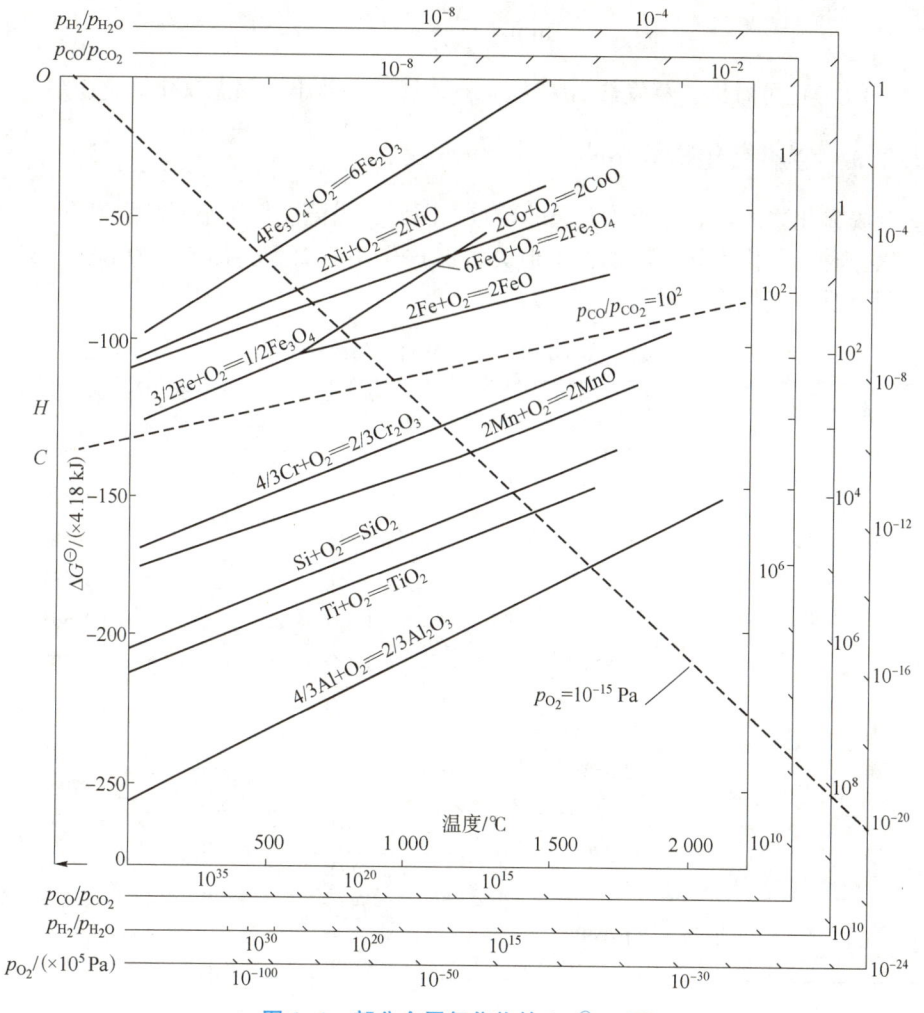

图 1-1 部分金属氧化物的 $\Delta G^{\ominus}-T$ 图

式中：$S^{\ominus}$——标准摩尔熵；

V——氧化物摩尔体积；

$H^{\ominus}$——标准摩尔焓。

对于有气相参加的两相平衡，固相与液相的体积变化可忽略，式（1-7）则可简化为

$$\frac{dp}{dT}=\frac{\Delta H^{\ominus}}{T\Delta V_g} \tag{1-8}$$

如将蒸气近似按理想气体处理，则得

$$\frac{dp}{dT}=\frac{\Delta H^{\ominus}}{T(RT/p)}$$

$$\frac{dp}{dT}=\frac{\Delta H^{\ominus}p}{T^2 R} \tag{1-9}$$

$$\frac{dp}{p}=\frac{\Delta H^{\ominus}}{T^2 R}dT$$

假定 $\Delta H^{\ominus}$ 与温度无关，或因温度变化很小，$\Delta H^{\ominus}$ 可看作常数，将式（1-9）积分可得

$$\ln p = -\frac{\Delta H^{\ominus}}{RT} + C \qquad (1-10)$$

由式（1-10）可看出，蒸发热 $\Delta H^{\ominus}$ 越大，蒸气压 p 越小，固态氧化物越稳定。

1.1.2.3 金属氧化物的熔点

一些金属氧化物的熔点低于该金属的熔点，因此，当温度低于金属熔点以下，又高于氧化物熔点以上时，氧化物处于液态，不但失去保护作用，而且会加速金属腐蚀，表1-1列出了某些元素及其氧化物的熔点。

表1-1　某些元素及其氧化物的熔点

元素	熔点/℃	氧化物	熔点/℃
B	2 200	B_2O_3	294
V	1 750	V_2O_3	1 970
V	1 750	V_2O_5	658
V	1 750	V_2O_4	1 637
Fe	1 528	Fe_2O_3	1 565
Fe	1 528	Fe_3O_4	1 527
Fe	1 528	FeO	1 377
Mo	2 553	MoO_2	777
Mo	2 553	MoO_3	795
W	3 370	WO_2	1 473
W	3 370	WO_3	1 277
Cu	1 083	Cu_2O	1 230
Cu	1 083	CuO	1 277

合金氧化时，往往出现两种以上的金属氧化物。当两种氧化物形成共晶时，其熔点更低，表1-2列出了某些低熔点氧化物和共晶、复氧化物的熔点。

表1-2　某些低熔点氧化物和共晶、复氧化物的熔点

氧化物	熔点/℃	共晶	共晶温度/℃	复氧化物	熔点/℃
B_2O_3	293	$V_2O_5-Fe_2O_3$	640	$V_2O_5 \cdot Fe_2O_3$	816
V_2O_5	658	V_2O_5-CaO	621	$V_2O_5 \cdot Cr_2O_3$	850
MoO_3	795	$V_2O_5-Na_2O$	565	$V_2O_5 \cdot 3NiO$	1 275
MoO_3	795	$V_2O_5-Na_2O$	773	$V_2O_5 \cdot 2Na_2O$	~650
MoO_3	795	$V_2O_5-Na_2O$	621	$V_2O_5 \cdot 1.5Na_2O$	580
Bi_2O_3	820	V_2O_5-PbO	473	$MoO_3 \cdot Fe_2O_3$	875
PbO	880	V_2O_5-PbO	704	$MoO_3 \cdot Cr_2O_3$	1 000
PbO	880	V_2O_5-PbO	760	$MoO_3 \cdot NiO$	1 330
WO_3	1 277	$V_2O_5-K_2O$	349	$MoO_3 \cdot V_2O_5$	760
WO_3	1 277	$V_2O_5-K_2O$	440	$MoO_3 \cdot V_2O_5$	760

为了研究金属氧化动力学问题，必须首先弄清金属氧化的历程，即氧或其他气体分子是怎样与金属发生反应的，最终在金属的表面形成一层或致密或疏松的氧化膜。图1-2描绘了金属氧化反应过程的几个阶段。

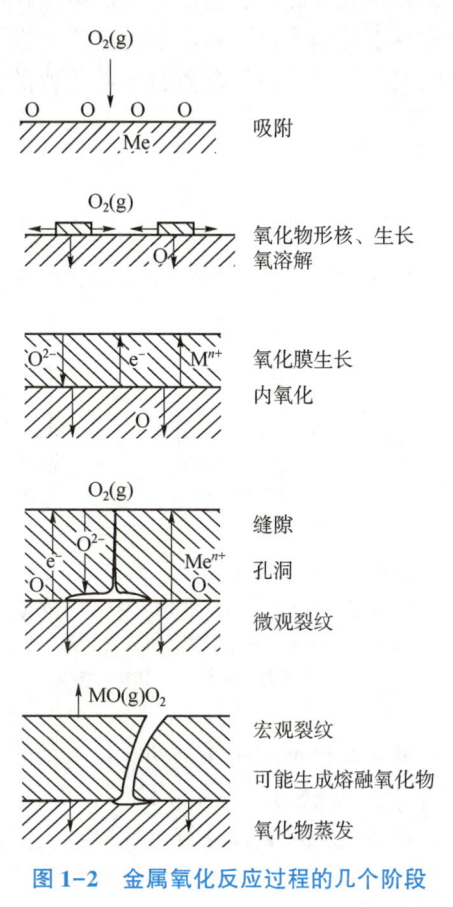

图 1-2　金属氧化反应过程的几个阶段

1.2　金属氧化膜

1.2.1　金属氧化膜的形成

在一个干净的金属表面上，金属氧化反应的最初步骤是气体在金属表面上吸附。随着反应的进行，氧溶解在金属中，进而在金属表面形成氧化物薄膜或独立的氧化物核。在这一阶段，膜化膜的形成与金属表面取向、晶体缺陷、杂质以及试样制备条件等因素有很大关系。当连续的氧化膜覆盖在金属表面上时，氧化膜就将金属与气体分离，要使反应继续下去，必须通过中性原子或电子、离子在氧化膜中的固态扩散（迁移）来实现。在这些情况下，迁移过程与金属-氧化膜及气体-氧化膜的界面反应有关。若通过金属阳离子迁移，将导致气体-氧化膜界面上膜增厚；而通过氧阴离子迁移，则导致金属-氧化膜界面上膜增厚。

金属一旦形成氧化膜，氧化过程的继续进行将取决于以下两个因素。

（1）界面反应速度，包括金属-氧化膜界面及气体-氧化膜界面的反应速度。

（2）参加反应的物质通过氧化膜的扩散速度。当氧化膜很薄时，反应物质扩散的驱动力是膜内部存在的电位差；当氧化膜较厚时，将由膜内的浓度梯度引起迁移扩散。

由此可见，这两个因素实际上控制了进一步的氧化速度。在氧化初期，氧化控制因素是界面反应速度，随着氧化膜的增厚，扩散过程起着越来越重要的作用，成为继续氧化的速度控制因素。

1.2.2 金属氧化膜的生长

在氧化膜的生长过程中，反应物质传输的形式有 3 种，如图 1-3 所示。

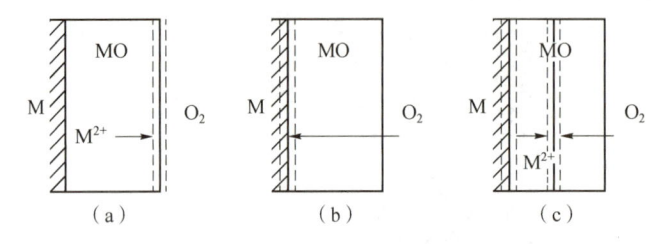

图 1-3 在氧化膜的生长过程中，反应物质传输的形式

（a）金属离子单向向外扩散，在气体-氧化膜界面进行反应，如铜的氧化过程；（b）氧单向向内扩散，在金属-氧化膜界面进行反应，如钛的氧化过程；（c）金属离子向外扩散，氧向内扩散，两个方向的扩散同时进行，两者在氧化膜中相遇并进行反应，如钴的氧化

反应物质在氧化膜内的传输途径根据金属体系和氧化温度的不同而存在以下 3 种方式。

（1）通过晶格扩散，常见于温度较高，氧化膜致密，而且氧化膜内部存在高浓度的空位缺陷的情况下，通过测量氧化速度，可直接计算出反应物质的扩散系数，如钴的氧化。

（2）通过晶界扩散，在较低的温度下，由于晶界扩散的激活能小于晶格扩散，而且低温下氧化物的晶粒尺寸较小，晶界面积大，因此晶界扩散显得更加重要，如镍、铬、铝的氧化。

（3）同时通过晶格和晶界扩散，如钛、锆等在中温区域（400~600 ℃）长时间的氧化。

由于存在晶界扩散，故氧化膜还可能以另一种形式形成和生长。当金属离子单向向外扩散时，相当于金属离子空位向金属-氧化膜界面迁移。如果氧化膜太厚而不能通过变形来维持与金属基体的接触，这些空位就会凝聚，最后在金属-氧化膜界面形成孔洞。若金属离子通过氧化膜的晶界扩散速度大于晶格扩散速度，则晶界起到了连接孔洞与外部环境的显微通道作用。这种通道将允许分子氧向金属迁移，并在孔洞表面产生氧化，形成内部多孔的氧化层，这一过程如图 1-4 所示。

1.2.3 金属氧化膜的 P-B 比

氧化膜生长过程中，在氧化膜与金属基体之间将产生应力，这种应力使氧化膜产生裂纹、破裂，从而减弱氧化膜的保护性。应力的来源取决于：氧化反应机制，其中包括溶解在金属中的氧的作用；氧化膜与金属的体积比；氧化膜的生长机制以及样品的几何形状等。本节重点介绍氧化膜与金属的体积比对氧化膜保护性的影响，又称毕林-彼得沃尔斯原理。该

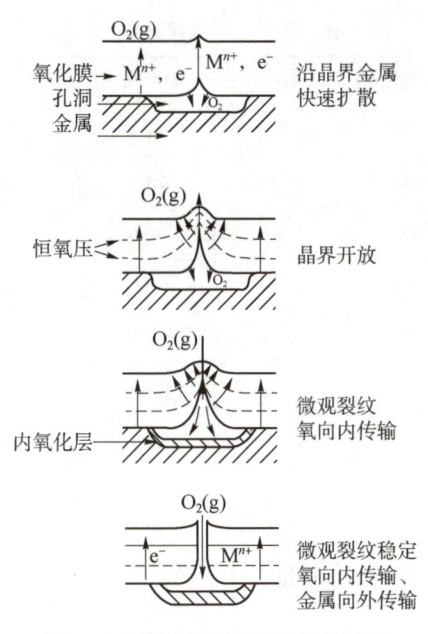

图 1-4　孔洞表面产生氧化的过程

原理认为氧化过程中金属氧化膜具有保护性的必要条件是，氧化时所生成的金属氧化膜的体积（V_{MO}）与生成这些氧化膜所消耗的金属的体积（V_M）之比（PBR 或 P-B 比）必须大于 1，而不论氧化膜的生长是由金属离子还是由氧的扩散所形成，即

$$\text{P-B 比} = \frac{V_{MO}}{V_M} = \frac{M/d_{MO}}{nA/d_M} = \frac{Md_M}{nAd_{MO}} = \frac{Md_M}{md_{MO}} > 1 \tag{1-11}$$

式中：M——金属氧化膜的相对分子质量；

　　　n——金属氧化膜中金属原子数目；

　　　A——金属的相对原子质量；

　　　m——氧化所消耗的金属质量（$m = nA$）；

　　　d_M，d_{MO}——分别为金属、金属氧化膜的密度。

当 P-B 比大于 1 时，金属氧化膜受压应力，具有保护性；当 P-B 比小于 1 时，金属氧化膜受张应力，它不能完全覆盖整个金属的表面，生成疏松多孔的氧化膜，这类氧化膜不具有保护性，如碱金属和碱土金属氧化膜 MgO 和 CaO 等；当 P-B 比远大于 1 时，因金属氧化膜脆容易破裂，完全丧失了保护性，如难熔金属氧化膜 WO_3、MoO_3 等。

实践证明，保护性较好的氧化膜的 P-B 比稍大于 1，如 Al、Ti 的氧化膜的 P-B 比分别为 1.28、1.95，表 1-3 列出了部分金属氧化膜的 P-B 比。应当指出，P-B 比大于 1 只是氧化膜具有保护性的必要条件，而氧化膜真正具有保护性还必须满足下列条件（充分条件）：

（1）致密、连续、无孔洞，晶体缺陷少；

（2）稳定性好，蒸气压低，熔点高；

（3）与基体的附着力强，不易脱落；

（4）生长内应力小；

（5）与金属基体具有相近的热膨胀系数；

（6）自愈能力强。

表 1-3　部分金属氧化膜的 P-B 比

金属氧化膜	P-B 比	金属氧化膜	P-B 比	金属氧化膜	P-B 比	金属氧化膜	P-B 比
MoO_3	3.4	Cr_2O_3	1.99	NrO	1.52	MgO	0.99
WO_3	3.4	Co_3O_4	1.99	ZrO_2	1.51	CaO	0.65
V_2O_5	3.18	TiO_2	1.95	SnO_2	1.32	Na_2O	0.58
Nb_2O_5	2.68	MnO	1.79	ThO_2	1.32	Li_2O	0.57
Sb_2O_5	2.35	FeO	1.77	Al_2O_3	1.28	Cs_2O	0.46
Ta_2O_5	2.33	Cu_2O	1.68	CdO	1.21	PbO_2	0.45
SiO_2	2.27	PdO	1.60	Ce_2O_3	1.16	—	—

1.2.4　金属氧化物的晶体结构

1.2.4.1　纯金属氧化物

纯金属的氧化一般形成单一氧化物组成的氧化膜，如 NiO、Al_2O_3 等，但有时也能形成多种不同的氧化物组成的氧化膜，如铁在空气中氧化时，温度低于 570 ℃，氧化膜由 Fe_3O_4 和 Fe_2O_3 组成；温度高于 570 ℃，氧化膜由 FeO、Fe_3O_4 和 Fe_2O_3 组成。

与金属的晶体结构类似，许多简单的金属氧化物的晶体结构也可以认为是由氧离子组成的六方或立方密堆结构，而金属离子占据密堆结构的间隙空位。这种间隙空位有两种类型：

（1）由 4 个氧离子包围的空位，即四面体间隙；
（2）由 6 个氧离子包围的空位，即八面体间隙。

表 1-4 列出了部分典型的金属氧化物的晶体结构及特征。

表 1-4　部分典型的金属氧化物的晶体结构及特征

晶格结构类型	氧阴离子	金属阳离子	典型氧化物
石盐结构	立方晶系	占据八面体间隙	MgO、CaO、NiO、FeO、TiO、NbO、VO
氟石结构	立方晶系	被 8 个氧离子包围	ZrO_2、HfO_2、ThO_2、CeO_2
红宝石结构	—	占据八面体间隙	TiO_2、SnO_2、MnO_2、NbO_2、MoO_2、WO_2
刚玉结构	斜六面体晶系	占据八面体间隙的 2/3	Al_2O_3、Fe_2O_3、Cr_2O_3、Ti_2O_3、V_2O_3
尖晶石结构	立方晶系	同时占据四面体间隙和八面体间隙	$MgAl_2O_4$、Fe_2AlO_4、$NiAl_2O_4$

1.2.4.2 合金氧化物

合金氧化时生成的氧化物往往是由构成该合金的金属元素的氧化物组成的复杂体系,但有时也由一种成分的氧化物组成。复杂体系氧化物一般有以下两种情况。

(1) 固溶体型氧化物。即一种氧化物溶入另一种氧化物中,但两种氧化物中的金属元素之间无一定的定量比例,如 FeO-NiO、MnO-FeO、FeO-CoO、Fe_2O_3-Cr_2O_3 等。

(2) mMO·nMO 型复杂氧化物。其特征是一种金属氧化物与另一种金属氧化物之间有一定的比例。以 Fe_3O_4 为基构成的复杂氧化物最具有代表性,它们具有两种完全不同的阳离子结点(Fe^{3+} 与 Fe^{2+})。由于其他离子只取代 Fe^{2+},或只取代 Fe^{3+},于是可以生成两种形式的具有尖晶石结构的复杂氧化物:

① Fe^{2+} 被 M^{2+} 取代,变成 MO·Fe_2O_3;

② Fe^{3+} 被 M^{3+} 取代,变成 FeO·M_2O_3。

表 1-5 列出了这种具有尖晶石结构的氧化物相。

表 1-5　具有尖晶石结构的氧化物相

氧化物类型	复合氧化物相	a/nm	氧化物类型	复合氧化物相	a/nm
以 Fe_2O_3 为基	MnO·Fe_2O_3	0.857	除 Fe 以外的其他金属氧化物	CoO·Cr_2O_3	0.832
	TiO·Fe_2O_3	0.850		NiO·Cr_2O_3	0.831
	CuO·Fe_2O_3	0.844		CuO·Al_2O_3	0.806
	CoO·Fe_2O_3	0.837		ZnO·Al_2O_3	0.807
	NiO·Fe_2O_3	0.834		MgO·Al_2O_3	0.807
以 FeO 为基	FeO·Cr_2O_3	0.835	三价金属纯氧化物	γ-Fe_2O_3	0.832
	FeO·Al_2O_3	0.810		γ-Al_2O_3	0.790
	FeO·Fe_2O_3	0.838		γ-Cr_2O_3	0.774
	FeO·V_2O_3	0.840			

1.3　高温氧化动力学

1.3.1　高温氧化速度的测量方法

高温抗氧化性能是金属材料的一项重要性能指标。为研究高温氧化动力学和氧化机理、鉴定合金抗氧化性能或发展新型抗氧化合金,通常采用质量法、容量法、压力计法等来测定金属的高温氧化速度。

质量法是最简单、最直接测定高温氧化速度的方法。其高温氧化速度通常用单位面积上的氧化增加的质量 ΔW(mg/cm²) 来表示。主要采用两种方法来测定,一种是不连续增重法,即先将试样称重并测量尺寸,然后将其在高温氧化条件下暴露一定时间,而后再取出称重,计算试样氧化前后的质量变化。这种方法的特点是简便易行,然而测一条 ΔW-t 曲线需要许多试样。另一种方法是连续增重法，即连续自动记录试样在一定温度、一定时间内质量的连续变化情况。这是一种最普遍、最方便，同时也是最昂贵的方法，它对于测量短时间内试样的质量变化非常有效。除质量法外，还可以用在恒定压力下，连续测量消耗氧的体积的方法，以及在恒定体积下，测量反应室内压力的变化等方法测出试样的氧化速度。

如果试样氧化后，其氧化膜致密、无脱落，而且其表面积与氧化前相比可以认为近似相等，则氧化速度也可以用氧化膜的厚度 y 来表示。y 与 ΔW 的关系为

$$y = \frac{\Delta W}{d_{MO}} \tag{1-12}$$

式中：y——氧化膜的厚度；

ΔW——单位面积上的氧化增加的质量；

d_{MO}——氧化膜的密度。

测量试样的氧化速度可采用不同的氧化方式，常见的有：恒温氧化，氧化时温度不随时间变化；循环氧化，氧化时温度随时间变化，一般是周期性变化；动力学氧化，指高速气流（即零点几到 340 m/s）中的氧化。

不同的氧化试验方法可用于不同的试验目的，如循环氧化对于考查氧化膜与试样之间的黏结性比较有效，而动力学氧化则比较接近燃汽轮机的工作条件。

1.3.2 恒温氧化动力学规律

测定氧化过程的恒温氧化动力学曲线（ΔW-t），是研究金属（或合金）氧化动力学基本的方法，它不仅可以提供许多关于氧化机制的资料，如氧化膜的保护性、氧化速度常数 K 以及氧化过程的激活能等，而且可以作为工程设计的依据。

恒温氧化动力学规律取决于氧化温度、时间、氧的压力、金属表面状况以及预处理条件（它决定了合金的组织），同一金属在不同条件下，或同一条件下不同金属的氧化规律往往是不同的。

金属氧化动力学曲线大体上可分为直线、抛物线、立方、对数及反对数规律 5 类，如图 1-5 所示。在试验中也常常遇到其动力学规律介于这几种规律之间，因为要想使速度数据完全符合简单的速度方程也是非常困难的。

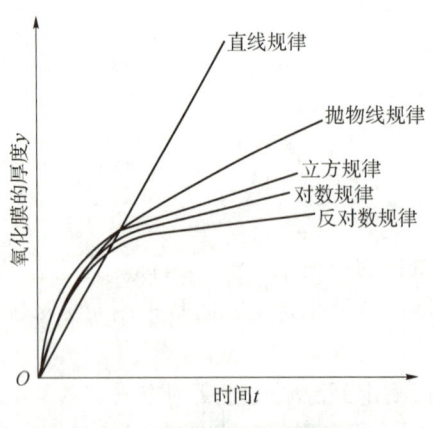

图 1-5　金属氧化动力学曲线

应该指出：氧化动力学曲线的重现性与试验仪器的精确度有关，还与试样的表面状况

（包括光洁度、取向等）有关。

1.3.2.1 直线规律

符合直线规律的金属在氧化时，氧化膜疏松、易脱落，即不具有保护性。在反应期间生成的气相或液相产物离开了金属表面，或者在氧化初期，氧化膜很薄时，其氧化速度直接由形成氧化物的化学反应速度决定，因此其氧化速度恒定不变，符合直线规律，可用下式表示：

$$\frac{dy}{dt}=K \text{ 或 } y=Kt+C \tag{1-13}$$

式中：y——氧化膜的厚度；
　　　t——时间；
　　　K——直线速度常数。

镁等碱土金属以及钨、钼、钒和含这些金属较多的合金的氧化都遵循直线规律，图1-6为镁在不同温度下的氧化速度。

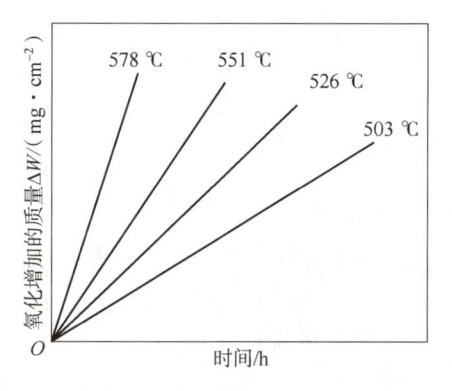

图1-6　镁在不同温度下的氧化速度

1.3.2.2 抛物线规律

许多金属和合金，在较宽的高温范围氧化时，其表面可形成致密的固态氧化膜，氧化速度与氧化膜的厚度成反比，即其氧化动力学符合抛物线规律。氧化速度可用下式表示：

$$\frac{dy}{dt}=\frac{k}{y} \text{ 或 } y^2=2kt+C=Kt+C \tag{1-14}$$

式中：K——抛物线速度常数；
　　　C——积分常数；
　　　k——比例常数。

氧化速度的抛物线规律主要表明氧化膜具有保护性，氧化反应的主要控制因素是离子在固态膜中的扩散过程，实际上许多金属的氧化偏离平方抛物线规律，故可写成一般式：

$$y^n=Kt+C \tag{1-15}$$

当$n<2$时，氧化的扩散阻滞并不随氧化膜厚度的增加而成正比地增长，氧化膜中的生长应力、空洞和晶界扩散都可使其偏离平方抛物线关系。

当$n>2$时，扩散阻滞作用比氧化膜增厚所产生的阻滞更为严重，合金氧化物掺杂其他离子、离子扩散形成致密的阻挡层导致其偏离平方抛物线关系。

1.3.2.3 立方规律

在一定的温度范围内，一些金属的氧化服从立方规律。例如，Zr 在 10^5 Pa 氧中温度为 600~900 ℃ 和 Cu 在 100~300 ℃ 各种气压下的恒温氧化均服从立方规律，这种规律可表示为

$$y^3 = 3Kt + C \tag{1-16}$$

某些金属生成薄氧化膜的低温氧化也符合立方规律，有人认为这可能与通过氧化物空间电荷区的金属离子的输送过程有关。

1.3.2.4 对数与反对数规律

许多金属在温度低于 300 ℃ 氧化时，其反应一开始很快，但随后就降到其氧化速度可以忽略的程度，这种行为可认为符合对数或反对数速度规律。用指数关系表示为

$$\frac{dy}{dt} = Ae^{-By} \text{ 或 } \frac{dy}{dt} = Ae^{By} \tag{1-17}$$

将式（1-17）积分后，可分别得

$$y = K_1 \lg(t+t_0) + A \tag{1-18}$$

$$\frac{1}{y} = B - K_2 \lg t \tag{1-19}$$

式中：K_1、K_2——速度常数；

A、B、t_0——在恒温下均为常数。

氧化的这两种规律是在氧化膜相当薄时才符合，这说明其氧化过程受到的阻滞远比抛物线关系中的阻滞作用大。室温下 Cu、Al、Ag 的氧化符合式（1-19）的反对数规律，而 Cu、Fe、Zn、Ni、Pb、Al 等金属初始氧化符合式（1-18）的对数规律。

一般来讲，氧化反应常常遵循以上这些综合速度规律，这说明氧化同时由两种机制决定，其中一种机制在氧化初期起作用，而另一种机制在氧化后期（延长氧化时间）起作用。比如，在低温下的氧化反应，在反应初期符合对数速度规律，这是由于电场引起离子穿过氧化膜，而这种机制控制下的反应速度随着时间的推移逐渐减慢，因为此时离子的扩散成为速度控制因素，在这种情况下，氧化将遵循对数和抛物线综合规律，即

$$y^m = K_m t + C \tag{1-20}$$

式中：m——常数，为 3~4。

若在高温下，在反应初期界面反应是速度控制因素，而在后期转为扩散控制因素，这种氧化行为符合抛物线和直线综合规律，它可以表达成

$$y^2 + Ay = K_p t + C \tag{1-21}$$

式中：K_p——直线速度常数。

如果一个密实的氧化层原来以抛物线规律生长，但后来氧化层变得多孔、疏松而失去了保护作用，其氧化规律又符合直线规律。

1.3.3 高温氧化理论——Wagner 理论

金属氧化动力学曲线大体上遵循图 1-5 所示的规律，但至今还不可能根据理论把所有金属氧化规律中所涉及的常数计算出来。Wagner（瓦格纳尔）根据离子晶体中扩散机理和

导电性的研究，提出了氧化膜生长的离子-电子理论（即 Wagner 理论），并给出了一个从一般可测的参数来计算抛物线规律中常数 K 的公式：

$$K = \frac{2(n_a+n_c)n_e \kappa EJ}{FD} \tag{1-22}$$

式中：n_a、n_c、n_e——分别为阴离子、阳离子、电子迁移数；

κ——氧化膜的比电导；

E——金属氧化膜的电动势（$\Delta G^\ominus = -2FE$）；

J——氧化物当量。

F——法拉第常数；

D——扩散系数；

Wagner 理论对人们了解高温下密实的氧化膜生长的基本特点具有重要意义，为改进金属或合金的抗氧化性提供了理论基础。

Wagner 理论假定如下：

(1) 氧化物是单相，且密实、完整，与基体间有良好的黏附性；

(2) 氧化膜内离子、电子、离子空位、电子空位的迁移都是由浓度梯度和电位梯度提供驱动力，而且晶格扩散是整个氧化反应的速度控制因素；

(3) 氧化膜内保持电中性；

(4) 电子、离子穿透氧化膜运动，彼此独立迁移；

(5) 氧化反应机制遵循抛物线规律；

(6) K 值与氧压无关。

在这些前提下，Wagner 认为，已形成的并且有一定厚度的氧化膜，可视为一个等效的原电池，如图 1-7 所示。电池中的反应为

阳极反应：$\quad\quad\quad\quad\quad\quad M \longrightarrow M^{2+} + 2e^- \tag{1-23}$

阴极反应：$\quad\quad\quad\quad\quad 1/2 O_2 + 2e^- \longrightarrow O^{2-} \tag{1-24}$

电池总反应：$\quad\quad\quad\quad\quad M + 1/2 O_2 \longrightarrow MO \tag{1-25}$

图 1-7 所示的原电池回路中，串联的电阻有离子电阻 R_1，电子电阻 R_e，总电阻 $R = R_1 + R_e$。一般情况下，阴离子、阳离子和电子对电流（即比电导 κ）都有贡献，其贡献大小与其相应的迁移数 n_a、n_c、n_e 成正比，即电子的比电导为 $n_e \kappa$，离子的比电导为 $(n_a+n_c)\kappa$。

设氧化膜的厚度为 $y(\text{cm})$，表面积为 $A(\text{cm}^2)$，则氧化膜电阻为

电子电阻：$\quad\quad\quad\quad\quad R_e = \dfrac{y}{n_e \kappa A} \tag{1-26}$

离子电阻：$\quad\quad\quad\quad\quad R_1 = \dfrac{y}{(n_a+n_c)\kappa A} \tag{1-27}$

总电阻：$\quad\quad\quad\quad\quad R = R_e + R_1$

$$= \frac{y}{A n_e \kappa} + \frac{y}{A(n_a+n_c)\kappa}$$

$$= \frac{y}{A \kappa (n_a+n_c) n_e} \tag{1-28}$$

式中，$n_a+n_c+n_e=1$。

图 1-7 金属氧化的等效原电池模型

假设在时间 t 内形成氧化膜的克当量数为 J，膜长大的速度以通过膜的电流 I 表示，则根据法拉第定律与欧姆定律有

$$\frac{dy}{dt}=\frac{JI}{FAD} \tag{1-29}$$

$$I=\frac{E}{R_e}=\frac{A\kappa n_e(n_a+n_c)E}{y} \tag{1-30}$$

将式（1-30）代入式（1-29），有

$$\frac{dy}{dt}=\frac{J}{FAD}\cdot\frac{A\kappa n_e(n_a+n_c)E}{y}=\frac{JE\kappa n_e(n_a+n_c)}{DFy} \tag{1-31}$$

将式（1-31）积分得

$$y^2=\frac{2JE\kappa n_e(n_a+n_c)}{DF}t+C=Kt+C \tag{1-32}$$

式（1-32）为金属高温氧化的抛物线规律的方程式，K 为氧化速度常数，式中的各项可用试验方法测定或查表，因此 K 可以计算。表 1-6 列出了一些金属的 K 的计算值和试验值数据对比。试验证明，K 的计算值与试验值之间符合得很好，说明 Wagner 理论基本是正确的。

表 1-6 一些金属的 K 的计算值和试验值数据对比

金属	腐蚀环境	氧化物	反应温度/℃	K/(cm²·s⁻¹) 计算值	K/(cm²·s⁻¹) 试验值
Ag	S	Ag₂S	220	2.4×10^{-6}	1.6×10^{-6}
Cu	I₂(g)	CuI	195	3.8×10^{-10}	3.4×10^{-10}
Ag	Br₂(g)	AgBr	200	2.7×10^{-11}	3.8×10^{-11}
Cu	O₂($p=8.3\times10^3$ Pa)	Cu₂O	1 000	6.6×10^{-9}	6.2×10^{-9}
Cu	O₂($p=1.5\times10^3$ Pa)	Cu₂O	1 000	4.8×10^{-9}	4.5×10^{-9}
Cu	O₂($p=2.3\times10^2$ Pa)	Cu₂O	1 000	3.4×10^{-9}	3.1×10^{-9}
Cu	O₂($p=3.0\times10^3$ Pa)	Cu₂O	1 000	2.1×10^{-9}	2.2×10^{-9}

根据氧化速度常数 $K=2JE\kappa n_e(n_a+n_c)/DF$ 可对氧化过程进行如下分析。

（1）当金属氧化反应的 $\Delta G=0$，即 $E=0$ 时，则 $K=0$，此时氧化过程处于平衡态，金属不能进行氧化反应。当 $\Delta G<0$ 时，即 E 越正（$\Delta G^{\ominus}=2FE$），K 也越大，说明氧化速度增大，氧化膜有增厚的可能性。

（2）当比电导 κ 增加时，氧化速度常数 K 随之增大；反之，κ 越小，K 也越小。如 BeO、Al_2O_3、MgO、SiO_2 的 κ 很小，说明这些氧化膜的电阻大，氧化速度小。若生成的氧化膜是绝缘的，即 $\kappa \to 0$，$R \to \infty$，氧化过程将中止。此即研制耐热合金的基础，即加入生成高电阻（低 κ 值）的氧化物元素，将提高合金抗氧化性。表1-7列出了1 000 ℃下一些氧化物的比电导。

表1-7　1 000 ℃下一些氧化物的比电导

氧化物	FeO	Cr_2O_3	Al_2O_3	SiO_2
比电导 $\kappa/(S \cdot cm^{-1})$	10^{-2}	10^{-1}	10^{-7}	10^{-6}

（3）当 $n_e = n_a + n_c$ 时，$n_e(n_a + n_c)$ 最大，此时 K 也最大，即氧化膜增长速度大。此时电子或离子迁移的比例适当，未发生互不适应的极化现象，这一点是很重要的。人们根据氧化膜中电子或离子迁移倾向的大小，加入适当合金元素以减少电子或离子的迁移，从而提高合金的抗氧化性。

1.4　影响金属氧化的因素

影响金属氧化的因素很多，也很复杂，本节主要讨论合金元素、温度和气体介质对金属氧化的影响。

1.4.1　合金元素对氧化速度的影响

金属的氧化主要受氧化膜离子晶体中离子空位和间隙离子的迁移所控制，因而可通过加入适当的合金元素改变晶体缺陷，控制氧化速度。

1.4.1.1　合金元素对金属过剩型氧化膜氧化速度的影响

N型半导体氧化速度受间隙金属离子的数目支配，如 ZnO 的增长速度符合质量作用定律，即 $K = c_{Zn^{2+}} \cdot c_{e^-}^2 \cdot p_{O_2}^{1/2}$。如果在 Zn 中加入 Li，那么在 ZnO 中 Li^+ 会置换多少个 Zn^{2+}？如图1-8所示，就整体而言，合金氧化膜是电中性的，2个 Li^+ 相当于失去2个负电荷（e^-），为了保持电中性，在平衡常数 K 式中，$c_{Zn^{2+}}$ 就应当增加，即2个 Li^+ 置换1个 Zn^{2+}，将增加1个 Zn^{2+}。其结果加入 Li 后，e^- 浓度降低，导电性减小；Zn^{2+} 浓度增加，氧化速度增加。

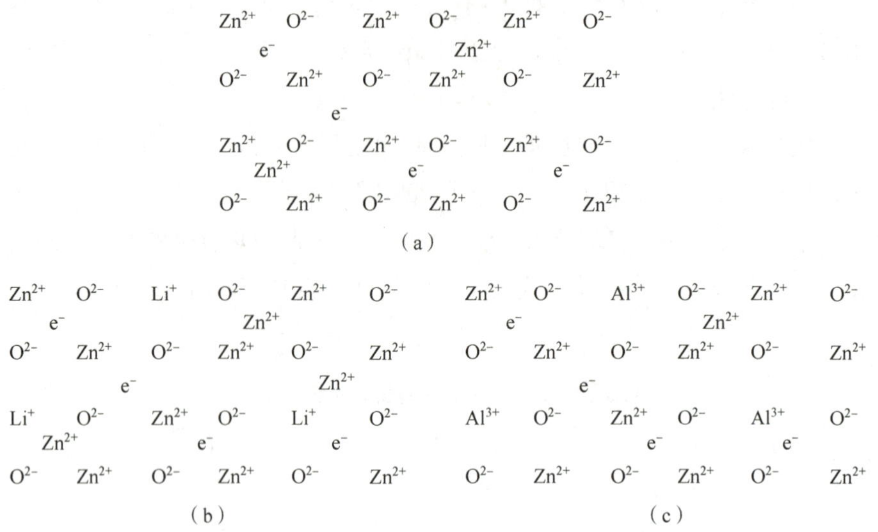

Zn2+ O2− Zn2+ O2− Zn2+ O2−
e− Zn2+
O2− Zn2+ O2− Zn2+ O2− Zn2+
e−
Zn2+ O2− Zn2+ O2− Zn2+ O2−
Zn2+ e− e−
O2− Zn2+ O2− Zn2+ O2− Zn2+
(a)
Zn2+ O2− Li+ O2− Zn2+ O2−
e− Zn2+
O2− Zn2+ O2− Zn2+ O2− Zn2+
e− Zn2+
Li+ O2− Zn2+ O2− Li+ O2−
Zn2+ e− e−
O2− Zn2+ O2− Zn2+ O2− Zn2+
(b)
Zn2+ O2− Al3+ O2− Zn2+ O2−
e− Zn2+
O2− Zn2+ O2− Zn2+ O2− Zn2+
e−
Al3+ O2− Zn2+ O2− Al3+ O2−
e− e−
O2− Zn2+ O2− Zn2+ O2− Zn2+
(c)

图 1-8　ZnO 及加入少量 Li_2O 和 Al_2O_3 的晶格结构模型

（a）纯 ZnO；（b）Li^+ 加入后的影响；（c）Al^{3+} 加入后的影响

相反，加入 Al 以后，1 个 Al^{3+} 就相当于有 1 个 e^- 增量，按质量作用定律，e^- 浓度增加，Zn^{2+} 浓度就应减少，即 2 个 Al^{3+} 置换 2 个 Zn^{2+}，将有一个间隙 Zn^{2+} 消失，因此加入 Al 后 e^- 浓度增加，导电性增加，Zn^{2+} 浓度降低，氧化速度减小，如图 1-8 所示。

少量 Li 和 Al 对 Zn 氧化速度常数 K 的影响如表 1-8 所示。

表 1-8　少量 Li 和 Al 对 Zn 氧化速度常数 K 的影响

成分（质量分数）	Zn	Zn+0.1%Al	Zn+0.4%Li
$K/(cm^2 \cdot s^{-1})$	0.8×10^{-9}	1×10^{-11}	2×10^{-9}

1.4.1.2　合金元素对金属不足型氧化膜氧化速度的影响

P 型半导体氧化物导电性受电子空位支配，而氧化速度受离子空位支配。以 NiO 为例，NiO 的增长符合质量作用定律：$K=c_{\square Ni^{2+}}\cdot c_{\square e^-}^2\cdot p_{O_2}^{-1/2}$。若在 Ni 中加入低价金属 Li，由于合金整体是电中性，其中一个 Ni^{2+} 被 1 个 Li^+ 所置换，把 Ni^{3+} 即电子空位（$\square e^-$）作为一个增量，根据质量作用定律，$c_{\square Ni^{2+}}$ 应该减少，其结果是加入 Li 后导电性增加，而氧化速度减小。相反，加入高价金属 Cr，使氧化速度增加。上述两种情况如图 1-9 所示。

试验证明，P 型半导体 NiO 中加入质量分数低于 3% 的铬在 1 000 ℃ 时符合这种规律，即氧化速度增加。但当 $w(Cr)>3\%$ 时，尤其是 $w(Cr)\geq10\%$ 时，其氧化速度急剧下降。K 下降是由于形成了复杂的尖晶石结构 $NiCr_2O_4$ 或 Cr_2O_3，从而改变了离子迁移速度，因为这两种氧化物结构比 NiO 更致密，因而抗氧化性增加。表 1-9 列出了铬量对镍的氧化速度常数 K 的影响。

以上合金元素对氧化物晶体缺陷影响的规律称为控制合金氧化的原子价规律，亦称为哈菲（Hauffe）价法则，该法则的要点归纳在表 1-10 中。

	Ni³⁺	O²⁻	Ni²⁺	O²⁻	□	O²⁻
	O²⁻	Ni²⁺	O²⁻	Ni³⁺	O²⁻	Ni²⁺
	□	O²⁻	Ni²⁺	O²⁻	Ni²⁺	O²⁻
	O²⁻	Ni³⁺	O²⁻	Ni²⁺	O²⁻	Ni³⁺

(a)

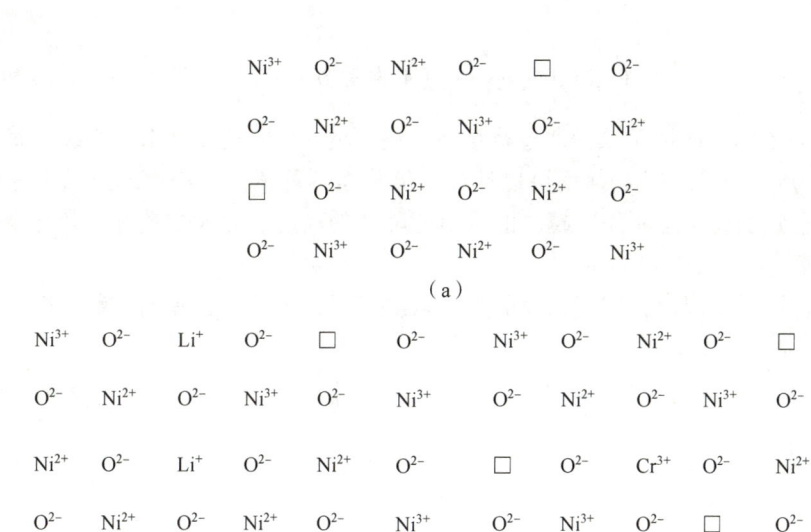

Ni³⁺	O²⁻	Li⁺	O²⁻	□	O²⁻	Ni³⁺	O²⁻	Ni²⁺	O²⁻	□	O²⁻
O²⁻	Ni²⁺	O²⁻	Ni³⁺	O²⁻	Ni³⁺	O²⁻	Ni³⁺	O²⁻	Ni³⁺	O²⁻	Cr³⁺
Ni²⁺	O²⁻	Li⁺	O²⁻	Ni²⁺	O²⁻	□	O²⁻	Cr³⁺	O²⁻	Ni²⁺	O²⁻
O²⁻	Ni²⁺	O²⁻	Ni²⁺	O²⁻	Ni³⁺	O²⁻	Ni³⁺	O²⁻	□	O²⁻	Ni³⁺

(b)   (c)

图 1-9 NiO 及加入少量 Li₂O 和 Cr₂O₃ 的晶格结构模型

(a) 纯 NiO；(b) Li⁺ 加入后的影响；(c) Cr³⁺ 加入后的影响

表 1-9 铬量对镍的氧化速度常数 K 的影响

$w(Cr)/\%$	0.3	1.0	3.0	10.0
$K/(cm^2 \cdot s^{-1})$	14×10⁻¹²	26×10⁻¹²	31×10⁻¹²	1.5×10⁻¹²

表 1-10 Hauffe 价法则

半导体类型	加入合金元素	相对基体金属的原子价	导电性	氧化速度
N 型 ZnO、TiO、Al₂O₃、Fe₂O₃	Li	低	减小	增加
	Al	高	增加	减小
P 型 NiO、Cu₂O、FeO、Cr₂O₃、Fe₃O₄	Li	低	增加	减小
	Cr	高	减小	增加

1.4.2 温度对氧化速度的影响

由 $\Delta G^{\ominus}-T$ 图知道，随着温度的升高，金属氧化的热力学倾向减小，但绝大多数金属在高温时 $\Delta G^{\ominus}$ 仍为负值。此外，在高温下反应物质的扩散速度加快，氧化膜出现的孔洞、裂缝等也加速了氧的渗透，因此大多数金属在高温下总的趋势是氧化，而且氧化速度大大提高。很多氧化试验表明，氧化速度常数与温度之间符合 Arrhenius（阿累尼乌斯）方程：

$$K = k_0 \exp[-Q/(RT)] \tag{1-33}$$

式中：Q——氧化激活能；
R——摩尔气体常数；
k_0——常数。

将上式两侧取对数则变成

$$\lg K = A - \frac{Q}{2.303RT} \quad (A \text{ 为常数}) \tag{1-34}$$

可见 $\lg K$ 与 $1/T$ 间为线性关系，通过测量各温度下的 K，以 $\lg K$ 和 $1/T$ 为纵、横坐标所作出的直线斜率为 $Q/(2.303R)$，从而可以计算出氧化激活能 Q。Q 从物理意义上来说代表着系统从初始状态到最终状态所需要越过的自由能障碍的高度。对大多数金属及合金的氧化过程来说，Q 通常为 $21\sim210$ kJ/mol。

如果氧化符合抛物线规律，则氧化膜的生长取决于反应物质穿过膜的扩散速度，其扩散系数也可以用 Arrhenius 方程表示：

$$D = D_0 \exp[-Q_d/(RT)] \tag{1-35}$$

式中：D_0——常数；

Q_d——扩散激活能。

1.4.3 气体介质对氧化速度的影响

不同的气体介质对同种金属或合金的氧化速度的影响是存在差异的。

1.4.3.1 单一气体介质

图 1-10 为工业纯铁在 1 000 ℃ 下于水蒸气、氧、空气、CO_2 中的氧化膜的厚度与时间的关系。显然铁在水蒸气中比在氧、空气、CO_2 中氧化要严重得多，其原因可能有：水蒸气分解生成新生态的氢和氧，新生态的氧具有特别强的氧化作用；铁在水蒸气中氧化主要生成晶体缺陷多的 FeO，其氧化速度加快。

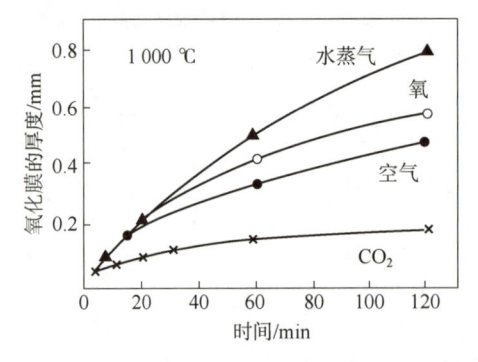

图 1-10 工业纯铁在 1 000 ℃ 下于各种气体中的氧化膜的厚度与时间的关系

1.4.3.2 混合气体介质

在非金属化合物气态分子作用下的腐蚀环境中，金属（合金）的腐蚀特点表现为在原始介质/金属界面内外同时产生不同的氧化产物。金属阳离子破坏了非金属化合物的极性共价键，并与其中的非金属阴离子组成金属化合物锈层，此时非金属化合物中另一种非金属被还原，呈原子态存在于形成的外锈皮中，继续向金属原始表面扩散，进而溶入金属，最后在金属深处形成内锈蚀物。图 1-11 是 Ni-9Cr-6Al-0.1Y 试样在空气和在含有过量氧及 550 ppm（1 ppm = 10^{-6}）钠、硫的燃气体中高温氧化后的剖面金相照片。

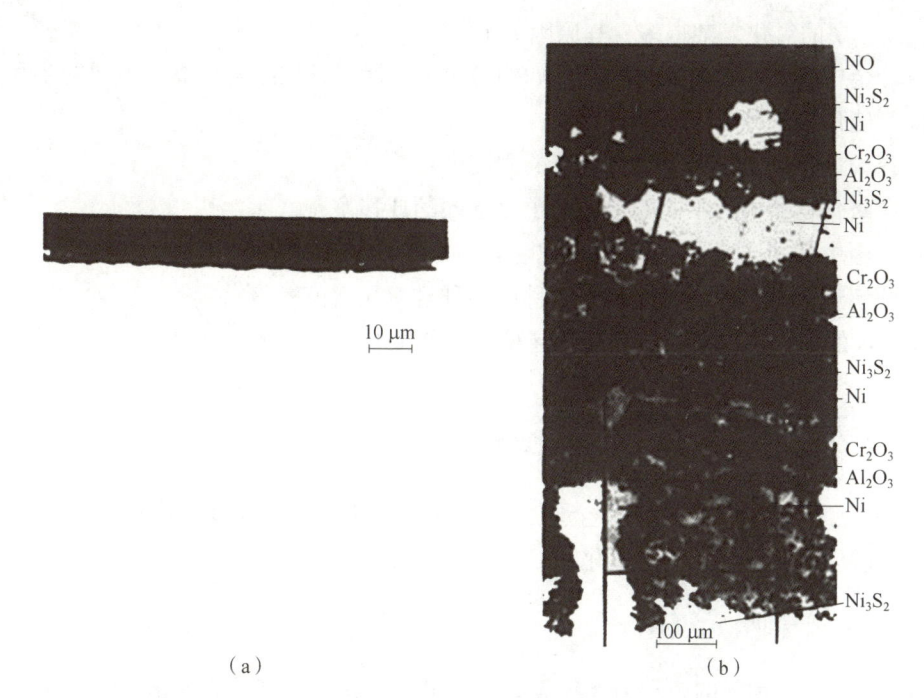

图 1-11　Ni-9Cr-6Al-0.1Y 试样高温氧化后的剖面金相照片
(a) 空气中, 1 000 ℃, 40 h; (b) 在含有氧、钠、硫的燃气体中, 950 ℃, 96 h

在 1 000 ℃ 空气中氧化 40 h 后, 合金表面形成致密的 Cr_2O_3 和 Al_2O_3 保护层, 如图 1-11 (a) 所示。但同一合金在 950 ℃ 混合气体中接触 96 h 后, 表面形成了疏松的各种氧化物和硫化物, 如图 1-11 (b) 所示。表 1-11 列出了 900 ℃ 下碳钢与 18-8 不锈钢在混合气体中的氧化增重情况。

表 1-11　碳钢与 18-8 不锈钢在混合气体中的氧化增重情况 (900 ℃, 24 h, mg/cm²)

混合气体	碳钢	18-8 不锈钢	混合气体	碳钢	18-8 不锈钢
纯空气	57.2	0.46	纯空气+5% CO_2+5% H_2O	100.4	4.58
纯空气+2% SO_2	65.2	0.86	纯空气+5% CO_2	76.9	1.17
纯空气+2% H_2O	65.2	1.13	纯空气+5% H_2O	74.2	3.24
纯空气+5% SO_2+5% H_2O	152.4	3.58	—	—	—

注：表中百分数均为质量分数。

从表 1-11 可以看出, 混合气体介质的腐蚀破坏力较纯空气介质更为强烈, 这主要是由于混合气体介质在金属表面进行着多元不均匀的化学反应, 并形成成分不均匀、含有大量晶体结构缺陷的多种反应产物, 显然这种锈皮是不耐蚀的。

1.5　合金氧化及抗氧化原理

纯金属的氧化规律、氧化动力学及影响因素也适用于合金的氧化, 但是一般来讲, 合金的氧化比纯金属的氧化复杂得多，其原因如下：

(1) 合金中各种元素的氧化物有不同的自由能，所以它们各自对氧有不同的亲和力；

(2) 可能形成三种或更多种氧化物；

(3) 各种氧化物之间可能存在一定的固溶度；

(4) 在氧化物相中，不同的金属离子有不同的迁移率；

(5) 合金中不同金属有不同的扩散能力；

(6) 溶解到合金中的氧可能引起一种或多种合金元素内氧化。

因此合金的氧化更加复杂，为简化起见，本节主要介绍二元合金的氧化。

1.5.1 二元合金的几种氧化形式

设 A-B 为二元合金，A 为基体金属，B 为少量添加元素，其氧化形式可分为两类：只有一种组元氧化；两种组元同时氧化。

1.5.1.1 一种组元氧化

当 A、B 二组元和氧的亲和力差异显著时，出现只有一种组元的氧化，此时又可分为以下两种情况。

(1) 少量添加元素 B 的氧化。如图 1-12 所示，可能在合金的表面形成氧化膜 BO，或在合金内部形成氧化物颗粒，这两种情况取决于氧和合金组元 B 的相对扩散速度。

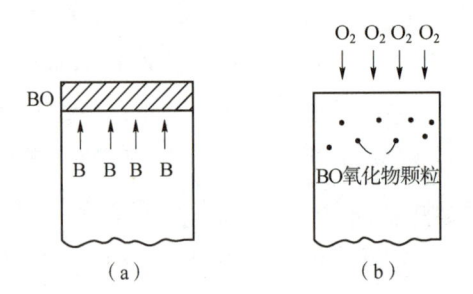

图 1-12 少量添加元素 B 的氧化

如果合金元素 B 向外扩散的速度很快，而且 B 的含量较高，此时直接在合金表面生成 BO 膜。Wagner 提出了只形成 BO 所需要的 B 组元的临界浓度为

$$N_B = \frac{V}{Z_B M_O} \left(\frac{\pi K}{D} \right)^{\frac{1}{2}} \tag{1-36}$$

式中：V——合金的摩尔体积；

Z_B——B 元素原子价；

M_O——O 的相对原子质量；

D——B 在合金中扩散系数；

K——BO 形成时抛物线速度常数。

由此可见，D 值越大，形成 BO 所需要的临界浓度越小。如果合金中 B 组元的浓度低于

上述的临界浓度 N_B，则最初在合金表面只形成 AO，B 组元从氧化膜/金属界面向合金内部扩散。但由于 B 组元与氧亲和力大，随着氧化的进行，当界面处 B 的浓度达到形成 BO 的临界浓度 N_B 时，将发生 B+AO ——→ A+BO 的反应，氧化产物将转变为 BO。以上两种情形被称为合金的选择性氧化。含有 Cr、Al、Si 元素的均在合金表面优先形成 Cr_2O_3、Al_2O_3 和 SiO_2，它们是氧化保护的重要手段。

当氧向合金内部的扩散速度快，且 BO 的热力学稳定性高于 AO 时，则 B 组元的氧化将发生在合金内部，所形成的 BO 颗粒分散在合金内部，这种现象称之为内氧化。在发生内氧化时，氧从合金的表面或透过氧化膜/合金界面向内扩散，而溶质 B 向外扩散。在反应前沿，当溶度积 $a_B \cdot a_O$ 达到氧化物 BO 脱溶形核的临界值后，即发生氧化物形核、长大，并使反应前沿不断向前移动。在合金中存在一个极限溶质浓度，当溶质 B 浓度高于这个极限时，则在反应前沿足以形成一个 BO 的连续阻挡层，并使内氧化停止，反应向外氧化转变。图 1-13 为 $w(In)=7.7\%$ 的 Ag-In 合金中形成保护性的 In_2O_3 带的金相照片。

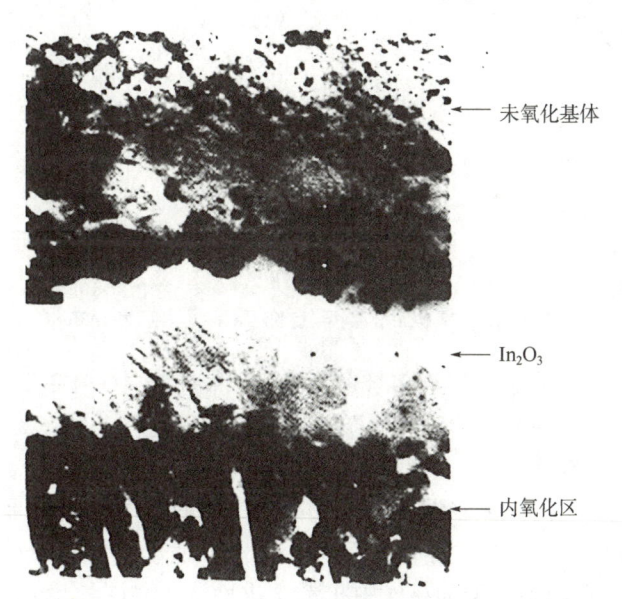

图 1-13　$w(In)=7.7\%$ 的 Ag-In 合金中形成保护性的 In_2O_3 带的金相照片

（2）合金基体金属 A 的氧化。这种氧化有两种形式：一种是在氧化物 AO 膜中混入合金化组元 B，如图 1-14（a）所示；另一种情况是在邻近 AO 膜下，B 组元浓度比正常含量多，即 B 组元在合金表面层中发生了富集现象，如图 1-14（b）所示。目前对产生这两种情况的机制尚不清楚，但一般可以认为与反应速度及与氧的亲和力有关。

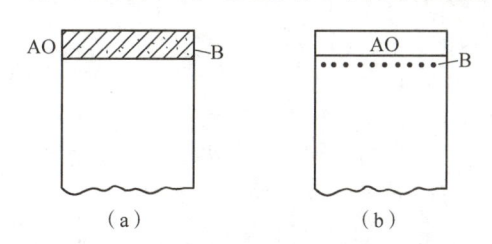

图 1-14　合金基体金属 A 的氧化

1.5.1.2 合金两种组元同时氧化

当合金中 B 组元的浓度较低，不足以形成 B 的选择性氧化，而且 A、B 两组元对氧的亲和力相差不大时，合金表面的氧化层由 A、B 两组元的氧化物构成。由于氧化物之间的相互作用，可将氧化层分为以下几种情况。

(1) 形成氧化物固溶体。以 $w(C_o)=10.9\%$ 的 Ni-Co 合金为例，由于 Ni 离子和 Co 离子在氧化层中具有不同的扩散系数，因而在氧化层中建立起连续的但不同的浓度分布，形成 $[Ni_xCo_{1-x}]O$ 单相固溶体。图 1-15 是 $w(C_o)=10.9\%$ 的 Ni-Co 合金经 1 000 ℃，1×10^5 Pa O_2，24 h 氧化后的剖面上 Ni、Co 元素浓度分布。

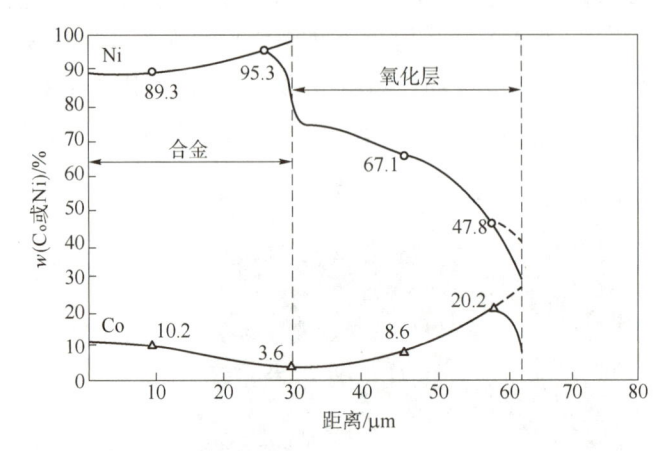

图 1-15 氧化后的剖面上 Ni、Co 元素浓度分布

(2) 两种氧化物互不溶解。对许多合金系来说，氧化物 AO 和 BO 实际上都是互不溶解的。但当平衡的时候，一种氧化物可以掺杂其他阳离子。设合金含有 A、B 两组元，在初始氧化时，合金表面同时有 AO 和 BO 形核，虽然 BO 比 AO 更稳定，但 AO 的生长速度更快，因而 AO 的生长超过了 BO，并且很快将 BO 覆盖。而 BO 的生长主要是依据置换反应 $B^{2+}+AO \Longrightarrow BO+A^{2+}$ 来进行，此时 BO 集中于氧化层/合金界面上。当合金中 B 含量多时，便形成连续的 BO 层，它起到阻挡 A 向 AO 中扩散，进而降低 AO 的生长的作用。图 1-16 是 $w(Zn)=15\%$ 的 Cu-Zn 合金在 1×10^5 Pa O_2，700 ℃氧化 90 min 后的剖面形貌。合金的外表层为 Cu_2O，而接近合金的黑层是 ZnO。

图 1-16 Cu-Zn 合金氧化后的剖面形貌

(3) 形成尖晶石结构氧化物。在 Co-Cr、Ni-Cr、Fe-Cr 合金系中，所形成的铬化物具有良好的耐热保护作用，这些合金的共同特点是两种合金元素形成的氧化物发生反应，形成一种新的氧化物相，即尖晶石结构氧化物，如 $MO+Cr_2O_3 \Longrightarrow MCr_2O_4$。现以 Co-Cr 合金为例来说明，如图 1-17 所示。

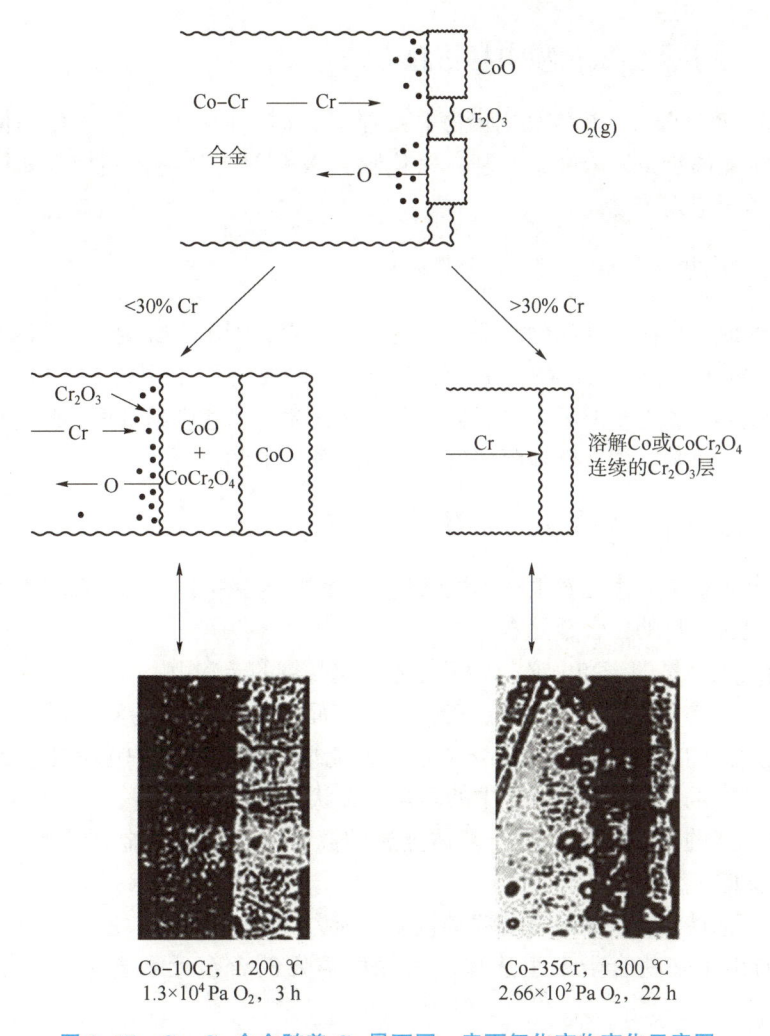

图 1-17　Co-Cr 合金随着 Cr 量不同，表面氧化产物变化示意图

当 Cr 含量较低时，在合金内部出现 Cr 的内氧化，而表面生成的 CoO 和 Cr_2O_3 发生固态反应形成 $CoCr_2O_4$。由于 CoO 的生长速度大于 Cr_2O_3，并且 $CoCr_2O_4$ 中的自扩散速度相对较低，因而合金的最外层仍为 CoO。随着 Cr 量增加，$CoCr_2O_4$ 体积分数增加，氧化速度下降。若合金中 Cr 的质量分数超过 30%，则在外表层形成连续的 Cr_2O_3 层，其内部掺杂有溶解的 Co 或少量 $CoCr_2O_4$，此时 Co-Cr 合金的氧化速度达到最低值。

1.5.2　提高合金抗氧化性的途径

金属的高温抗氧化性优良既可以理解为处于高温氧化环境中的金属热力学稳定性高，在金属与氧化介质界面不发生任何化学反应，如 Au、Pt 等，也可以理解为金属与氧的亲和力强，金属与氧化介质之间快速发生界面化学反应，并在金属表面生成了保护性的氧化膜，抑制了金属表面的氧化反应，如 Al、Cr、Ni 等。实际材料中很少使用贵金属，通常利用合金化来提高材料的抗氧化性。为达到此目的，经常采用以下几种方法。

1.5.2.1 减少基体氧化膜中晶格缺陷的浓度

利用 Hauffe 价法则，当基体氧化膜为 P 型半导体时，向基体中加入比基体原子价低的合金元素以减少氧离子空穴浓度；当基体氧化膜为 N 型半导体时，则加入高原子价的合金元素来减少氧离子空穴浓度。

1.5.2.2 生成具有保护性的稳定新相

加入能够形成具有保护性的尖晶石结构化合物元素，如 Fe-Cr 合金中当 $w(Cr)>10\%$ 时生成 $FeCr_2O_4$，Ni-Cr 合金生成 $NiCr_2O_4$。对合金元素的要求是必须固溶于基体中，合金元素和基体元素对氧的亲和力相差不大，而且合金元素的原子尺寸应尽量小，此时形成的尖晶石结构氧化物均匀、致密，能有效地阻挡氧和金属离子的扩散。

1.5.2.3 通过选择性氧化生成优异的保护膜

加入的合金元素与氧优先发生选择性氧化，从而形成保护性的氧化膜，避免基体金属的氧化。为了实现这一目的，合金元素必须具备以下几个条件：

（1）合金元素与氧的亲和力必须大于基体金属与氧的亲和力；

（2）合金元素必须固溶于基体中，确保合金表面发生均匀的选择性氧化；

（3）合金元素的加入量应适中，含量过低不能形成连续的保护性氧化膜，含量过高易于析出第二相，破坏合金元素在合金中的均匀分布状态；

（4）合金元素的离子半径应小于基体金属的离子半径，使合金元素易于向表面扩散，优先发生氧化反应；

（5）加入氧活性元素，改善氧化膜的抗氧化能力。

表 1-12 列出了一些合金产生选择性氧化所需要的合金元素含量、氧化温度及氧化产物。

表 1-12 一些合金产生选择性氧化所需要的合金元素含量、氧化温度及氧化产物

合金	合金元素含量	氧化温度/℃	氧化产物
铬钢	$w(Cr)>18\%$	1 100	Cr_2O_3
铝钢	$w(Al)>10\%$	1 100	Al_2O_3
黄铜	$w(Zn)>20\%$	>400	ZnO
铝青铜	$w(Al)>25\%$	常温	Al_2O_3
铜-铍合金	$w(Be)>1\%$	赤热	BeO
铝-铍合金	$w(Be)=0.2\%$	630	BeO
铝-铍合金	$w(Be)=3\%$	500	BeO
铝-镁合金	$w(Mg)=0.03\%$	650~660	MgO
铝-镁合金	$w(Mg)=0.1\%$	620	MgO
铝-镁合金	$w(Mg)=1.4\%$	400	MgO

向合金中加入某些氧活性元素，如稀土、钇、锆、铪等，可以明显增加合金的抗氧化性。一般来说，氧活性元素有以下几方面作用：

（1）增强合金元素的选择性氧化，减少所需要的合金元素含量；
（2）降低氧化膜的生长速度；
（3）改变氧化膜的生长机制，使其以氧向内扩散为主；
（4）抑制氧化物晶粒的生长；
（5）改善氧化膜与基体金属之间的黏附性，使其不易剥落。

有许多模型和假设来解释氧活性元素在氧化中的作用机制，其中最重要的作用是它们改变了氧化膜生长过程中的扩散过程。它们通常偏聚在晶界上，增强了氧沿晶界向内扩散，同时阻碍了合金氧化物晶粒的生长，在基体金属晶界上形成的氧化物"钉"有效地增加了氧化膜与基体金属之间的黏附性。

此外，还可以向合金中加入熔点高、原子尺寸大的过渡元素，使其固溶于基体中，增加合金的热力学稳定性。另外，合金元素在基体中如能形成惰性相，减少合金表面的活化面积，也可以降低合金的氧化速度，达到增强合金抗氧化性的目的。

1.5.3 常见金属和耐热合金的抗氧化性

1.5.3.1 铁基合金

根据 Fe-O 平衡相图，纯铁在 570 ℃ 以上氧化时，生成由 FeO、Fe_3O_4 和 Fe_2O_3 组成的三层氧化膜，靠近基体的一层是 FeO，中间层是 Fe_3O_4，最外层是 Fe_2O_3。

FeO 为 P 型半导体氧化物，它在 570~575 ℃ 是稳定的，温度较低时它不能存在。当氧化膜中出现 FeO 时，由于它含有大量的阳离子空位，其抗氧化性显著下降。Fe_3O_4 为磁性氧化物，具有尖晶石型复杂立方晶体的结构，也是金属不足型半导体氧化物，其缺陷浓度比 FeO 低。Fe_2O_3 为 N 型半导体结构，它存在的温度范围很宽，但在高于 1 100 ℃ 时开始部分分解。

当使用温度超过 650 ℃ 以上，而且需要承受一定的机械负荷时，应使用含较大量 Cr、Al、Si 和少量稀土元素的耐热钢，此时可生成由 Cr_2O_3、Al_2O_3 和 $FeCr_2O_4$ 组成的致密的氧化物来保证高温抗氧化性。其中马氏体不锈钢可使用于 680 ℃，18-8 奥氏体不锈钢最高使用温度为 800 ℃，Fe-Cr 型铁素体钢可使用于 870 ℃，而 Fe-Cr-Al 型铁素体不锈钢抗氧化温度可达 1 300 ℃。

1.5.3.2 镍基合金

纯镍在高温空气中氧化时只生成一种稳定的氧化物 NiO，它具有 P 型半导体的晶体结构，但其缺陷浓度、熔点和晶格参数均小于 FeO。NiO 的最大优点是与镍金属具有相近的热膨胀系数，而且 NiO 塑性好，因而即使在热震环境下，也可以牢固地黏附在镍金属的表面。NiO 的特点保证了镍的抗氧化性优于铁。

以镍金属为基的耐热合金通常有以下几种。

（1）Ni-Cr 合金。当不同含量的 Cr 元素加入镍金属中后，两种元素的优良抗氧化性能综合在一起发挥作用。Ni-Cr 合金在氧化环境下氧化膜外层是 NiO，内层为疏松的 NiO 和 NiCr$_2$O$_4$。如果 Cr 的质量分数超过 20%，则由于 Cr 的选择性氧化，合金表面形成致密的 Cr$_2$O$_3$ 保护膜，使合金的抗氧化温度达到 1 100 ℃。

（2）Ni-Cr-Al 合金。由于 Al$_2$O$_3$ 的热稳定性比 Cr$_2$O$_3$ 更高，因此在 Ni-Cr 合金的基础上加入足够的 Al 元素，由 Al 的选择性氧化而形成的铝化物会比单纯形成 Cr$_2$O$_3$ 具有更强的氧化保护作用，合金可以在 1 300 ℃下使用。

（3）镍基高温合金。当处于高温环境下，且承受较高的机械载荷时，常使用这一类合金。它是在 Ni-Cr 合金的基础上加入 W、Mo 等难熔元素，以增加固溶强化效果。它的最高使用温度为 1 000 ℃，因为在 1 000 ℃以上，Mo、W 氧化生成的 MoO$_3$ 和 WO$_3$，将破坏氧化膜的连续性和黏附性，使合金的抗氧化性能下降。

1.5.3.3　钛基合金

钛与氧的亲和力极大。一方面，钛金属本身极易吸氧，氧在 α-Ti 中的最大溶解度（原子百分数）可达 34%；另一方面，钛也易于形成各种氧化物，其中包括 Ti$_2$O、TiO、Ti$_2$O$_3$、TiO$_2$。钛在 300 ℃以下生成的氧化膜相当致密，具有良好的保护性，但在高于 700 ℃以上时，生成的氧化膜变脆，在 850~1 000 ℃时形成疏松多孔的氧化膜，而更高温度生成的氧化膜很容易剥落。向钛中加入 Al、Sn、Zr、Cr、Nb 元素能明显降低氧化速度，以这类合金元素为主的近 α-高温钛合金的最高使用温度可达 600 ℃。钛合金表面氧化膜主要有金红石型 TiO$_2$ 和少量的 γ-Al$_2$O$_3$。在 Ti-Al 系合金中，随着 Al 含量的增加，氧化速度按直线规律下降。当 Al 含量（原子百分数）达到 25% 和 50% 时，所形成的 Ti$_3$Al 和 TiAl 金属间化合物，其抗氧化温度分别可以达到 650 ℃和 800 ℃，这是因为在合金表面产生了以 α-Al$_2$O$_3$ 为主的保护膜。

1.5.3.4　铝基合金

金属铝在常温空气中即可生成厚度为 5~15 nm 的钝化膜，在高温时可生成致密的氧化膜，因此它广泛应用于高温抗氧化环境的防护涂层中。例如，碳钢表面渗铝后，可将它在 1 000 ℃时的抗氧化能力提高两个数量级。

1.5.4　耐氧化涂层材料

随着科学技术和工业不断发展，金属材料使用的环境变得越来越复杂，对其抗蚀性的要求也越来越高，在此情况下，仅仅依靠金属或合金本身的抗氧化性能是不够的，还必须采用更耐热的涂层材料涂覆于部件的表面，使部件与环境介质隔绝，从而防止金属表面氧化反应的发生。本节将介绍几种耐氧化涂层材料。

耐氧化涂层材料一般包括金属（合金）涂层材料和陶瓷涂层材料两大类，其中金属（合金）涂层材料主要有以下几类。

（1）不与周围介质反应或者反应极慢的材料，如金、铂、铱，用来防护难熔金属基材和石墨。

（2）渗铝涂层材料。高温合金涡轮叶片大多采用古老的固渗法，在其表面涂覆渗铝涂层。早期的渗铝涂层成分为单一的铝金属。近来，为了进一步改进渗铝涂层的保护性，提高其使用寿命，尤其是增加抗热腐蚀能力，经常在渗铝涂层中添加 Cr、Si、Mn 等元素，以组成 Al-Cr、Al-Si、Al-Cr-Si 等系列涂层。有时先镀一层铂（<10 μm），再渗铝，这就是著名的 Al-Pt 涂层，Cr、Si、Pt 等都是优良的抗氧化元素，这些元素能显著地提高渗铝涂层的保护性。

（3）形成致密氧化膜的合金涂层材料。渗铝涂层有两大缺点：一是使用温度不能太高，一般不超过 900 ℃，过高的温度导致渗铝涂层迅速衰退；二是塑性低，容易剥落。而以 Fe、Co、Ni、Ti 基合金为基础构成的 M-Cr 系、M-Al 系、M-Cr-Al 系、M-Cr-Al-Y 系多元合金涂层，较好地克服了渗铝涂层的缺点。由于涂层中含有大量的 Cr，其表面可形成 MCr_2O_4 尖晶石结构的氧化物，具有很强的保护作用。涂层与基材均为金属，因此它们的界面结合性很好。涂层本身具有良好的延展性，使它在冷热交变环境下不易破裂和脱落，其抗氧化温度达 1 000 ℃。MCrAl 涂层由于成分不同，其性能特点也各不相同。其中，FeCrAlX 涂层只能用于铁基合金的涂层，而不能用作镍基及钴基合金的涂层材料；NiCrAlX 是镍基合金涂层材料，其延展性和抗氧化性比 CoCrAlX 好，但抗硫蚀性能较差，一般用于航空发动机方面；CoCrAlX 与 NiCrAlX 相反，具有较高抗硫蚀性能，但抗氧化性及延展性低于 NiCrAlX，适宜在舰艇、地面工业燃气轮机环境下工作。CoCrAlX 价格昂贵；NiCoCrAlX 及 CoNiCrAlX 这类合金兼有 NiCrAlX 及 CoNiAlX 二者优点，又避免了各自缺点，综合性能好。

陶瓷涂层材料较金属涂层材料的抗氧化温度更高，主要有以下几类。

（1）致密的氧化物涂层材料。这类材料有 Al_2O_3、ZrO_2、Cr_2O_3 等，由于金属阳离子和氧阴离子在这些氧化物中的扩散速度很慢，从而抑制了氧化物的生长，其抗氧化温度超过 1 800 ℃。

（2）硅化物类陶瓷涂层材料。这类材料如 SiO_2，主要用于防护难熔金属，而 Si_3N_4 和 SiC 型陶瓷涂层的抗燃气腐蚀温度可达 1 300 ℃。

（3）抗高温热冲击和高温氧化的热障涂层材料。这种涂层有两种作用：一是隔热效应，即将基体合金与炽热气体隔开，达到降温目的；二是调温效应，使零件在升温阶段厚薄壁处温差明显缩小。最常用的热障涂层材料是 $w(Y_2O_3) = 7\% \sim 8\%$ 的 ZrO_2-Y_2O_3，这种涂层与金属材料具有相近的热膨胀系数，同时具优良的隔热能力。

显然，纯陶瓷涂层的抗热腐蚀能力较强，但这些材料存在质硬、塑性差、热疲劳后易破裂，且无自愈能力等缺点，因此在实际应用中常常使用金属陶瓷，如 Ni-Al_2O_3、Ni-ZrO_2、Cr-ZrO_2、Ni-SiO_2 等，它们综合了金属优良的高温塑性和陶瓷的高温抗氧化性特点，其抗氧化温度远高于纯金属材料。另一种合金与陶瓷相结合的涂层材料是以 NiCrAlY 耐热合金为内层，以 $ZrO_2 \cdot 8Y_2O_3$ 陶瓷涂层为外层，所构成的热障涂层材料同时具有合金和陶瓷的优点，广泛用于燃气轮机、内燃机、航空发动机等机械设备。

习题

1. 解释下列词语：

   高温氧化、选择性氧化、内氧化、N 型半导体氧化物、P 型半导体氧化物、Hauffe 价法则、P-B 比。

2. 金属高温氧化产物有几种形态？简要说明固态氧化膜生长机制。
3. 金属氧化膜具有保护作用的充分条件与必要条件是什么？
4. 说出几种主要恒温氧化动力学规律，并分别说明其意义。
5. 简述二元合金的几种氧化形式。
6. 简述提高合金抗氧化的可能途径。
7. 说出 3 种以上能提高钢抗高温氧化的元素。
8. 试列举两种抗高温氧化涂层材料，并说明它们的作用。

第 2 章　金属电化学腐蚀热力学

> **课程思政**
>
> 　　腐蚀与防护技术改善火电厂锅炉管道的电化学腐蚀热力学问题——在能源领域，我国紧密结合金属电化学腐蚀热力学原理，针对火电厂锅炉管道的腐蚀问题进行了创新应用。火电厂锅炉管道不仅面临高含盐量、溶解氧量、pH 值、温度、水的流速等问题，还面临金属管道与电解质溶液接触发生氧化还原反应的问题，其作用在金属表面形成原电池，对锅炉管道的金属材料构成了严重威胁。根据中共二十大提出的"创新驱动发展战略"要求，中国工程技术团队积极研究应用金属电化学腐蚀热力学的原理，开发了新型的耐腐蚀管道材料。这些新材料具有优异的耐高温和抗腐蚀性能，能够在恶劣的工作环境下保持长期稳定运行。通过在火电厂锅炉管道中广泛应用这些新材料，不仅提高了能源生产的效率和稳定性，还减少了锅炉管道维护和更换的频率，降低了能源生产的成本和对环境的影响。向同学们展示中国在高技术领域的实力，同时使他们深刻了解到创新科技与社会发展密不可分，对学生起到积极的引导作用。

2.1　电极体系和电极电位

2.1.1　电极体系

　　金属腐蚀是指金属和周围介质直接发生化学反应而引起的变质和破坏。若金属和周围介质（主要是水溶液电解质）接触时，在金属和介质的界面发生有电子转移的氧化还原反应，从而使金属受到破坏，则称这个过程为金属的电化学腐蚀。电化学腐蚀是腐蚀电池的电极反应的结果，因此要了解金属的电化学腐蚀，首先要了解有关腐蚀电池的一些基本定义和概念。

　　电极体系也称为电极系统，它是由电极/电解质（或电极/电解质溶液）组成的。物体根据自身的导电能力分为导体、半导体和绝缘体。在导体中按照形成的电流的荷电粒子，一般又将导体分为电子导体和离子导体。电子导体是在电场的作用下,向一定方向运动的荷电粒子是电子或空穴的导体。电子导体包括导体(荷电粒子是电子)和半导体(荷电粒子是带正电荷的空穴)。离子导体是在电场的作用下,向一定方向运动的荷电粒子是离子的导体。离子导体包括电解质溶液和固体电解质。电极是由电子导体构成的,因此电极体系是由电子导体相和离子导体相组成的,由于这是两个不同的相,因此两个相在相互接触时形成相界面。当有电子通过相界面时,有电荷在两个相之间转移,同时在界面上发生了物质的变化,即化学变化。如果某体系由两个不同物质的电子导体相组成,当有电荷通过时,电荷只由一个电子导体相穿过界面转移到另一个电子导体相,在相界面上不会发生化学变化。但是,如果某体系由一个电子导体相和一个离子导体相组成,电荷从其中的一相穿过界面转移到另一相时,这个过程要依靠两种不同的荷电粒子(电子和离子)之间互相转移电荷实现,这个过程就是物质得到或失去价电子的过程,而价电子的得失正是化学变化的基本特征。

发生在电极体系中的化学变化即为电极反应,因此,电极反应可以定义为:在电极体系中,伴随着在电子导体相和离子导体相之间的电荷转移,而在相界面上发生的化学反应。

本书主要讨论的电极体系,是由金属和电解质溶液这两种不同类型的导体组成的体系。由不同的金属和电解质溶液组成的电极体系,其电极反应类型也不相同,一般电极反应有以下几种类型。

(1) 第一类电极反应是由金属与含有该金属离子的溶液或由吸附某种气体的惰性金属和被吸附元素的离子溶液构成的。例如,将一片金属锌浸入无氧的 $ZnSO_4$ 溶液中,电极部分是电子导体相金属锌,电解质溶液部分是离子导体相 $ZnSO_4$ 水溶液,由以上两部分构成一个电极体系。当相界面发生电荷转移时,发生的电极反应为

$$Zn(M) \rightleftharpoons Zn^{2+}(sol) + 2e^-(M) \tag{2-1}$$

此类电极反应中的另一种电极是气体电极。由于气态物质是非导体,故要借助 Pt 等惰性物质做电子导体相。例如,氢电极是将 Pt 浸入 HCl 水溶液中,当相界面有电荷转移时,发生的电极反应为

$$\frac{1}{2}H_2(g) \rightleftharpoons H^+(sol) + e^-(M) \tag{2-2}$$

除了氢电极之外,此类电极还包括氧电极、氯电极等。

(2) 第二类电极反应是由一种金属及该金属的难溶盐(或金属氧化物)和含有该难溶盐的负离子的溶液构成的。例如,将一根覆盖 AgCl 的银丝浸在 KCl 溶液中,电极的电子导体相是金属银,电解质溶液是 KCl 水溶液,当相界面发生电荷转移时,发生的电极反应为

$$Ag(M) + Cl^-(sol) \rightleftharpoons AgCl(sol) + e^-(M) \tag{2-3}$$

(3) 第三类电极反应是发生电极反应的物质在溶液中,电极的电子导体相只用作导体,这类电极体系也称为氧化还原电极。例如,将 Pt 或 Au 浸入含有 Sn^{4+} 和 Sn^{2+} 的溶液中构成电极体系,发生的电极反应为

$$Sn^{2+}(sol) \rightleftharpoons Sn^{4+}(sol) + 2e^-(M) \tag{2-4}$$

属于这种类型的电极还有 Pt 与 Fe^{2+}、Fe^{3+} 溶液组成的电极,Pt 与 $[Fe(CN)_6]^{3-}$、$[Fe(CN)_6]^{4-}$ 溶液组成的电极等。

从上述各种电极反应中可以看出,反应中的电极部分的金属有两个作用,即电子导体和参与电极反应的物质。在第一类和第二类电极反应中,金属既是电子导体,也是参与电极反应的物质。在第三类电极反应中,金属(Pt)只起电子导体和提供电极反应场所的作用,而本身并不参加电极反应。第一类和第二类电极反应也有不同之处,即第一类电极反应只有

金属相和溶液相，第二类电极反应除金属相和溶液相外，还有金属难溶盐相（在有些情况下是金属的难溶氧化物），是三相共存的。

2.1.2 电极电位

2.1.2.1 化学位

上述的电极反应中，当有电荷在相界面转移时，同时发生了物质的化学变化。例如，第一类电极中 Zn 失去 $2e^-$，生成 Zn^{2+}，进入溶液，将使溶液的自由能增加，由物理化学知识可知，如果反应是在恒温（T）、恒压（p）条件下进行的，体系中的其他物质（n_j）不发生变化，这时体系自由能的变化称为吉布斯自由能（G）的变化。当有 1 mol 金属（M）进入溶液，引起的溶液吉布斯自由能的变化就是该金属在溶液中的化学位，可表示为

$$\mu_M = \left(\frac{\partial G}{\partial n_M}\right)_{T,p,n_j \neq M} \tag{2-5}$$

化学位表示带电粒子进入某物体相内部时，克服与体系内部粒子之间的化学作用力所做的化学功。

2.1.2.2 相间电位和电化学位

在电极反应进行的过程中，除了物质粒子之间的化学作用力所做的化学功，还要考虑带电粒子之间库仑力所做的电功。例如，将试验电荷从无穷远处移入某物体相 M 中，假设物体相的电荷集中在物体相的表面，暂不考虑试验电荷进入物体相 M 后引起的化学变化（即所做的化学功）。这时试验电荷从无穷远处进入物体相 M，所需要做的电功分为两部分。第一部分是试验电荷从无穷远处移到距离物体相 M $10^{-4} \sim 10^{-5}$ cm 处，克服电场力所做的功 W_1（见图 2-1），q 表示试验电荷的电量，则有

$$W_1 = q\Psi \tag{2-6}$$

式中：Ψ——物体相 M 外的电位。

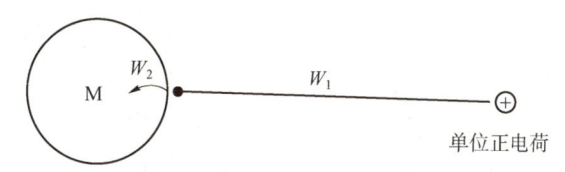

图 2-1 试验电荷进入物体相 M 所做的功

第二部分是试验电荷从距带电物体相 M $10^{-4} \sim 10^{-5}$ cm 处，穿越物体相 M 的表面进入内部，克服表面电场力所做的功 W_2，则有

$$W_2 = q\chi \tag{2-7}$$

式中：χ——物体相 M 的表面电位。

如果物体相 M 不是如前所设的带电体，而在表面层的分子也会因受力不均匀等产生偶极子层，从而产生表面电位。试验电荷靠近物体相 M 表面时，会产生一个诱导双电层电位差。因此，试验电荷穿越物体相 M 的表面进入 M 内部时，同样要克服表面电位而做电功。

从上面分析可知，试验电荷从无穷远处进入物体相 M 内部所做的电功为

$$W_1 + W_2 = q\Psi + q\chi = q(\Psi + \chi) \tag{2-8}$$

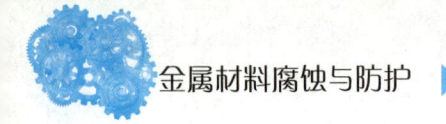

设
$$\varphi = \Psi + \chi \quad (\varphi \text{ 称为内电位}) \tag{2-9}$$

则
$$W_1 + W_2 = q\varphi \tag{2-10}$$

如果同时考虑物质粒子之间的电功和化学功，试验电荷从无穷远处进入物体相 M 内部的全部功（W）为

$$W = W_1 + W_2 + \mu = q\varphi + \mu = \bar{\mu} \tag{2-11}$$

式中：$\bar{\mu}$——电化学位。

如果 1 mol 带正电荷的金属离子 M^{n+} 进入某物体相 a 内部，1 mol M^{n+} 的电量为 nF（F 为法拉第常数），相应的电功为

$$W_1 + W_2 = nF\varphi_a \tag{2-12}$$

相应的化学功为 $\mu(M_a^{n+})$，则全部能量变化为

$$\bar{\mu} = \mu(M_a^{n+}) + nF\varphi_a \tag{2-13}$$

2.1.2.3　电极电位的形成

金属晶体中包括金属原子、金属正离子和在晶格中可自由移动的电子。若将金属浸入带有该金属离子的溶液中，金属中的金属正离子的化学位和溶液中的金属正离子的化学位不同，金属正离子将由化学位高的物体相中向化学位低的物体相中转移。若金属中的正离子化学位高于溶液中的金属正离子化学位，金属中的正离子将向溶液中转移，使金属相因多余的电子而带负电荷。随着金属正离子进入溶液，金属上多余的负电荷越来越多，将阻碍正离子的溶解，从而增大了溶液中金属正离子进入金属的倾向。当这两个相反的过程速率相等时，在金属和溶液界面上将建立如下的平衡：

$$M \rightleftharpoons M^{n+} + ne^- \tag{2-14}$$

此时，金属上多余的负电荷将吸引溶液中的正离子，在金属/溶液相界面上形成了类似平板电容器一样的双电层，如图 2-2（a）所示，产生一个不变的电位差，这就是该种金属的平衡电位（或称为电极电位）。溶液中由于离子的热运动，正离子不可能完全整齐地排列在金属表面，如图 2-2（b）所示。双电层的溶液一侧分为两层，一层是紧密层，一层是分散层。

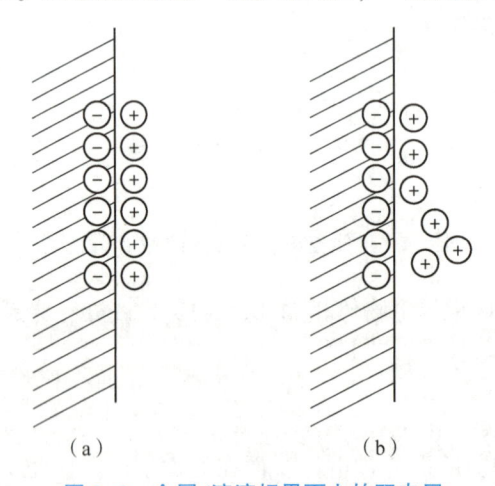

图 2-2　金属/溶液相界面上的双电层

当金属浸入水或任意水溶液中时，由于金属正离子在水或水溶液中的化学位和在金属中的化学位不相等，故其也会在金属/溶液的相界面上产生电位差。例如，金属正离子在金属

中的化学位高于在水中的化学位，金属正离子将向水中转移，使金属带负电荷，吸引溶液中的正离子，在电极表面形成双电层。转移达到平衡时，形成一个稳定不变的电位差。上述事实表明，只要两相接触，在两相的相界面上，就会形成相间电位差。

从电极电位形成的原理可以看到，电荷的转移是从一相转移到另一相的内部。例如，上例中金属正离子是由金属相转移到溶液相，形成的电位差应该使用内电位（φ）更合适。

2.1.2.4　氢标准电极电位和标准电极电位

电极电位是金属电极和水溶液两相之间的相间电位差。若要测量单个电极的电极电位，需要接入两个输入端子和测量仪表。例如，可用铜导线和金属连接，一条铜导线和金属（M）连接，而另一条就要和溶液相接。但是铜线和溶液接触后，在 Cu 和溶液的相界面上，同样会产生相间电位差。这时，测量仪表上测得的数值不是 M/溶液的电极电位，而是由 M/溶液和 Cu/溶液两个电极体系构成的原电池的电动势。因此，单个电极的电极电位是无法测量的，或者说，电极电位的绝对值是无法测量的（见图 2-3）。

若将上述的 Cu 线与溶液接触部分换成一个电极反应并处于平衡状态，则与电极反应有关的物质化学位不变的电极体系（用 R 表示）与待测金属电极体系（M）组成原电池。将 R 的电极电位人为地规定为 0，这样测得的原电池电动势的大小就是金属电极体系 M 相对电极体系 R 的电极电位。人为规定电极电位为 0 的电极体系称为参比电极（或参考电极）。一般以参比电极为负极，以待测电极为正极组成原电池，该电池的电动势即为待测电极的电极电位，即

$$(-)参比电极 \| 待测电极(+)$$

国际上通常以标准氢电极作为参比电极。标准氢电极是将镀铂黑的铂片插入含有 H^+ 的溶液中，并且 H^+ 的活度 $a_{H^+}=1$，将压力为 101 325 Pa 的氢气通入溶液中，使溶液中的氢气饱和并且用氢气冲击铂片（见图 2-4），其电极反应为

$$H^+ + e^- \rightleftharpoons \frac{1}{2}H_2 \tag{2-15}$$

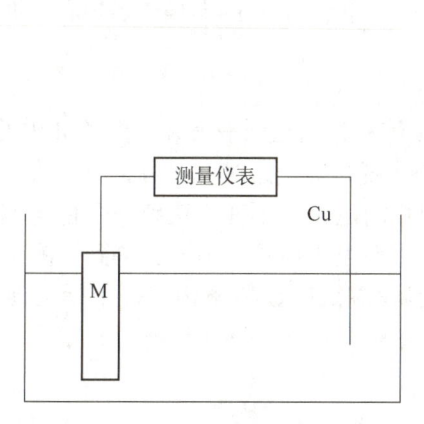

图 2-3　电极电位不可测示意图

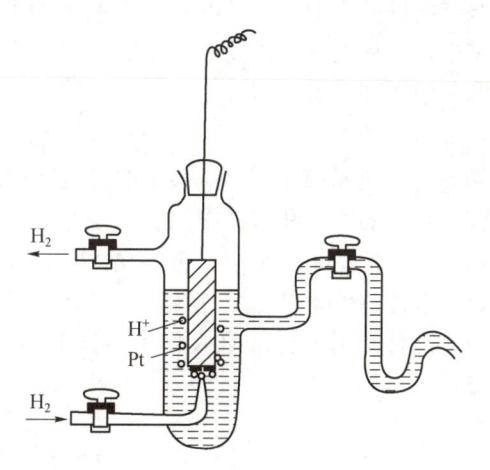

图 2-4　标准氢电极示意图

该电极的电极电位规定为 0，以标准氢电极为参比电极得到的待测电极的电极电位为氢标准电极电位。例如，测量由金属 Cu 和活度为 1 的 Cu^{2+} 溶液组成的电极体系的电极电位。将待测 Cu 电极体系和标准氢电极组成原电池，即

$$(-)Pt|H_2(101\ 325\ Pa)|H^+(a_{H^+}=1) \| Cu^{2+}(a_{Cu^{2+}}=1)Cu(+)$$

在 298.15 K 时测得的电动势 E 为 0.341 9 V。

因为 $E=\varphi_+-\varphi_-=\varphi_{Cu}-\varphi_H=\varphi_{Cu}-0=\varphi_{Cu}$，所以待测的电极电位为 0.341 9 V。由于电动势为正值，当待测电极体系发生的是还原反应时，其与标准氢电极组成原电池，待测电极为正极，所测量的电池电动势即为电极电位。若待测电极与标准氢电极组成原电池时，待测电极体系发生的是氧化反应，则待测电极为原电池的负极，因此电极电位为负值。

例如，测量由金属 Zn 和活度为 1 的 Zn^{2+} 溶液组成的电极体系的电极电位。将待测 Zn 电极体系和标准氢电极组成原电池时，Zn 发生氧化反应（为负极），即

$$(-)Zn|Zn^{2+}(a_{Zn^{2+}}=1)\|H^+(a_{H^+}=1)|H_2(101.325\ kPa)|Pt(+)$$

电池电动势为 $E=\varphi_+-\varphi_-=\varphi_{H^+/H_2}-\varphi_{Zn^{2+}/Zn}=0.761\ 8$ V，所以金属 Zn 电极的电极电位为 $-0.761\ 8$ V。

当电极体系处于标准态时，即金属及溶液中金属离子的活度为 1，温度为 298.15 K，若电极反应中有气体参加反应，该气体分压为 101 325 Pa（或 1 个标准大气压），则在此条件下测得的电极电位为标准电极电位。在各种参考书和手册中都附有标准电极电位表，表中数据大部分是根据热力学数据计算得到的。

标准氢电极是最理想的参比电极，但是在制备和使用时不方便。所以，在实际应用中往往采用其他电极（如 2.1.1 节中的第二类电极）代替标准氢电极，如甘汞电极、汞-硫酸亚汞电极、汞-氧化汞电极、银-氯化银电极等。

2.1.2.5　平衡电极电位和能斯特公式

从化学热力学可知，在没有电场的影响时，某种粒子在两相中的转移是由于该种粒子在两相中的化学位不同。该种粒子是从化学位高的相向化学位低的相转移，直到两相的化学位相等，粒子在两相中达到平衡，即

$$\sum v_i \mu_i = 0 \tag{2-16}$$

当有电场的影响时，带电粒子在两相中的转移是由于该种粒子在两相中的电化学位不同。带电粒子从电化学位高的相向电化学位低的相转移，直到两相的电化学位相等，带电粒子在两相中达到平衡，即

$$\sum v_i \bar{\mu}_i = 0 \tag{2-17}$$

例如，由金属 M 和含 M^{n+} 离子的溶液组成的电极体系，当达到平衡时，金属 M 中的 M^{n+} 向溶液中转移的速度和溶液中的 M^{n+} 向金属中转移的速度相等。这时，在两相中电荷的转移和物质的转移都达到了平衡，金属/溶液相界面上的相间电位差不变，达到一个稳定值，这个稳定的电位差值就是金属/溶液组成的电极体系的平衡电极电位。前面已讲到，测量该电极电位，需要使用氢标准电极作为参比电极，与金属/溶液电极体系构成一个原电池（见图 2-5）。

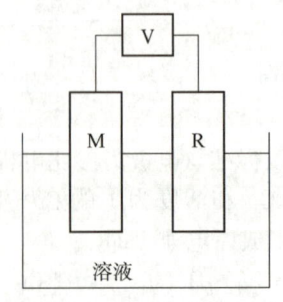

图 2-5　使用参比电极测量电极电位

电池的电动势为 M/溶液、溶液/R 和 R/M 三者之间内电位差值的代数和，即

$$E = (\varphi_M - \varphi_{sol}) + (\varphi_{sol} - \varphi_{Pt}) + (\varphi_{Pt} - \varphi_M) \tag{2-18}$$

测量电动势时，电池中的电流 $I = 0$，即都处于平衡状态。这样构成的原电池中金属/溶液体系发生的电极反应为

$$M \rightleftharpoons M^{n+} + ne^- \tag{2-19}$$

参比电极（R）发生的电极反应为

$$\frac{1}{2}H_2(g) \rightleftharpoons H^+(sol) + e^-(Pt) \tag{2-20}$$

对于金属/溶液电极体系，按式（2-19），则

$$\bar{\mu}_M = \mu_M + nF\varphi \text{（因为 M 为原子，所以 } \bar{\mu}_M = \mu_M)$$

$$\bar{\mu}_{M^{n+}} = \mu_{M^{n+}} + nF\varphi_{sol}(\mu_{M^{n+}} \text{为阳离子在溶液中})$$

$$\bar{\mu}_{e^-} = \mu_{e^-} - F\varphi_M \text{（每个电子带单位负电荷）}$$

按式（2-19）的平衡条件，则

$$\bar{\mu}_{M^{n+}} + n\bar{\mu}_{e^-} - \bar{\mu}_M = 0 \tag{2-21}$$

将上面的各物质的电化学位代入上式，则

$$\mu_{M^{n+}} + nF\varphi_{sol} + n\mu_{e^-} - nF\varphi_M - \mu_M = 0 \tag{2-22}$$

整理后得

$$\varphi_M - \varphi_{sol} = \frac{\mu_{M^{n+}} - \mu_M}{nF} + \frac{\mu_{e^-}}{F} \tag{2-23}$$

对于参比电极，按式（2-19），则

$$\bar{\mu}_{H_2} = \mu_{H_2}$$

$$\bar{\mu}_{H^+} = \mu_{H^+} + F\varphi_{sol}$$

$$\bar{\mu}_{e^-} = \mu_{e^-} - F\varphi_{Pt} \tag{2-24}$$

按式（2-20）的平衡条件，则

$$\bar{\mu}_{H^+} + \bar{\mu}_{e^-} - \frac{1}{2}\bar{\mu}_{H_2} = 0 \tag{2-25}$$

将各物质的电化学位代入上式，则

$$\mu_{H^+} + F\varphi_{sol} + \mu_{e^-} - F\varphi_{Pt} - \frac{1}{2}\mu_{H_2} = 0$$

整理后得

$$\varphi_{Pt} - \varphi_{sol} = \frac{\mu_{H^+} - \frac{1}{2}\mu_{H_2}}{F} + \frac{\mu_{e^-}}{F} = -(\varphi_{sol} - \varphi_{Pt}) \tag{2-26}$$

在 Pt 和 M 之间的接触只是两个电子导体的接触，只有电子流过，而不发生物质的变化。因此有

$$\varphi_{Pt} - \varphi_M = \frac{\mu_{e^-(Pt)} - \mu_{e^-(M)}}{F} \tag{2-27}$$

将式（2-23）、式（2-26）、式（2-27）代入式（2-18），得

$$E=\frac{\mu_{M^{n+}}-\mu_M}{nF}-\frac{\mu_{H^+}-\frac{1}{2}\mu_{H_2}}{F} \tag{2-28}$$

化学热力学公式：

$$\mu=\mu^{\ominus}+RT\ln a$$
$$\mu=\mu^{\ominus}+RT\ln f$$

式中：$\mu^{\ominus}$——标准化学位；
　　　a——该物质在溶液中的活度；
　　　f——该物质在气相中的逸度。

式中的 a 和 f 在稀溶液中和气体压力较小时可分别用浓度和气体分压代替。

在标准氢参比电极的条件下，即 $a_{H^+}=1$，$p_{H_2}=101\,325\,Pa$ 时，根据化学热力学公式，得

$$\mu_{H^+}=\mu_{H^+}^{\ominus}+RT\ln a_{H^+}=\mu_{H^+}^{\ominus}$$
$$\mu_{H_2}=\mu_{H_2}^{\ominus}+RT\ln p_{H_2}=\mu_{H_2}^{\ominus}$$

在化学热力学条件中规定：

$$\mu_{H^+}^{\ominus}=0,\ \mu_{H_2}^{\ominus}=0$$
$$\mu_{H^+}=0,\ \mu_{H_2}=0$$

式（2-28）变为

$$E=\frac{\mu_{M^{n+}}-\mu_M}{nF} \tag{2-29}$$

E 即为该金属/溶液体系的标准电极电位，当测量温度为 25 ℃，压力为 101 325 Pa，金属离子（M^{n+}）的活度 $a_{M^{n+}}=1$ 时，测得的数值即为该金属/溶液体系的标准电极电位。

对金属/溶液体系的电极电位可表示为 $\varphi_{M^{n+}/M}$，即

$$\varphi_{M^{n+}/M}=\frac{\mu_{M^{n+}}-\mu_M}{nF} \tag{2-30}$$

对于式（2-19）所示的体系，M^{n+} 为金属 M 所处的氧化态，M 为还原态。式（2-19）也可表示为

$$还原态 \rightleftharpoons 氧化态 + ne^- \tag{2-31}$$

按照化学热力学公式，式（2-29）中有

$$\mu_{M^{n+}}=\mu_{M^{n+}}^{\ominus}+RT\ln a_{M^{n+}}$$
$$\mu_M=\mu_M^{\ominus}+RT\ln a_M$$

代入式（2-30），可得

$$\varphi_{M^{n+}/M}=\frac{\mu_{M^{n+}}^{\ominus}-\mu_M^{\ominus}}{nF}+\frac{RT}{nF}\ln\frac{a_{M^{n+}}}{a_M} \tag{2-32}$$

式中，$\dfrac{\mu_{M^{n+}}^{\ominus}-\mu_M^{\ominus}}{nF}$ 即为该电极体系的标准电极电位，用符号 $\varphi_{M^{n+}/M}^0$ 表示，再依照式（2-31）所示的状态，式（2-32）可表示为

$$\varphi_{M^{n+}/M}=\varphi_{M^{n+}/M}^0+\frac{RT}{nF}\ln\frac{a(氧化态)}{a(还原态)} \tag{2-33}$$

式中：n——电极反应中转移的电子数；

F——法拉第常数，96 485 C/mol；
R——摩尔气体常数，8.314 J/(mol·K)；
T——温度，K。

式（2-33）称为能斯特公式。

能斯特公式表示电极体系的平衡电极电位及其在溶液中金属离子活度之间的关系。在实际使用中，为了方便计算经常使用下面的形式：

$$\varphi_{M^{n+}/M} = \varphi^0_{M^{n+}/M} + \frac{2.303RT}{nF} \lg \frac{a(\text{氧化态})}{a(\text{还原态})} \tag{2-34}$$

2.2 腐蚀电池

2.2.1 腐蚀电池的概述

恒温恒压条件下可逆过程所做的最大非膨胀功等于体系自由能的减少，当最大非膨胀功只有电功时，可设计成一个可逆电池，如由 Cu 和 Zn 及其溶液组成的体系可设计成一个可逆电池。电池的正极发生的是还原反应，即 $Cu^{2+}+2e^- \rightleftharpoons Cu$，也称为电池的阴极，在电极上发生的是阴极过程。电池的负极发生的是氧化反应，即 $Zn-2e^- \rightleftharpoons Zn^{2+}$，也称电池的阳极，在电极上发生的是阳极过程。电池中的溶液为电解质溶液，在电池工作时起传输离子电荷的作用。电池外部如用铜导线连接一个小灯泡，使电池构成一个完整的回路，外部导线起传输电子的作用。在这个电池中，负极上发生的阳极反应，金属（锌）溶解生成金属离子（Zn^{2+}），即金属的腐蚀反应。因此，作为一个完整的原电池，应具备正极、负极、传输离子电荷的电解质溶液和传输电子的导体 4 个部分。这 4 个部分缺少其中的任何一个，金属的腐蚀反应都不可能发生，其中正极、负极反应的存在是必要条件。例如，将 Zn 浸入酸溶液中，这时发生的阳极过程是 $Zn-2e^- \rightleftharpoons Zn^{2+}$，阴极过程是 $2H^++2e^- \rightleftharpoons H_2$，阴极发生析氢反应。可以用碳棒浸入酸溶液中，外部用铜导线将 Zn 和碳棒相连，会观察到氢气从碳棒上析出，发生反应的动力是这两个电极的电极电位差（$E = \varphi_{H^+/H_2} - \varphi_{Zn^{2+}/Zn}$）。

由上面的例子可以看出，要发生金属的腐蚀，溶液必须存在可以使金属发生氧化反应的氧化性物质，并且这种氧化性物质还原反应的电极电位必须高于金属氧化反应的电极电位。上述方式组成的电池通过外部导线可得到电池输出的电能，这种电池称为原电池。如果将正极、负极直接短路，这时不能得到电池的电能，电能全部以热的形式释放。这种短路的电池与原电池不同，原电池可以看作是将化学能直接转换成电能的装置，而短路的电池只是发生了氧化还原反应的装置。这个装置自身不能提供有用功，在这个装置中发生了金属的氧化反应，即金属的腐蚀。这种发生了腐蚀反应而不能对外界做有用功的短路原电池被称为腐蚀电池。在实际工作中，由于金属材料中都或多或少存在杂质，当金属材料与腐蚀介质接触时，就直接形成了腐蚀电池。例如铸铁中含有碳杂质，当将铸铁浸入酸中时，Fe 与 C 直接相连，构成短路，在 Fe 上发生 $Fe-2e^- \rightleftharpoons Fe^{2+}$ 反应，在 C 上发生 $2H^++2e^- \rightleftharpoons H_2$ 反应，从而形成了腐蚀电池。从上述的实例可以看出，金属腐蚀能够发生的原因是存在能够使金属氧化的氧化性物质，这种氧化性物质和金属构成了一个热力学不稳定体系。

金属在电解质溶液中的腐蚀是电化学腐蚀过程，具有一般电化学反应的特征。例如，潮湿大气条件下桥梁钢结构的腐蚀，海水中海洋采油平台、舰船壳体的腐蚀，油田中地下输油管道的腐蚀，在含有酸、碱等工业介质中金属设施的腐蚀等，都属于电化学腐蚀。这些腐蚀的实质都是金属浸在电解质溶液中，形成了以金属为阳极的腐蚀电池。

2.2.2 金属腐蚀的电化学历程

金属腐蚀从氧化还原理论分析是金属被氧化的过程。在化学腐蚀过程中，发生的氧化还原反应的物质是直接接触的，电子转移也是直接在氧化剂和还原剂之间进行的，即被氧化的金属和被还原的物质之间直接进行电子交换，氧化与还原是不可分的。而在电化学腐蚀过程中，金属的氧化和氧化性物质的被还原是在不同的区域进行的，电子的转移也是间接的。例如，Zn 片和 Cu 片浸在酸溶液中，在两极上发生的反应分别为

金属锌： $$Zn \Longrightarrow Zn^{2+}+2e^- \tag{2-35}$$

金属铜： $$2H^++2e^- \Longrightarrow H_2 \tag{2-36}$$

经过测量可知，金属锌的电极电位较低，金属铜的电极电位较高。在金属锌上发生的是氧化反应过程，被称为阳极；金属铜上发生的是还原反应过程，被称为阴极。阳极上金属锌表面的锌原子失去 2 个电子以 Zn^{2+} 形式进入酸溶液中；留下的 2 个电子通过电子导体流向阴极，H^+ 在阴极上得到电子而生成 H 原子，进而复合成氢分子释放。在溶液中电荷的传递是通过溶液中的阴、阳离子的迁移完成的，使电池构成了一个完整的回路（见图 2-6）。电池反应的结果是金属锌被腐蚀。

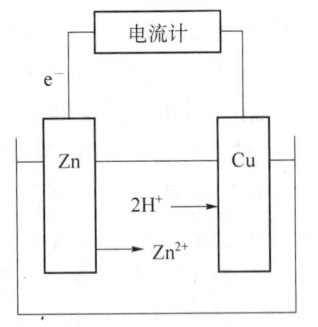

图 2-6 腐蚀电池

从上面例子可看出，腐蚀电池包括如下 4 个过程。

（1）阳极过程：金属发生溶解，并且以离子形式进入溶液，同时将相应摩尔数量的电子留在金属上。反应如下：

$$M^{n+} \cdot ne^- \longrightarrow M^{n+}+ne^- \tag{2-37}$$

（2）阴极过程：从阳极流过来的电子被阴极表面电解质溶液中能够接受电子的氧化性物质 D 所接受。反应如下：

$$D+ne^- \longrightarrow D \cdot ne^- \tag{2-38}$$

在溶液中能够接受电子发生还原反应的物质很多，最常见的是溶液中的 H^+ 和 O_2。

（3）电子的传输过程：这个过程需要电子导体（即第一类导体）将阳极积累的电子传输到阴极，除金属外，属于这类导体的还有石墨、过渡元素的碳化物、氮化物、氧化物和硫化物等。

（4）离子的传输过程：这个过程需要离子导体（即第二类导体），阳离子从阳极区向阴极区移动，同时阴离子向阳极区移动。除水溶液中的离子外，属于这类导体的还有解离成离子的熔融盐和碱等。

腐蚀电池这 4 个过程的同时存在，使阴极过程和阳极过程可以在不同的区域内进行。这种阳极过程和阴极过程在不同区域分别进行是电化学腐蚀的特征，这个特征是区别腐蚀过程的电化学历程与纯化学历程的标志。

腐蚀电池工作时所包括的上述 4 个过程既相互独立，又彼此紧密联系。这 4 个过程中的

任何一个过程被阻断不能进行，其他3个过程也将受到阻碍不能进行。腐蚀电池不能工作，金属的电化学腐蚀也就停止了。这也是腐蚀防护的基本思路之一。

2.2.3 腐蚀电池的类型

2.2.3.1 宏观电池

根据组成电池的电极的大小，可以把电池分为宏观电池和微观电池两类，对于电极较大，即用肉眼可以观察到的电极组成的腐蚀电池称为宏观电池。常见的有以下几种类型。

(1) 不同金属与其电解质溶液组成的电池：这种电池的电极体系是由金属及该种金属的溶液组成的。例如丹尼尔（J. F. Daniel）电池，它是由金属锌和 $ZnSO_4$ 溶液、金属铜和 $CuSO_4$ 溶液组成的电池，锌为阳极，铜为阴极。

(2) 不同金属与同一种电解质溶液组成的电池：将不同电极电位的金属相互接触或连接在一起，浸入同一种电解质溶液中所构成的电池，也称为电偶电池，这种腐蚀也称为电偶腐蚀。例如前面提到的将 Zn、Cu 连接放入酸中形成的腐蚀电池，这种电池是最常见的，如船的螺旋桨为青铜制造，船壳为钢材，同在海水中，船壳电位低于螺旋桨电位，船壳将受到腐蚀。

(3) 浓差电池：这种电池是由电解质溶液的浓度不同造成电极电位的不同而形成的，电解质溶液可以是同一种不同浓度，也可以是不同种不同浓度。从能斯特公式可知，溶液浓度影响电位的大小，使不同浓度中的电极电位不同，形成电位差。在腐蚀中常见的浓差电池除了由金属离子浓度的不同形成，还有 O_2 在溶液中的溶解度不同形成的氧浓差电池。

(4) 温差电池：这种电池是由浸入电解质溶液的金属的各个部分处于不同温度而形成的不同电极电位，高电极电位和低电极电位形成了电池。这种由两个部位间的温度不同引起的电偶腐蚀称为热偶腐蚀。例如，由碳钢制成的换热器，高温端电极电位低于低温端电极电位，因而造成高温端腐蚀严重。

2.2.3.2 微观电池

金属表面从微观上检查会出现各种各样的不同，如微观结构、杂质、表面应力等，使金属表面产生电化学不均匀性。金属表面的电化学不均匀性，会在金属表面形成许多微小电极，由这些微小电极形成的电池称为微观电池。形成金属表面的电化学不均匀性原因很多，主要有以下几种。

(1) 因金属表面化学成分的不均匀性形成的微电池。各种金属材料由于冶炼、加工等不同，会含有一些杂质，或因为使用的需求，要制成各种合金，例如铸铁中的石墨、黄铜（30%锌和70%铜的合金）。这些杂质或合金中的某种成分和基体金属的电极电位不同，形成了很多微小的电极。当浸入电解质溶液时，构成了许多短路的微电池。例如在铸铁中，石墨的电极电位高于铁的电极电位，石墨为阴极，铁为阳极，导致基体铁的腐蚀。

(2) 因金属组织结构的不均匀性形成的微电池。金属的微观结构、晶型等在金属内部一般会存在差异，如金属或合金的晶粒与晶界之间、不同相之间的电位都会存在差异。造成这种差异是由于相间或晶界处原子排列较为疏松或紊乱，造成晶界处杂质原子的富集或吸附以及不同相之间某些原子的沉淀等现象的发生。当有电解质溶液存在时，电极电位不同。例

如，晶界电极电位低，作为阳极；晶粒电极电位高，作为阴极，故晶界处易腐蚀。

（3）因金属表面物理状态的不均匀性形成的微电池。金属在机械加工过程中会发生不同程度的形变，或产生不同的应力等，都可形成局部的微电池。一般是形变较大的或产生应力较大的部位电极电位较低，为阳极，易腐蚀。

（4）因金属表面膜的不完整性形成的微电池。金属表面膜包括镀层、氧化膜、钝化膜、涂层等。当金属表面膜覆盖得不完整，或个别部位有孔隙或破损，或金属表面膜上有针孔等现象时，孔隙处或破损处的金属的电极电位较低，为阳极，易腐蚀。又因为孔隙或破损处的面积小，造成小阳极、大阴极的状态，加速了腐蚀。

2.3 电位-pH 图及其在腐蚀研究中的应用

2.3.1 电位-pH 图的简介

2.3.1.1 电极平衡电位与溶液 pH 值的关系

金属的电化学腐蚀绝大多数是在水溶液中发生的，水溶液的 pH 值对金属的腐蚀起着重要作用。金属腐蚀的另一个因素是金属在水溶液中的电极电位，如果将电极电位和溶液的 pH 值联系起来，就可以很方便地判断金属腐蚀的可能性。这项工作首先是由比利时学者 Pourbaix 进行的，以电极反应的平衡电极电位为纵坐标，以溶液的 pH 值为横坐标，表示不同物质的热力学平衡关系的电化学相图，称为电位-pH 图，有时也称为 Pourbaix 图。自 20 世纪 30 年代至今，已有 90 多种元素与水构成的电位-pH 图汇编成册，成为研究金属腐蚀的重要工具之一。

根据参与电极反应的物质不同，电位-pH 图上的曲线可有以下 3 种情况。

（1）只与电极电位有关而与 pH 值无关的曲线。例如反应 $a\text{R} \rightleftharpoons b\text{O}+ne^-$，其中 O 为物质的氧化态；R 为物质的还原态；$a$，$b$ 分别表示 R，O 的化学计量数；n 为反应电子数。

对于上述反应，可根据能斯特公式得到反应的电极电位：

$$\varphi = \varphi^0 + \frac{RT}{nF}\ln\frac{a_\text{O}^b}{a_\text{R}^a} \tag{2-39}$$

从上式可以看出，该反应的电极电位和溶液的 pH 值无关。因此，这类反应在电位-pH 图上应为一条和横坐标（pH 值）平行的直线［见图 2-7（a）］。例如反应 $\text{Fe}^{2+} \rightleftharpoons \text{Fe}^{3+}+e^-$ 和 $\text{Fe} \rightleftharpoons \text{Fe}^{2+}+2e^-$。

（2）只与 pH 值有关，与电极电位无关的曲线。这类反应由于和电极电位无关，表明没有电子参加反应。因此，不是电极反应，是化学反应。例如反应 $d\text{D}+g\text{H}_2\text{O} \rightleftharpoons b\text{B}+m\text{H}^+$。

上述反应的平衡常数为

$$K = \frac{a_\text{B}^b a_{\text{H}^+}^m}{a_\text{D}^d} \tag{2-40}$$

由 $pH=-\lg a_{H^+}$ 可得

$$pH=-\frac{1}{m}\lg K-\frac{1}{m}\lg\frac{a_D^d}{a_B^b} \tag{2-41}$$

从上式可以看出，pH 值和电极电位无关。由于平衡常数 K 和温度有关，当温度恒定时，a_D^d/a_B^b 不变，则 pH 值也不变。因此，在电位-pH 图上，这种反应的曲线应该是一条平行于纵坐标轴的垂直线［见图 2-7（b）］。例如反应 $Fe^{2+}+2H_2O \rightleftharpoons Fe(OH)_2+2H^+$。

（3）既与电极电位有关，又与 pH 值有关的曲线。这种反应中既有电子参加反应，又有 H^+（或 OH^-）参加反应。例如反应 $aR+gH_2O \rightleftharpoons bO+mH^++ne^-$。

其平衡电极电位可以用能斯特公式表示：

$$\varphi=\varphi^0+\frac{RT}{nF}\ln\frac{a_O^b a_{H^+}^m}{a_R^\alpha} \tag{2-42}$$

可变换为

$$\varphi=\varphi^0-2.303\frac{mRT}{nF}pH+2.303\frac{RT}{nF}\lg\frac{a_O^b}{a_R^\alpha} \tag{2-43}$$

8 从上式可以看出，电极电位 φ 随 pH 值的变化而改变，即在一定温度下 a_O^b/a_R^α 不变时，φ 随 pH 值升高而下降，斜率为 $-2.303\frac{mRT}{nF}$ ［见图 2-7（c）］。例如反应 $Fe^{3+}+3H_2O \rightleftharpoons Fe(OH)_3+3H^+$。

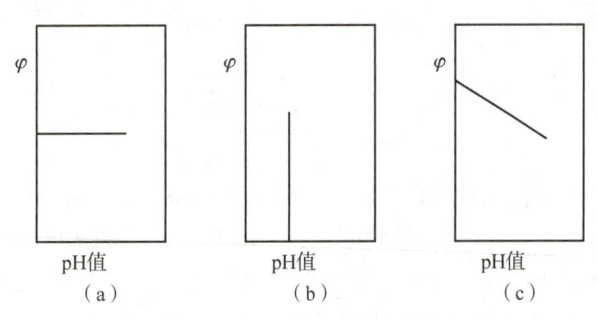

图 2-7 不同反应的电位-pH 图

2.3.1.2 氢电极和氧电极的电位-pH 图

金属的电化学腐蚀绝大部分是在水溶液的介质中进行的，水溶液中的水分子、H^+、OH^- 以及溶解在水中的氧分子，都可以吸附在电极表面，发生氢电极反应和氧电极反应，这两个电极反应一般是阴极反应，与金属的阳极反应形成腐蚀电池，这是腐蚀电化学中的析氢腐蚀和吸氧腐蚀。因此，有必要研究氢电极和氧电极的电位-pH 图，用来分析和确定 H_2O、H^+、OH^- 的热力学稳定性以及它们的热力学稳定区范围。最早进行这项工作的是克拉克（Clark）。氢电极反应为

$$2H^++2e^- \rightleftharpoons H_2 \tag{2-44}$$

依据能斯特公式，则

$$\varphi_{H^+/H_2}=\varphi^0+\frac{RT}{2F}\ln\frac{a_{H^+}^2}{a_{H_2}} \tag{2-45}$$

当温度为 25 ℃时：

$$\varphi_{H^+/H_2}=\varphi^0+\frac{0.0591}{2}\lg a_{H^+}^2-\frac{0.0591}{2}\lg p_{H_2} \tag{2-46}$$

$$\varphi_{H^+/H_2}=\varphi^0-0.0591\text{pH}-0.02955\lg p_{H_2} \tag{2-47}$$

当 $p_{H_2}=101.325$ kPa 时，上式变化为

$$\varphi_{H^+/H_2}=0-0.0591\text{pH}=-0.0591\text{pH} \tag{2-48}$$

由此表明，在电位-pH 图上氢电极反应为一条直线，其斜率为-0.0591（见图 2-8 的直线 a）。

在酸性环境中氧电极反应： $O_2+4H^++4e^-\rightleftharpoons 2H_2O$ (2-49)

依据能斯特公式，则

$$\varphi_{O_2/H_2O}=\varphi^0+\frac{RT}{4F}\ln\frac{a_{H^+}^4 p_{O_2}}{a_{H_2O}^2} \tag{2-50}$$

一般在水溶液中 $a_{H_2O}=1$，在 25 ℃时：

$$\varphi_{O_2/H_2O}=\varphi^0+\frac{0.0591}{4}\lg a_{H^+}^4+\frac{0.0591}{4}\lg p_{O_2} \tag{2-51}$$

$$\varphi_{O_2/H_2O}=\varphi^0+0.0148\lg p_{O_2}-0.0591\text{pH} \tag{2-52}$$

当 $p_{O_2}=101.325$ kPa 时：

$$\varphi_{O_2/H_2O}=1.229-0.0591\text{pH} \tag{2-53}$$

在碱性环境中氧电极反应： $O_2+2H_2O+4e^-\rightleftharpoons 4OH^-$

依据能斯特公式，则

$$\varphi_{O_2/OH^-}=\varphi^0+\frac{RT}{4F}\ln\frac{p_{O_2}a_{H_2O}^2}{a_{OH^-}^4} \tag{2-54}$$

因此，氧电极反应无论在酸性环境中还是在碱性环境中，电位和 pH 值的关系都是一致的。在电位-pH 图中都是一条直线，其斜率也为-0.0591（见图 2-8 的直线 b），是一条和氢电极平行的直线，其截距相差 1.229 V。图 2-8 中的直线 a、b 分别是 $p_{H_2}=101.325$ kPa 和 $p_{O_2}=101.325$ kPa 条件时计算出的电位-pH 曲线，如果 p_{H_2} 和 p_{O_2} 不等于 101.325 kPa，对于复电极，当 $p_{H_2}>101.325$ kPa 时，电位-pH 曲线将从直线 a 向下平移；当 $p_{H_2}<101.325$ kPa 时，电位-pH 曲线将从直线 a 向上平移。对于氧电极反应，当 $p_{O_2}>101.325$ kPa 时，电位-pH 曲线将从直线 b 向上平移；当 $p_{O_2}<101.325$ kPa 时，电位-pH 曲线将从直线 b 向下平移。这样就可以分别得到两组平行的斜线，表示不同气体分压时的电位-pH 图。如果仍以 p_{H_2} 和 p_{O_2} 为 101.325 kPa 的直线 a、b 为例，当电极电位低于直线 a 的电位时，H_2O 将被还原而分解出 H_2，因此在直线 a 下方应为 H_2 的稳定区，即还原态稳定区；直线 a 上方为 H^+ 的稳定区，即氧化态稳定区。同样，当电极电位高于直线 b 时，H_2O 被氧化而分解出 O_2，在直线 b 上方为 O_2 的稳定区，即氧化态稳定区；在直线 b 下方为 H_2O 的稳定区，即还原态稳定区；直线 a、b 之间的区域为 101.325 kPa 条件下 H_2O 的热力学稳定区。

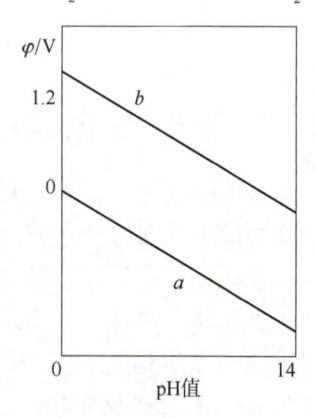

图 2-8 氢电极和氧电极反应的电位-pH 图
a—氢电极反应；
b—氧电极反应

在氧化还原反应中，电极电位高的氧化态和电极电位低的还原态可以发生反应。在图 2-8 中，直线 b 的电极电位高于直线 a 的电极电位，因此，直线 b 的氧化态和直线 a 的还原态相遇会发生氧化还原反应。即

$$（氧化态）b+（还原态）a \Longleftrightarrow （还原态）b+（氧化态）a$$

式中：b——氧电极反应；

a——氢电极反应。

上式还可以写成

$$O_2+2H_2 \Longleftrightarrow 2H_2O$$

因此，图 2-8 也称为 H_2O 的电位-pH 图。由于直线 a、b 之间的差距表示两个反应的电极电位差，即 a、b 两个电极反应组成的电池电动势，因此，差值越大，发生反应的可能性越大。

2.3.2 电位-pH 图的绘制

将某一金属-介质组成的体系所发生的反应的电位-pH 曲线连同氢电极反应（直线 a）和氧电极反应（直线 b）的电位-pH 曲线都画在同一幅电位-pH 图上，即为 Pourbaix 图，一般按下列步骤进行。

（1）列出有关物质的各种存在状态以及在此状态下标准化学位值或 pH 值表达式。

（2）列出各有关物质之间发生的反应方程式，并利用标准化学位值计算出各反应的平衡关系式。

（3）作出各反应的电位-pH 值图曲线，并汇总成综合的电位-pH 图。

例如，$Fe-H_2O$ 体系的电位-pH 图，平衡固相为 Fe、Fe_3O_4、Fe_2O_3 时，各物质之间的平衡反应式和平衡关系式如表 2-1 所示。

表 2-1 $Fe-H_2O$ 体系各平衡反应式和平衡关系式

序号	平衡反应式	平衡关系式
①	$Fe^{3+}+e^- \Longleftrightarrow Fe^{2+}$	$\varphi=0.771+0.059\ 1\lg(a_{Fe^{3+}}/a_{Fe^{2+}})$
②	$Fe_3O_4+8H^++8e^- \Longleftrightarrow 3Fe+4H_2O$	$\varphi=-0.085\ 5-0.059\ 1pH$
③	$3Fe_2O_3+2H^++2e^- \Longleftrightarrow 2Fe_3O_4+H_2O$	$\varphi=0.221-0.059\ 1pH$
④	$Fe_2O_3+6H^+ \Longleftrightarrow 2Fe^{3+}+3H_2O$	$3pH=-0.723-\lg a_{Fe^{3+}}$
⑤	$Fe^{2+}+2e^- \Longleftrightarrow Fe$	$\varphi=-0.440+0.029\ 5\lg a_{Fe^{2+}}$
⑥	$Fe_2O_3+6H^++2e^- \Longleftrightarrow 2Fe^{2+}+3H_2O$	$\varphi=0.728-0.177\ 3pH-0.059\ 1\lg a_{Fe^{2+}}$
⑦	$Fe_3O_4+8H^++2e^- \Longleftrightarrow 3Fe^{2+}+4H_2O$	$\varphi=0.980-0.236\ 4pH-0.088\ 5\lg a_{Fe^{2+}}$
⑧	$HFeO_2^-+3H^++2e^- \Longleftrightarrow Fe+2H_2O$	$\varphi=0.493-0.088\ 5pH+0.029\ 5\lg a_{HFeO_2^-}$
⑨	$Fe_3O_4+2H_2O+2e^- \Longleftrightarrow 3HFeO_2^-+H^+$	$\varphi=-1.819+0.029\ 5pH-0.088\ 5\lg a_{HFeO_2^-}$

各平衡关系式经计算后得到各平衡曲线，如图 2-9 所示，图中的两条平行的虚线中，a 表示 H^+ 和 $H_2(p_{H_2}=101.325\ kPa)$ 的平衡关系；b 表示 $O_2(p_{O_2}=101.325\ kPa)$ 和 H_2O 的平衡

关系。图中各线带圆圈的编号是表2-1中各平衡关系式的编号，图中0、-2、-4、-6分别表示Fe^{2+}、Fe^{3+}的浓度为1 mol/L、10^{-2} mol/L、10^{-4} mol/L、10^{-6} mol/L。一般化学分析的分辨率为10^{-6} mol/L，所以各物质均选用10^{-6} mol/L的平衡线作为界限。

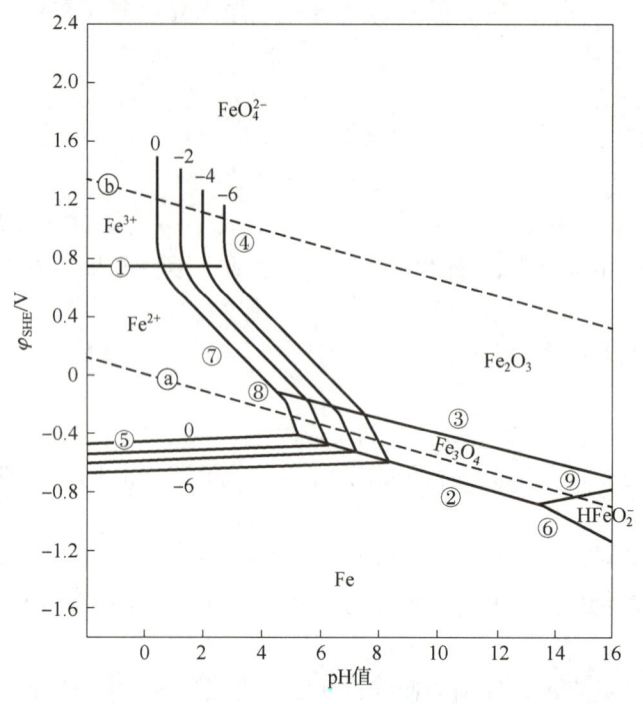

图2-9　Fe-H_2O体系的电位-pH图

2.3.3　电位-pH图的应用

将图2-9中各物质的离子浓度都取10^{-6} mol/L，图2-9可简化为图2-10。图2-10中，曲线将图分为以下3个区域。

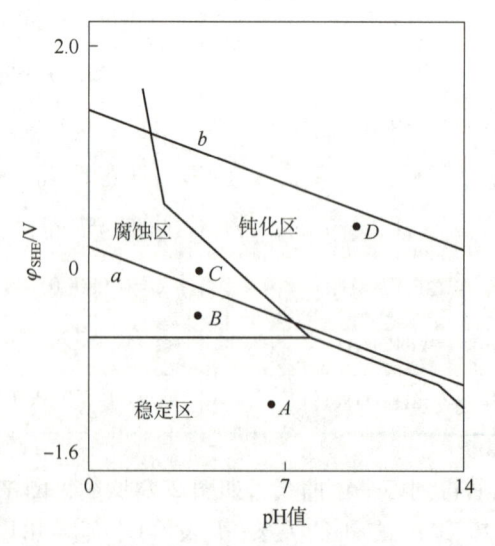

图2-10　简化的Fe-H_2O体系的电位-pH图

(1) 稳定区：在这个区域内，电位和 pH 值的变化都不会引起金属的腐蚀。所以，在这个区域内，金属（Fe）处于热力学稳定状态，金属不会发生腐蚀。

(2) 腐蚀区：在这个区域内，金属（Fe）被腐蚀生成 Fe^{2+}、Fe^{3+} 或 FeO_4^{2-}、$HFeO_2^-$ 等离子。因此，在这个区域内，金属（Fe）处于热力学不稳定状态。

(3) 钝化区：在这个区域内，随电位和 pH 值的变化，生成各种不同的稳定固态氧化物、氢氧化物或盐。这些固态物质可形成保护膜保护金属。因此，在这个区域内，金属腐蚀的程度取决于生成的固态膜是否有保护性。

依照图 2-10 可以从理论上分析金属的腐蚀倾向，如图 2-10 所示的 A 点处于 Fe 的稳定区，该区域又在直线 a 以下，即 H_2 的稳定区。因此，处于 A 点的 Fe 处于热力学稳定状态，不会被腐蚀；B 点处于 Fe^{2+} 的稳定区，并且在直线 a 之下，即处于 H_2 的稳定区，在 B 点可能进行两个平衡反应：

$$2H^+ + 2e^- \rightleftharpoons H_2 \tag{2-55}$$

$$Fe^{2+} + 2e^- \rightleftharpoons Fe \tag{2-56}$$

式（2-55）的电极电位高于式（2-56）的电极电位。因此，Fe 将被腐蚀生成 Fe^{2+}，同时发生析氢反应，即电极电位高的氧化态（H^+）和电极电位低的还原态（Fe）发生反应：

阴极反应：$\qquad 2H^+ + 2e^- \rightleftharpoons H_2$

阳极反应：$\qquad Fe - 2e^- \rightleftharpoons Fe^{2+}$

电池反应：$\qquad Fe + 2H^+ \rightleftharpoons Fe^{2+} + H_2$

如果 B 点向上移动，超过直线 a，达到 C 点位置，处于 Fe^{2+} 的稳定区和 H_2O 的稳定区。由于 C 点处于直线 a 之上，因此在 C 点不会发生 H^+ 的还原反应，即不存在 $2H^+ + 2e^- \rightleftharpoons H_2$ 的反应，这时应考虑与直线 b 有关物质的反应。在 C 点可能进行的平衡反应为：

$$\frac{1}{2}O_2 + 2H^+ + 2e^- \rightleftharpoons H_2O \tag{2-57}$$

$$Fe - 2e^- \rightleftharpoons Fe^{2+} \tag{2-58}$$

式（2-57）的电极电位高于式（2-58）的电极电位，Fe 将被腐蚀生成 Fe^{2+}，同时发生吸氧反应，即电极电位高的氧化态（O_2）发生还原反应，电极电位低的还原态（Fe）发生氧化反应：

阴极反应：$\qquad \frac{1}{2}O_2 + 2H^+ + 2e^- \rightleftharpoons H_2O$

阳极反应：$\qquad Fe - 2e^- \rightleftharpoons Fe^{2+}$

电池反应：$\qquad \frac{1}{2}O_2 + 2H^+ + Fe \rightleftharpoons Fe^{2+} + H_2O$

如果金属处于 D 点，在 Fe 的稳定区域之上，也处于直线 a 之上和 pH 值大于 7 的位置。这时可能进行的反应为

$$\frac{1}{2}O_2 + H_2O + 2e^- \rightleftharpoons 2OH^- \tag{2-59}$$

$$Fe + 2H_2O \rightleftharpoons Fe(OH)_2 + 2H^+ + 2e^- \tag{2-60}$$

或 $\qquad Fe + H_2O \rightleftharpoons FeO + 2H^+ + 2e^-$ ［在式（2-55）电极电位较低的范围内］

$$Fe(OH)_2 + H_2O \rightleftharpoons Fe(OH)_3 + H^+ + e^- \tag{2-61}$$

或 $2Fe(OH)_2 \rightleftharpoons Fe_2O_3+H_2O+2H^++2e^-$ [在式（2-59）电极电位较高的范围内]

式（2-60）、式（2-61）合并可得

$$2Fe+3H_2O \rightleftharpoons Fe_2O_3+6H^++6e^- \qquad (2-62)$$

如果是在电位较高的范围内，则

阴极反应：$\frac{3}{2}O_2+3H_2O+6e^- \rightleftharpoons 6OH^-$

阳极反应：$2Fe+3H_2O \rightleftharpoons Fe_2O_3+6H^++6e^-$

电池反应：$2Fe+\frac{3}{2}O_2 \rightleftharpoons Fe_2O_3$

从式（2-52）可知，电极电位的高低和 pH 值有关，还和 O_2 的分压 p_{O_2} 有关。当 pH 值一定，电极电位降低（即 p_{O_2} 下降）时，溶液中的溶解氧减少，这时阳极产物不仅有 Fe_2O_3 [或 $Fe(OH)_3$]，还会有 FeO [或 $Fe(OH)_2$]，从而生成 Fe_3O_4。

上面的分析表明，Fe 处在 D 点有腐蚀的可能，但被腐蚀的程度要同时考虑腐蚀产物 FeO、Fe_3O_4 或 Fe_2O_3 与 Fe 的结合情况。如果能和 Fe 生成结合牢固且致密的固体氧化膜，则可起到使 Fe 不再受到腐蚀的保护作用，即 Fe 可能处于钝化状态；如果不能生成结合牢固且致密的固体氧化膜，Fe 还会继续被腐蚀。

根据上面的理论分析，可以选择适当的方法防止腐蚀的发生。在图 2-10 中，若 Fe 在 B 点处，则处于腐蚀状态。如果将 Fe 从 B 点移出腐蚀区，可采取以下 3 种办法。

(1) 不改变溶液 pH 值，降低电极电位值，使 Fe 进入热力学稳定区。可以使用外电源，Fe 和外电源负极相连，电极电位向负方向移动，或与电极电位更负的金属（如 Zn）相连，使 Fe 电极电位下降。这种方法称为阴极保护。

(2) 不改变溶液 pH 值，提高电极电位值，使 Fe 进入钝化区。可以将 Fe 和外电源的正极相连，电极电位向正方向移动，这种方法称为阳极保护。采用这种方法必须保证金属处于钝化状态，金属才会受到保护，否则金属将加速腐蚀。

(3) 不改变电极电位值，提高溶液 pH 值。提高 pH 值后，Fe 也会进入钝化区，从而得到保护。

2.3.4　应用电位-pH 图的局限性

电位-pH 图的绘制是根据热力学数据计算出的电极电位值和 pH 值的关系得到的，所以也称为理论电位-pH 图。虽然使用电位-pH 图可以判断金属腐蚀的倾向，但是此图也有它的局限性，主要表现在如下 3 个方面。

(1) 理论电位-pH 图是依据热力学数据绘制的电化学平衡图，所以只能用来说明金属在该体系中腐蚀的可能性，即腐蚀倾向的大小，而不能预示金属腐蚀的动力学问题，如腐蚀速度的大小。

(2) 在绘制电位-pH 图时，所取得的平衡条件是金属与金属离子、溶液中的离子以及这些离子的腐蚀产物之间的平衡。但是在腐蚀的实际条件下，这些离子之间、离子与产物之间，不一定保持平衡状态，溶液所含的其他离子也可对平衡产生影响。

(3) 绘制电位-pH 图所取的平衡状态，是体系全部处于平衡状态。例如，处于平衡状态时，溶液各处的浓度均相同，任何一点的 pH 值也都相等。但是在实际的腐蚀体系中，金属表面液层的浓度和远离金属表面液层的浓度不同。阳极反应区的 pH 值低于体系整体的 pH 值，而阴极反应区的 pH 值高于体系整体的 pH 值。

2.4 极化

2.4.1 极化现象

把两块面积相等的锌片和铜片，置入盛有质量分数为 3% NaCl 溶液的同一容器中，得到锌-铜腐蚀电池，如图 2-11 所示。在闭合开关之前，测出 Zn 及 Cu 电极的自腐蚀电位分别是：φ_{Zn} = -0.83 V；φ_{Cu} = 0.05 V。如回路电阻 $R = R_1$（导线、电流表及开关电阻）+ R_2（电解液电阻）= (120+110) Ω = 230 Ω，此时，两电极的稳定电位差 [(0.05+0.83) V = 0.88 V] 为原电池的电动势 E_0，当电池刚接通时，毫安表指示的起始瞬间电流 $I_{始}$ 相当大，因此有

$$I_{始} = \frac{E_0}{R} = \frac{0.88 \text{ V}}{230 \text{ Ω}} = 3\ 826 \text{ μA} \tag{2-63}$$

瞬间电流很快下降，经过一段时间后，达到一个较稳定的电流 I_2 = 200 μA（电流表指示），如图 2-12 所示。

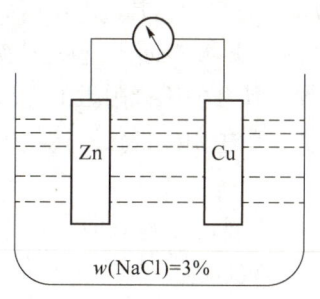

图 2-11 锌-铜腐蚀电池示意图

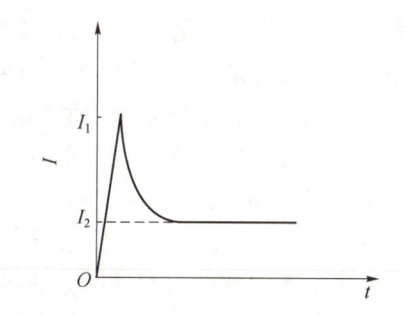

图 2-12 电极极化的 I-t 曲线示意图

电流为什么会发生这种变化呢？根据欧姆定律，回路电流为

$$I = \frac{\Delta\varphi}{R} \tag{2-64}$$

式中：$\Delta\varphi$——两电极电位差；
R——回路电阻。

分析：I 减小的原因只有两种，一是电阻 R 增大，二是电位差 $\Delta\varphi$ 减小。实际上，原电池回路中的电阻在通路后的短时间内并未发生变化。因此，电流急剧下降只能归结为两电极间的电位差发生了变化，试验已证实这一点。图 2-13 是腐蚀电池接通电路前后电位-时间关系曲线。由图可见，当电路接通后，阳极电位向正方向变化，阴极电位向负方向变化，结果使原电池电位差由 $\Delta\varphi_0$ 变为 $\Delta\varphi_t$。

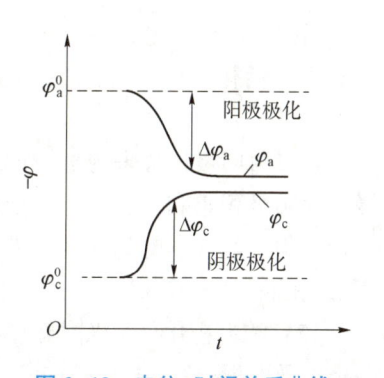

图 2-13 电位-时间关系曲线

显然 $\Delta\varphi_t<\Delta\varphi_0$。这种由于电极上有净电流通过,故电极电位显著地偏离了未通净电流时的起始电位的变化现象通常称为极化。由于有电流通过而发生的电极电位偏离原电极电位 $\varphi_{t=0}$ 的变化值,称为过电位,通常用希腊字母 η 表示:

$$\eta=\varphi_{t=0}-\varphi_0 \tag{2-65}$$

综上可知,电极极化(无论阳极极化还是阴极极化)程度与电流有关。因此探讨产生极化的原因及其影响因素,对抑制或者减少金属腐蚀具有重要的意义。

2.4.2 极化原因

2.4.2.1 阳极极化

通阳极电流,电极电位向正方向移动,这种现象称为阳极极化。产生阳极极化的原因如下。

(1) 活化极化。阳极过程是金属离子从基体转移到溶液中并形成水化离子的过程:

$$M^{n+} \cdot ne^- + mH_2O \longrightarrow M^{n+} \cdot mH_2O + ne^- \tag{2-66}$$

由此可见,只有阳极附近所形成的金属离子不断地迁移到电解质溶液中,该过程才能顺利进行。如果金属离子进入溶液里的速度小于电子从阳极迁移到阴极的速度,则阳极上就会有过多的带正电荷金属离子的积累,由此引起电极双电层上的负电荷减少,于是阳极电位就向正方向移动,产生阳极极化,这种极化称为活化极化或电化学极化,其过电位用 η_a 表示。

(2) 浓差极化。在阳极过程中产生的金属离子首先进入阳极表面附近的溶液中,如果进入溶液中的金属离子向远离阳极表面的溶液扩散得缓慢,就会使阳极附近的金属离子浓度增加,阻碍金属继续溶解,必然使阳极电位向正方向移动,产生阳极极化。这种极化称为浓差极化,其过电位用 η_c 表示。

(3) 电阻极化。在阳极过程中,由于某种机制,反应产物在金属表面形成钝化膜,阳极过程受到阻碍,使金属的溶解速度显著降低,此时阳极电位迅速向正方向移动,由此引起的极化称为电阻极化,其过电位用 η_r 表示。

由此可见,阳极极化对抑制、降低腐蚀速度是有利的,反之,消除阳极极化就会促进阳极过程进行,加速腐蚀。

2.4.2.2 阴极极化

通阴极电流,电极电位向负方向移动,这种现象称为阴极极化。其极化原因如下。

(1) 活化极化。阴极过程是接收电子过程,即

$$D+ne^- \longrightarrow D \cdot ne^- \tag{2-67}$$

如果由阳极迁移来的电子过多,由于某种原因阴极接收电子的物质与电子结合的速度很慢,使阴极积累剩余电子,电子密度增高,结果使阴极电位向负方向移动,产生阴极极化。这种由阴极过程或电化学过程进行得缓慢引起的极化称为活化极化或电化学极化,其过电位用 η_a 表示。

(2) 浓差极化。阴极附近参与反应的物质或反应产物扩散较慢引起阴极过程受阻,造成阴极电子堆积,使阴极电位向负方向移动,由此引起的极化为浓差极化,其过电位用 η_c 表示。

2.4.3 过电位

电极极化值（$\Delta\varphi$）是工作电位 φ 对其起始电位（净电流等于 0）的偏移值。在电极反应的一系列步骤中，任何一个步骤的速度缓慢都起到对整个电极反应过程的控制作用。因此，过电位可以看作是电极反应中某一确定的单元步骤受到阻碍而引起的电极极化的结果。

2.4.3.1 活化极化过电位

（1）活化极化过电位。活化极化过电位不仅与一定的电极体系有关，并且与电极反应的电流密度存在一定的函数关系。

活化极化是指由电极反应速度缓慢所引起的极化，或者说电极反应受电化学反应速度控制，因此活化极化也称电化学极化。它在阴极、阳极过程中均可发生，但在析氢或吸氧去极化的阴极过程中尤为明显。1905 年，塔菲尔（Tafel）在研究氢在若干金属电极上发生电化学反应时，发现许多金属在很宽的电流密度范围内，析氢的过电位与电流密度之间呈现半对数规律。若将 η 对 $\lg i$ 作图可得一条直线，称其为塔菲尔规律，即

$$\eta_a = \pm\beta\lg\frac{i}{i^0}$$

$$\eta_a = a + b\lg i \tag{2-68}$$

式中：η_a——活化极化过电位；

β——塔菲尔常数或塔菲尔斜率；通常在 0.05~0.15 V，一般取 0.1 V。

i——电流密度（阳极或阴极反应速度）；

i^0——交换电流密度；

a——通过单位极化电流密度时的过电位，0~1 V；

b——极化曲线斜率，其值在 0.1~0.14 V；

$\pm$——代表阳极、阴极极化。

氢电极的电化学极化曲线如图 2-14 所示。由图看出：活化极化过电位 η_a 变化很小，而极化电流密度 i 变化很大。这说明，电极过程的过电位大小，除与极化电流密度有关外，还与交换电流密度有关。交换电流密度 i^0 越小，活化极化过电位越大，耐腐蚀性越好；i^0 越大，其过电位越小，说明电极反应的可逆性大。交换电流密度 i^0 是氧化还原反应的特征函数。i^0 不仅与电极成分、溶液温度有关，还与电极表面状态有关。

（2）交换电流密度。如果在一个电极上只进行一个电极反应，当这个电极反应处于平衡时，其阴极反应和阳极反应的速度相等，即 $\vec{i_c} = |\vec{i_a}| = i^0$。显然 i^0 是 $\vec{i_c}$ 和 $\overleftarrow{i_a}$ 的绝对值均相等的电流密度，i^0 称为电极反应的交换电流密度。可见，交换电流密度 i^0 本身是在平衡电位下电极界面出现的电荷交换速度的定量的度量值。它既可表示氧化反应绝对速度，也可表示还原反应绝对速度，没有

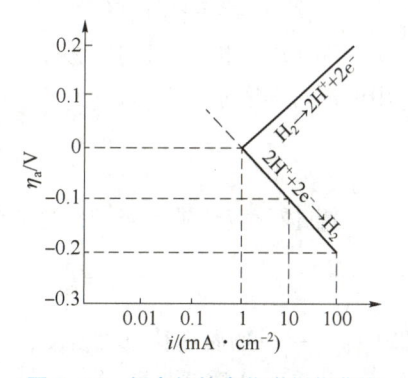

图 2-14 氢电极的电化学极化曲线

正向与反向之分。交换电流密度 i^0 定量地描述了电极反应的可逆程度，即表示了电极反应的难易程度。

实际上，i^0 总是具有一定的值。i^0 越大，电极上通过一定极化电流时，电极电位偏离平衡电位越近；i^0 越小，在相同极化电流密度下，电极电位偏离平衡电位越远。

可见，交换电流密度是电荷迁移过程的一个非常重要的动力学参数。不同电极反应的 i^0 固然不同，在不同电极材料上进行同一个电极反应，其 i^0 相差也很大。例如，分别在金属汞、铁、铂、金等电极材料上进行同一个电极反应，其 i^0 相差几个数量级，这说明不同金属材料对同一个电极反应的催化能力是很不相同的。

2.4.3.2 浓差极化过电位

在电极极化反应过程中，如果电化学反应进行得很快，而电解质溶液中物质传输过程很缓慢，就会导致反应物扩散迁移速度不能满足电极反应速度的需要；或生成物从电极表面向溶液深处扩散过程的滞后，使反应物或生成物在电极表面的浓度和溶液中的浓度出现差异，形成浓度差，由此引起的电位移动，称为浓差极化。

在实践中，阴极浓差极化要比阳极浓差极化重要得多。故在腐蚀研究中，常以氧为去极化剂的阴极反应为例讨论浓差极化。

1）极限扩散电流密度 i_D

氧向阴极扩散的速度可由 Fick 第二定律得出：

$$v_1 = \frac{D}{\delta}(c-c_e) \tag{2-69}$$

式中：D——扩散系数；
δ——扩散层厚度；
c_e——电极表面氧的浓度；
c——溶液中氧的浓度。

电极反应速度可由法拉第定律得出：

$$v_2 = \frac{i}{nF} \tag{2-70}$$

式中：i——电流密度；
n——价数；
F——法拉第常数。

若扩散控制时，氧向阴极扩散速度与电极反应速度相等，即 $v_1 = v_2$，则电极反应速度（用电流密度表示）为

$$i_d = \frac{nFD}{\delta}(c-c_e) \tag{2-71}$$

当电极反应达到稳态时，总的电流密度等于迁移电流密度和扩散电流密度之和：

$$i_总 = i_m + i_d = i_总 i_1 + \frac{nFD}{\delta}(c-c_e) = \frac{nFD}{(1-i_1)\delta}(c-c_e) \tag{2-72}$$

式中：i_m——物质迁移电流密度；
i_1——物质迁移数。

通电前，$i=0$，$c=c_e$，即电极表面的氧浓度与溶液中的氧浓度一致。

通电后，$i \neq 0$，$c > c_e$，随电极反应的进行，电极附近氧不断消耗，c_e 降低。当 $c_e \to 0$ 时：

$$i_{总} = i_d = \frac{nFD}{(1-i_1)\delta} c \tag{2-73}$$

由于 $c_e \to 0$，电极表面几乎无反应离子或氧存在，因此该离子迁移数趋于 0，即 $i_1 \to 0$。此时，i_d 值达到最大，即 $i_d \to i_D$，则

$$i_D = \frac{nFD}{\delta} c \tag{2-74}$$

式中：i_D——极限扩散电流密度。

i_D 间接地表示扩散控制的电化学反应速度。由式（2-74）可见：

(1) 温度降低，扩散系数 D 减小，i_D 也减小，腐蚀速度降低；
(2) 反应物质浓度降低，如溶液中氧或氢离子浓度降低，腐蚀速度也减小；
(3) 通过搅拌或改变电极的形状，减少扩散层厚度，将增大极限扩散电流密度 i_D，加速腐蚀；反之，增加扩散层厚度，使极限扩散电流密度 i_D 降低，从而提高耐蚀性。

2) 浓差极化过电位 η_c

浓差极化是由电极附近的反应离子与溶液中反应离子的浓度差引起的。以氢为例推导浓差极化过电位 η_c 与电流密度的关系。

反应前，氢电极电位为

$$\varphi_H = \varphi_0 + \frac{0.0591}{n} \lg c_{H^+} \tag{2-75}$$

反应后，氢电极电位为

$$\varphi_H' = \varphi_0 + \frac{0.0591}{n} \lg c_{eH^+} \tag{2-76}$$

反应进行中，由于阴极过程消耗了 H^+，电极表面 H^+ 浓度小于溶液中 H^+ 的浓度，即 $c_{eH^+} < c_{H^+}$，产生浓差极化，其过电位为

$$\eta_c = \varphi_H' - \varphi_H = \frac{0.0591}{n} \lg \frac{c_{eH^+}}{c_{H^+}} \tag{2-77}$$

由式（2-72）及式（2-73），得 i/i_d 为

$$\frac{i}{i_d} = \frac{\dfrac{nFD}{(1-i_1)\delta}(c_{H^+} - c_{eH^+})}{\dfrac{nFD}{(1-i_1)\delta} c_{H^+}} = 1 - \frac{c_{eH^+}}{c_{H^+}}$$

$$\eta_c = \frac{0.0591}{n} \lg \left(1 - \frac{i}{i_d}\right) \tag{2-78}$$

由此可见，只有当还原电流密度 i 增加到接近扩散电流密度 i_d，即 $i = i_d$ 时，$\eta_c \to \infty$，此时电极表面 $c_e \to 0$；当 $i \ll i_d$ 时，$\eta_c \to 0$，说明只存在活化极化而无浓差极化，如图 2-15 所示。

溶液流速增加，扩散层厚度降低，导致扩散电流密度 i_d 增大，如图 2-16 所示。此外，温度、反应物浓度增加也会使极限扩散电流密度增大，从而加剧阳极腐蚀。实际上，当浓差极化使电位向负电位方向移到一定值时，在电极表面上可能出现新的电化学过程。

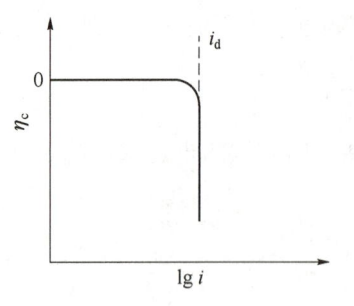

图 2-15　浓差极化曲线

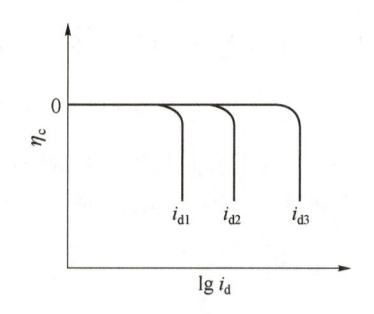

图 2-16　溶液流速对浓差极化的影响

2.4.3.3　混合极化过电位

在一些实际的电极体系中，经常同时出现浓差极化和活化极化两种情况，即电极过程的控制步骤由扩散传质步骤和电化学步骤混合组成。在这种情况下，电极极化规律由活化极化和浓差极化共同决定，其表达式为

$$\eta_T = \eta_a + \eta_c = \pm \beta \lg \frac{i}{i^0} + \frac{0.059}{n} \lg \left(1 - \frac{i}{i_d}\right) \tag{2-79}$$

式中：η_T——混合极化过电位。

混合极化曲线如图 2-17 所示。

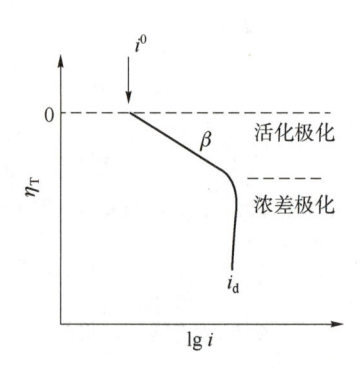

图 2-17　混合极化曲线

2.4.3.4　电阻极化过电位

由于有电流通过，在电极表面上可能生成使电阻增加的物质（钝化膜），由此产生的极化现象，称为电阻极化。由电阻极化引起的过电位为电阻极化过电位，其表达式为

$$\eta_r = iR \tag{2-80}$$

在极化过程中，能形成氧化膜、盐膜、钝化膜等增加阳极电阻的物质均可引起电阻极化。电阻极化主要发生在阳极，使阳极金属溶解速度显著降低。

2.4.4　极化曲线

2.4.4.1　极化曲线概念

表示电极电位和电流密度之间关系的曲线称为极化曲线。极化曲线又可分为表观极化曲线和理想极化曲线。

理想极化曲线是以单电极反应的平衡电位作为起始电位的极化曲线。

对于绝大多数金属电极体系，由于金属自溶解效应，即使在最简单情况下，体系也是双电极反应。因此，在这种情况下，所测得的电极电位是自腐蚀电位而不是平衡电位。由试验测得的自腐蚀电位与电流密度之间的关系曲线称为表观极化曲线或实测极化曲线。显然，表观极化曲线的起始电位只能是自腐蚀电位而不是平衡电位。

在研究金属腐蚀的反应过程中，常用外加电流方法来测定金属的阳极、阴极极化曲线。测定阳极极化曲线时，把金属电极接在恒电位仪的工作电极上，通阳极电流；测定阴极极化曲线时，把金属电极接在恒电位仪的工作电极上，通阴极电流。

在金属腐蚀与防护研究中，测定金属电极表观极化曲线是常用的一种研究方法。比如确定电化学保护参数、研究晶间腐蚀、相提取、测定点蚀电位、确定应力腐蚀断裂电位等，同时可通过测得的极化曲线或极化数据确定腐蚀电流密度，以及探讨腐蚀过程机理、控制因素等。

2.4.4.2 极化曲线的测定方法

极化曲线的测定分暂态法和稳态法。暂态法极化曲线的形状与时间有关，测试频率不同，极化曲线的形状不同。暂态法能反映电极过程的全貌，便于实现自动测量，具有一系列的优点。但稳态法仍是最基本的研究方法，测量时与每一个给定电位对应的响应信号（电流密度）完全达到稳定不变的状态。

稳态法按其控制方式分恒电位法和恒电流法。

（1）恒电位法是以电位为自变量，测定电流密度与电位的函数关系 $i=f(\varphi)$。

（2）恒电流法是以电流密度为自变量，测定电位与电流密度的函数关系 $\varphi=f(i)$。

恒电位法和恒电流法有各自的适用范围。恒电流法使用仪器较为简单，也易于控制，主要用于一些不受扩散控制的电极过程，或电极表面状态不发生很大变化的电化学反应；但当电流密度和电位之间呈多值函数关系时，恒电流法则测不出活化向钝化转变的过程，如图 2-18 中 *abef* 曲线。恒电位法适用范围较宽，不仅适合电流密度和电位的单值函数关系，也适用多值函数关系，如图 2-18 中 *abcdef* 曲线。采用恒电位法能真实地反映电极过程，测出完整的极化曲线，其测定装置如图 2-19 所示。

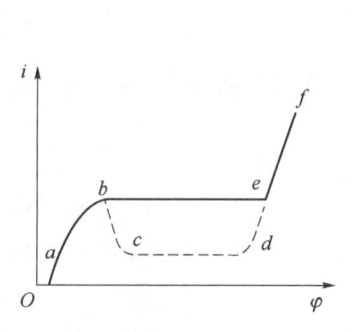

图 2-18 用稳态法测定的极化曲线

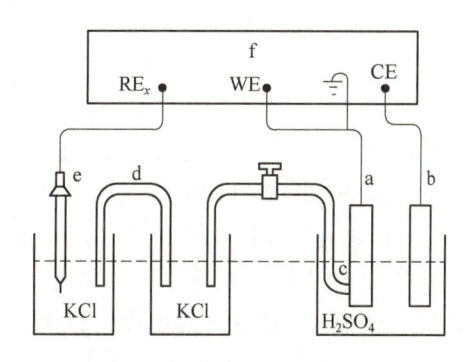

图 2-19 恒电位法测定装置

a—研究电极；b—辅助电极（铂）；c—鲁金毛细管；d—盐桥；e—参比电极；f—恒电位仪。

2.4.4.3 阳极极化曲线

电阻极化是发生在阳极过程中的一种特殊的极化行为。典型的实例是 Fe 在稀 H_2SO_4 中的阳极极化曲线。图 2-20 为用恒电位法测定纯 Fe 在 $c(H_2SO_4)=0.5$ mol/L 溶液中典型的阳极极化曲线。整个曲线可分为以下 4 个区。

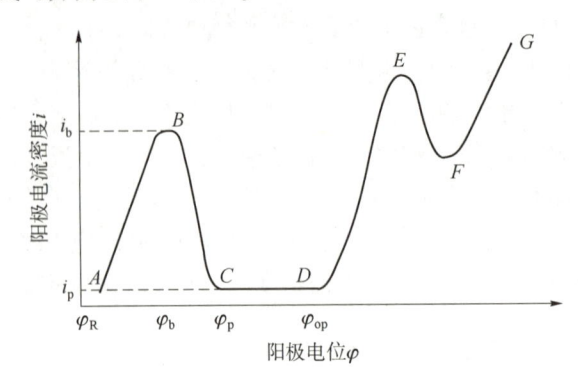

i_b—临界钝化电流密度（致钝电流密度）；i_p—钝化电流密度（维钝电流密度）；φ_R—稳态电位（开路电位）；
φ_p—钝化电位（维钝电位）；φ_b—临界钝化电位（致钝电位）；φ_{op}—过钝化电位。

图 2-20　典型的阳极极化曲线

(1) A-B 区：活性溶解区。金属的稳态电位 φ_R 到临界钝化电位 φ_b 之间为活性溶解区，即 A-B 区。金属电极的阳极电流密度随电位升高而增大。金属处于活性溶解状态，以低价形式溶解，即

$$M \longrightarrow M^{n+} + ne^- \tag{2-81}$$

对于 Fe：

$$Fe \longrightarrow Fe^{2+} + 2e^- \tag{2-82}$$

溶解速度符合塔菲尔规律：

$$\eta = a + b\lg i = \pm \beta \lg \frac{i}{i^0} \tag{2-83}$$

(2) B-C 区：活化-钝化过渡区。当电极电位达到临界钝化电位 φ_b 时，金属表面状态发生突变，电位继续增加，电流密度急剧下降，金属由活化态进入钝化态。此时，金属表面生成过渡氧化物：

$$3M + 4H_2O \longrightarrow M_3O_4 + 8H^+ + 8e^- \tag{2-84}$$

对于 Fe：

$$3Fe + 4H_2O \longrightarrow Fe_3O_4 + 8H^+ + 8e^- \tag{2-85}$$

对应于 B 点的临界钝化电位 φ_b、临界钝化电流密度 i_b 分别又称为致钝电位和致钝电流密度。B 点标志着金属钝化的开始，具有特殊的意义。

(3) C-D 区：钝化区或稳定钝化区。在这个区金属处于钝化态并以 i_p（钝化电流密度）速度溶解着。i_p 基本上与电极电位无关，即随着电位增加，在一个相当宽的电位范围内，金属阳极溶解速度几乎保持不变。此时金属表面上可能生成一层耐蚀性好的高价金属氧化膜，即

$$2M + 3H_2O \longrightarrow M_3O_4 + 6H^+ + 6e^- \tag{2-86}$$

对于 Fe：

$$2Fe + 3H_2O \longrightarrow Fe_2O_3 + 6H^+ + 6e^- \tag{2-87}$$

显然，金属氧化膜的溶解速度决定了金属的溶解速度，而金属按式（2-86）反应修复氧化膜。所以 i_p 是维持稳定钝化态所必需的电流密度。

(4) D-E 区：过钝化区。过钝化区的特征是阳极电流密度再次随电位的升高而增大。当电位超过 φ_{op} 时，金属溶解速度急剧增加。这可能是氧化膜进一步氧化生成更高价的可溶性的氧化物的缘故，即

$$M_2O_3 + 4H_2O \longrightarrow M_2O_7^{2-} + 8H^+ + 8e^- \tag{2-88}$$

例如，不锈钢在钝化区 Cr 是 Cr^{3+} 形式溶解，而在过钝化区，溶解产物是重铬酸盐阴离子 $Cr_2O_7^{2-}$ 或铬酸盐 CrO_4^{2-} 形式，而 Fe 在过钝化区，除了继续生成 Fe^{3+} 外，还可能发生析氧的电极反应：

$$4OH^- \longrightarrow O_2 + 2H_2O + 4e^- \tag{2-89}$$

2.5 去极化

2.5.1 去极化

凡是能消除或抑制原电池阳极或阴极极化过程的均称为去极化。能起到这种作用的物质叫去极化剂，去极化剂也是活化剂。对腐蚀电池阳极极化起去极化作用的叫阳极去极化，对阴极极化起去极化作用的叫阴极去极化。

凡是在电极上能吸收电子的还原反应都能起到去极化作用。阴极去极化反应一般有下列几种类型。

(1) 阳离子还原反应：

$$Cu^{2+} + 2e^- \longrightarrow Cu \tag{2-90}$$

$$Fe^{3+} + e^- \longrightarrow Fe^{2+} \tag{2-91}$$

(2) 析氢反应：

$$2H^+ + 2e^- \longrightarrow H_2 \tag{2-92}$$

(3) 阴离子的还原反应：

$$NO_3^- + 2H^+ + 2e^- \longrightarrow NO_2^- + H_2O \tag{2-93}$$

$$Cr_2O_7^{2-} + 14H^+ + 6e^- \longrightarrow 2Cr^{3+} + 7H_2O \tag{2-94}$$

(4) 中性分子的还原反应：

$$O_2 + 2H_2O + 4e^- \longrightarrow 4OH^- \tag{2-95}$$

$$Cl_2 + 2e^- \longrightarrow 2Cl^- \tag{2-96}$$

(5) 不溶性膜或沉积物的还原反应：

$$Fe_3O_4 + H_2O + 2e^- \longrightarrow 3FeO + 2OH^- \tag{2-97}$$

$$Fe(OH)_3 + e^- \longrightarrow Fe(OH)_2 + OH^- \tag{2-98}$$

此外，利用机械方式减少扩散层厚度、降低生成物浓度、在介质中加入过电位低的 Pt 盐等均可加速阴极过程。

上述各类反应中，最重要、最常见的两种阴极去极化反应是氢离子和氧分子阴极还原反应。铁、锌、铝等金属及其合金在稀的还原性酸溶液中的腐蚀，其阴极过程主要是氢离子还

原反应。锌、铁等金属及其合金在海水、潮湿大气、土壤和中性盐溶液中的腐蚀，其阴极过程主要是氧去极化反应。

2.5.2 析氢腐蚀

2.5.2.1 氢去极化与析氢腐蚀

以氢离子作为去极化剂，在阴极上发生 $2H^++2e^-\longrightarrow H_2$ 的电极反应叫氢去极化反应。由氢去极化引起的金属腐蚀称为析氢腐蚀。

如果金属（阳极）与氢电极（阴极）构成原电池，当金属的电位比氢的平衡电位更负时，两电极间存在一定的电位差，才有可能发生氢去极化反应。例如，在 pH=7 的中性溶液中，氢电极的平衡电位可由能斯特公式求出：

$$\varphi_H=\varphi_0+0.0591\lg[H^+]=0+0.0591\lg[H^+]=-0.413\text{ V} \tag{2-99}$$

当金属（阳极）电位小于 -0.413 V 时，发生析氢腐蚀是可能的。

在酸性介质中，一般电位为负的金属如 Fe、Zn 等均能发生析氢腐蚀，电位更负的金属 Mg 及其合金在水中或中性盐溶液中也能发生析氢腐蚀。

2.5.2.2 氢去极化的阴极极化曲线

氢离子被还原最终生成氢分子的总反应：

$$2H^++2e^-\longrightarrow H_2 \tag{2-100}$$

两个氢离子直接在电极表面同一位置同时放电的概率很小，因此初始产物是 H 原子而不是 H_2 分子。析氢反应可由下列几个连续步骤组成（一般在酸性溶液中）。

(1) 水化氢离子向电极扩散并在电极表面脱水：

$$H^+\cdot H_2O \longrightarrow H^++H_2O \tag{2-101}$$

(2) 氢离子与电极表面的电子结合（放电）形成原子氢，吸附在电极表面：

$$H^++e^-\longrightarrow H \tag{2-102}$$

(3) 吸附在电极表面的 H 原子与刚发生放电的活性 H 原子结合成 H_2 分子：

$$H[吸附]+H[活性]\longrightarrow H_2[吸附] \tag{2-103}$$

(4) H_2 分子形成气泡从表面逸出。

上述步骤中，某一步骤进行得迟缓，整个析氢反应将会受到阻滞，此步骤即为全过程的控制步骤。一般氢离子与电子结合放电的电化学步骤最缓慢，使电子在阴极上堆积，由此产生阴极活化极化，阴极电位向负电位方向移动。图 2-21 为典型的氢去极化的阴极极化曲线，即曲线 $\varphi_H^{\ominus}MN$。由图可知，当阴极电流密度为 0 时，氢的平衡电位为 $\varphi_H^{\ominus}$。可见，在氢电极的平衡电位下，将不能发生析氢反应。随着阴极电流密度的增加，阴极极化程度增加，阴极电位向负电位方向移动的趋势增大；当阴极电位负到 φ_H 时，才发生析氢反应，φ_H 为析氢电位。析氢电位 φ_H 与氢平衡电位 $\varphi_H^{\ominus}$ 之差为析氢过电位，用 η_H 表示：

$$\eta_H=\varphi_H-\varphi_H^{\ominus} \tag{2-104}$$

析氢过电位是电流密度的函数，因此有对应的电流密度数值时，过电位才具有明确的定量意义。图 2-22 为过电位与电流密度的对数关系，由图看出，当电流密度较大时，η 与 $\lg i$ 成直线关系，符合塔菲尔规律。

图 2-21 典型的氢去极化的阴极极化曲线

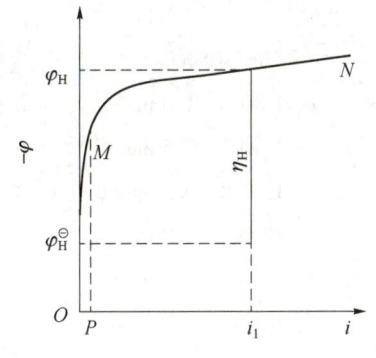

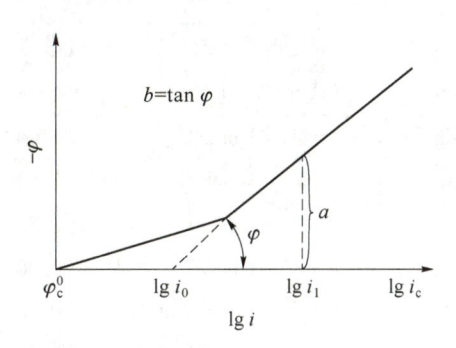

图 2-22 过电位与电流密度的对数关系

图 2-23 为在不同金属电极上析氢过电位 η_H 与电流密度 i 的对数关系。表 2-2 列出了一些金属析氢反应的常数 a、b 值。表 2-3 列出了一些金属的析氢过电位。

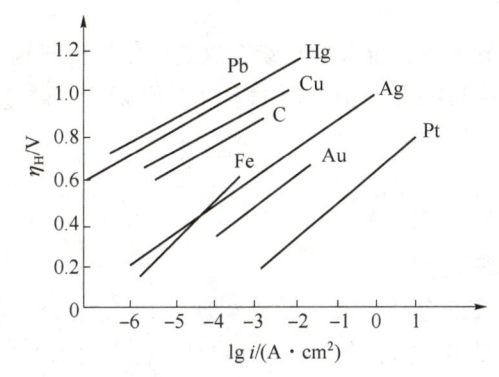

图 2-23 在不同金属电极上析氢过电位 η_H 与电流密度 i 的对数关系

表 2-2 一些金属析氢反应的常数 a、b 值（20 ℃）

金属	溶液	a/V	b/V
Sb	$c(H_2SO_4) = 0.5$ mol/L	1.56	0.110
Hg	$c(H_2SO_4) = 0.5$ mol/L	1.415	0.113
Cd	$c(H_2SO_4) = 0.65$ mol/L	1.4	0.120
Zn	$c(H_2SO_4) = 0.5$ mol/L	1.24	0.118
Sn	$c(H_2SO_4) = 0.5$ mol/L	1.24	0.116
Cu	$c(H_2SO_4) = 0.5$ mol/L	0.8	0.115
Ag	$c(H_2SO_4) = 0.5$ mol/L	0.95	0.116
Fe	$c(H_2SO_4) = 0.5$ mol/L	0.70	0.125
Ni	$c(NaOH) = 0.11$ mol/L	0.64	0.100
Pd	$c(KOH) = 1.1$ mol/L	0.53	0.130
Pt	$c(HCl) = 1$ mol/L	0.10	0.130

表 2-3 一些金属的析氢过电位（$i^0=1$ mA/cm² 时）

电极材料	电解质溶液	过电位/V	电极材料	电解质溶液	过电位/V
Pb	$c(H_2SO_4)=0.5$ mol/L	1.18	Cd	$c(H_2SO_4)=1.0$ mol/L	0.51
Hg	$c(HCl)=1$ mol/L	1.04	Al	$c(H_2SO_4)=0.5$ mol/L	0.58
Be	$c(HCl)=1$ mol/L	0.63	Ag	$c(H_2SO_4)=0.5$ mol/L	0.35
In	$c(HCl)=1$ mol/L	0.80	Cu	$c(H_2SO_4)=1.0$ mol/L	0.48
Mo	$c(HCl)=1$ mol/L	0.30	W	$c(H_2SO_4)=0.5$ mol/L	0.26
Bi	$c(H_2SO_4)=1.0$ mol/L	0.78	Pt	$c(H_2SO_4)=0.5$ mol/L	0.15
Au	$c(H_2SO_4)=1.0$ mol/L	0.24	Ni	$c(H_2SO_4)=0.5$ mol/L	0.30
Pb	$c(H_2SO_4)=1.0$ mol/L	0.14	Fe	$c(H_2SO_4)=0.5$ mol/L	0.37
Zn	$c(H_2SO_4)=1.0$ mol/L	0.72	Sn	$c(H_2SO_4)=0.5$ mol/L	0.57
C	$c(H_2SO_4)=1.0$ mol/L	0.60			

在相同的条件下，析氢过电位越大，意味着氢去极化过程就越难进行，金属的腐蚀就越慢。析氢过电位对研究金属腐蚀具有很重要的意义，因此，可通过提高析氢过电位 η_H 来降低氢去极化过程，控制金属的腐蚀速度。

2.5.2.3 提高析氢过电位措施

提高析氢过电位措施如下。

（1）加入析氢过电位高的合金元素。如加入 Hg、Pb 等合金元素，提高合金的析氢过电位，增加合金的耐蚀性。图 2-24 表明了不同杂质对锌在 $c(H_2SO_4)=0.25$ mol/L 的硫酸中腐蚀速度的影响。

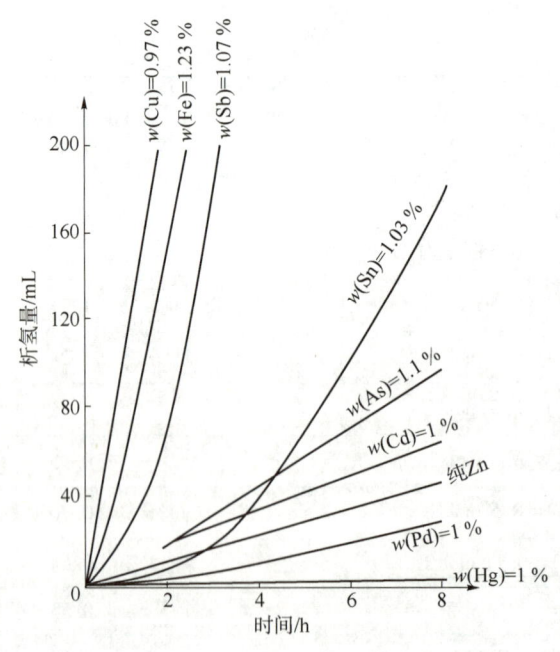

图 2-24 不同杂质对锌在 $c(H_2SO_4)=0.25$ mol/L 的硫酸中腐蚀速度的影响

(2) 提高金属的纯度，消除或减少杂质。

(3) 加入阴极型缓蚀剂，提高阴极析氢过电位。如在酸性溶液中加 As、Sb、Hg 盐，在阴上析出 As、Sb、Hg，增加金属的析氢过电位，从而提高合金的耐蚀性。

2.5.3 氧去极化腐蚀

2.5.3.1 氧去极化反应

当电解质溶液中有氧存在时，在阴极上发生氧去极化反应。

在中性或碱性溶液中：

$$O_2 + 2H_2O + 4e^- \longrightarrow 4OH^- \tag{2-105}$$

在酸性溶液中：

$$O_2 + 4H^+ + 4e^- \longrightarrow 2H_2O \tag{2-106}$$

由此引起阳极金属不断溶解的现象称为氧去极化腐蚀。

当原电池的阳极电极电位较氧的平衡电极电位负时，即 $\varphi_a < \varphi_{O_2}^0$，才有可能发生氧去极化腐蚀。

氧的平衡电极电位可用能斯特公式计算，如在 pH=7 的中性溶液中，$p_{O_2} = 2.1 \times 10^4$ Pa，氧的平衡电极电位为

$$\varphi = \varphi_0 + \frac{2.303RT}{nF} \lg \frac{p_{O_2}}{[OH^-]^4} \tag{2-107}$$

$$\varphi = 0.401 + \frac{0.0591}{4} \lg \frac{0.21}{[10^{-7}]^4} = 0.804 \text{ V} \tag{2-108}$$

此式表明，在中性溶液中有氧存在时，如果金属的电位小于 0.804 V，就可能发生氧去极化腐蚀。

许多金属及其合金在中性或碱性溶液中，在潮湿大气、海水、土壤中都可能发生氧去极化腐蚀，甚至在流动的弱酸性溶液中也会发生氧去极化腐蚀。因此，与析氢腐蚀相比，氧去极化腐蚀更为普遍和重要。

2.5.3.2 氧去极化的阴极极化曲线

由于氧去极化的阴极过程与氧扩散过程及氧离子化反应有关，所以氧去极化的阴极极化曲线较复杂。

图 2-25 为氧去极化阴极过程的极化曲线，由控制因素不同，这条曲线可以分为 4 个部分。

(1) 阴极过程由氧离子化反应控制，即 $v_反 \ll v_输$。

由图 2-25 看出，当阴极电流密度为 0 时，氧平衡电极电位为 φ_0，在此电位下不能发生氧去极化反应。当阴极电位负到一定程度即达到 φ_0' 时，才能发生氧去极化反应。φ_0' 为氧去极化电极电位。此阶段由于氧供应充分，阴极过程主要取决于氧离子化反应，即活化极化过程。$\varphi_0'PBC$ 线表明了氧离子化过电位（η_{O_2}）与阴极极化电流密度之间的关系：

$$\eta_{O_2} = a + b \lg i = \pm \beta \lg \frac{i}{i^0} \tag{2-109}$$

式中：η_{O_2}——氧去极化过电位，$\eta_{O_2}=\varphi_0'-\varphi_0^{\ominus}$（$\varphi_0^{\ominus}$ 为氧平衡电极电位）；
　　　a——通过单位极化电流密度时的过电位，与电极材料、表面状态有关的常数；
　　　b——与电极材料无关，一般为 0.118 V。

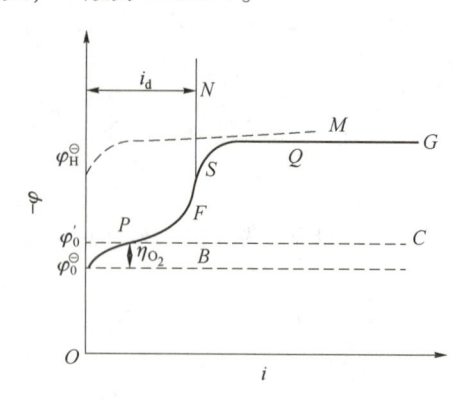

图 2-25　氧去极化阴极过程的极化曲线

此式说明，同等条件下，η_{O_2} 越小，表示氧去极化的反应越易进行。

（2）阴极过程由氧扩散过程控制，即 $v_{输} \ll v_{反}$。

随着电流密度的不断增大，氧扩散过程缓慢引起浓差极化。当 $i=i_d$ 时，阴极极化过程如图 2-25 中曲线 FSN 所示。在这种情况下，电极电位急剧地向负电位方向移动，整个阴极过程完全由氧扩散过程控制。此阶段的浓差极化的过电位 η_c 与电流密度的关系为

$$\eta_c = \frac{RT}{nF} \times 2.303 \lg \left(1 - \frac{i}{i_d}\right) \tag{2-110}$$

式（2-110）表明，阴极过程与电极材料无关，而完全取决于氧的扩散电流密度。

（3）阴极过程由氧离子化反应与氧扩散过程混合控制，即 $v_{输}=v_{反}$。

当阴极电流密度为 $\frac{1}{2}i_d < i < i_d$ 时，阴极过程与氧离子化反应及氧扩散过程都有关，即由活化极化与浓差极化混合控制。在这种情况下，阴极过程的过电位与电流密度的关系为

$$\eta_T = \eta_a + \eta_c = \pm \beta \lg \frac{i}{i^0} + 2.303 \frac{RT}{nF} \lg \left(1 - \frac{i}{i_d}\right) \tag{2-111}$$

（4）阴极过程由氧去极化及氢去极化共同控制。

由图 2-25 看出，当 $i=i_d$ 时，极化曲线将保持着 FSN 的走向。实际上，电位向负方向移动不可能无限度，因为电位负到一定数值时，在电极上除了氧参与去极化反应外，还可能有某种新的物质参与电极反应。如在水溶液中，当电位负到 -1.23 V 时，阴极上会出现析氢反应的阴极过程。此时，电极过程就由吸氧和析氢过程混合控制，如图 2-25 中曲线 FSQG 所示。此时，电极上总的阴极电流密度由氢去极化的电流密度和氧去极化的电流密度共同组成：

$$i = i_{O_2} + i_{H_2} \tag{2-112}$$

2.5.3.3　影响氧去极化腐蚀的因素

多数情况下，发生的氧去极化腐蚀主要由扩散过程控制。腐蚀电流受氧去极化反应的极限扩散电流密度影响。因此，凡是影响极限扩散电流密度的因素均能影响氧去极化腐蚀。

(1) 氧的浓度。根据 $i_D = nFD\dfrac{c}{\delta}$ 公式，极限扩散电流密度随溶解氧的浓度增加而增加。对于阳极活化体系（非钝化体系），氧去极化腐蚀速度随着氧的浓度增加而增加，如图 2-26 所示。

对于阳极可钝化体系，氧去极化腐蚀速度与氧的浓度关系要复杂得多，如图 2-27 所示。图中 N 代表可钝化金属的阳极极化曲线，氧浓度 $c_3 > c_2 > c_1$。当氧浓度由 c_1 增大到 c_2 时，氧的平衡电位 φ_{c_1} 向正电位方向移到 φ_{c_2}。当溶液其他条件不变时，金属腐蚀速度由 i_{D1} 增加到 i_{D2}。当氧浓度增加到 c_3 时，极限扩散电流密度 i_{D3} 大于金属的临界钝化电流密度 i_b，此时金属由活化溶解状态转入钝化态，金属的腐蚀速度降到 i_p，即钝化电流密度（维钝电流密度）。

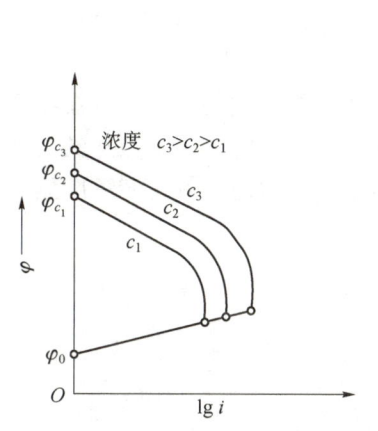

图 2-26 氧的浓度对活化金属腐蚀速度的影响　　**图 2-27** 氧的浓度对活化-钝化金属腐蚀速度的影响

(2) 流速。在氧浓度一定的情况下，极限扩散电流密度与扩散层厚度 δ 成反比。溶液流速增加使扩散层厚度减小，腐蚀速度增加。图 2-28 为流速对扩散控制的活化金属腐蚀速度的影响。由图可知，腐蚀速度随溶液流速的增加而增加。当流速增加到某一定值后，由于氧供应充足，阴极由氧扩散控制变成了活化控制。此时阳极极化曲线不再与浓差极化曲线相交，而与活化极化曲线相交（图中 D 点），此时活化控制的腐蚀速度与介质的流速无关。

图 2-29 为流速对扩散控制的活化-钝化金属的腐蚀速度的影响。在氧扩散控制的条件下，体系未进入钝化态前，腐蚀速度随流速增加而增加。当流速达到或超过曲线 3 时，极限扩散电流密度 i_D 已达到或超过临界钝化电流密度 i_b，金属由活化态转变为钝化态。此时阳极（金属）的腐蚀由氧扩散控制转变为阳极电阻极化控制，其腐蚀速度为钝化电流密度 i_p（图中 D 点）。但是，当溶液流速继续增加时，如速度达到曲线 4，腐蚀过程又转为氧扩散控制，其腐蚀速度将迅速增加。这是由于流速过大，液体的冲击或气泡作用将钝化膜冲破，导致活化溶解。

(3) 温度。通常溶液温度升高有利于提高界面反应速度。因此，在一定的温度范围内，腐蚀速度将随温度升高而增大，如图 2-30 所示。但是在敞口系统中，温度升高会使氧的溶解度降低。尤其在近沸点温度时，腐蚀速度显著降低（图中曲线 2）。

在封闭系统中（图中曲线 1），温度升高使气相中氧分压增大，氧分压增大将增加氧在溶液中的溶解度，因此腐蚀速度将随温度升高而增大。

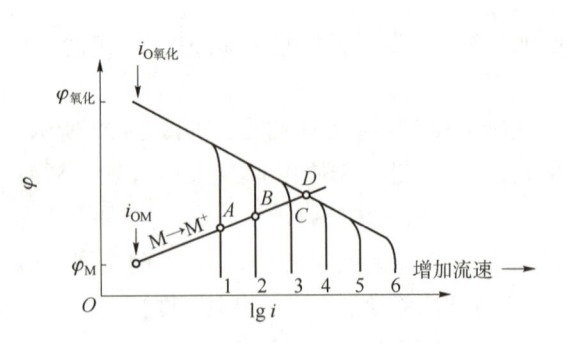

图 2-28 流速对扩散控制的活化金属腐蚀速度的影响

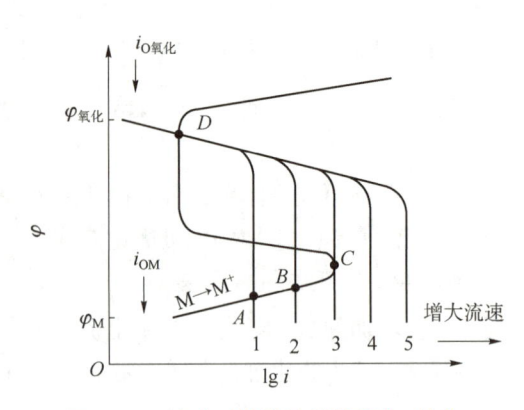

图 2-29 流速对扩散控制的活化-钝化金属的腐蚀速度的影响

（4）盐浓度。这里所说的盐是指那些不具有氧化性或缓蚀作用的盐。随着盐浓度增加，溶液的导电性增大，腐蚀速度明显加快。如在中性溶液中，当 NaCl 质量分数达到 3% 时，铁的腐蚀速度达到最大值，如图 2-31 所示。随着 NaCl 质量分数增加，氧的溶解度显著降低，铁的腐蚀速度迅速降低。

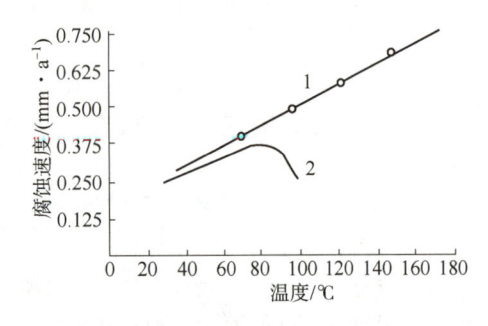

1—封闭系统；2—敞口系统。

图 2-30 铁在水中的腐蚀速度与温度的关系

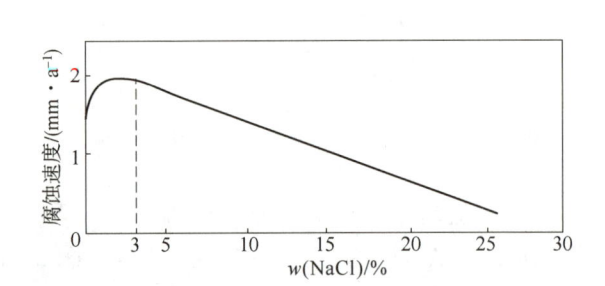

图 2-31 NaCl 质量分数对铁在充气溶液中腐蚀速度的影响

2.6 腐蚀极化图

2.6.1 伊文思（Evans）极化图

在研究金属腐蚀过程时，常用图解法来分析腐蚀过程和腐蚀速度的相对大小。尤其是讨论某些因素对腐蚀速度的影响时，图解法显得更方便。

如暂不考虑电位随电流变化的细节，可将两个电极反应所对应的阴极、阳极极化曲线简化成直线画在一张图上，这种简化的图称为伊文思（Evans）极化图（见图 2-32），其横坐标为电流强度，纵坐标为电位。在一个均相的腐蚀电极上，如果只进行两个电极反应，则金属阳极溶解的电流强度 I_a 一定等于阴极还原反应的电流强度 I_c。

在实验室里，一般用外加电流测定阴极、阳极极化曲线来绘制伊文思极化图。

2.6.2 腐蚀电流

图 2-33 为伊文思腐蚀图。图中 AB 为阳极极化曲线，BC 为阴极极化曲线，OG 为欧姆电位降直线，CH 为考虑到欧姆电位降和阴极极化电位降的综合线。

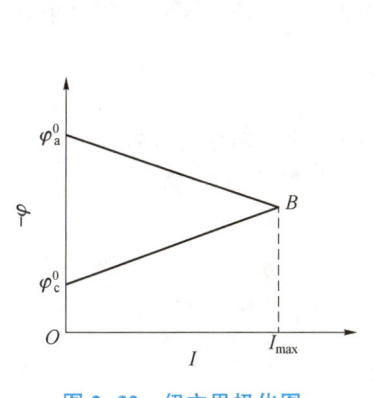

图 2-32　伊文思极化图

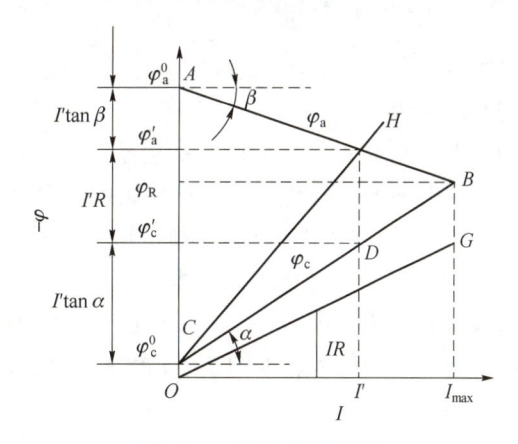

图 2-33　伊文思腐蚀图

当电流增加、电极电位移动不大时，表明电极过程受到的阻碍较小，也就是说电极的极化率较小。电极的极化率是用极化曲线的斜率即其倾斜角的正切表示。图 2-33 中阳极极化率为 $\tan \beta$，阴极极化率为 $\tan \alpha$。若考虑欧姆电位降，且腐蚀电流为 I' 时，有

阳极极化的电位降为 $\Delta \varphi_a$：

$$\varphi'_a - \varphi_a^0 = \Delta \varphi_a = I' \tan \beta \tag{2-113}$$

阴极极化的电位降为 $\Delta \varphi_c$：

$$\varphi'_c - \varphi_c^0 = \Delta \varphi_c = I' \tan \alpha \tag{2-114}$$

用 P_a、P_c 分别代表阳极和阴极的极化率时，式（2-113）及式（2-114）可变成

$$\varphi'_a - \varphi_a^0 = I' P_a \tag{2-115}$$

$$\varphi'_c - \varphi_c^0 = I' P_c \tag{2-116}$$

即

$$P_a = \frac{\Delta \varphi_a}{I'}, \quad P_c = \frac{\Delta \varphi_c}{I'}$$

实际上，P_a、P_c 分别表示阳极、阴极的极化性能。

欧姆电位降为 $\Delta \varphi_r$：

$$\Delta \varphi_r = I' R \tag{2-117}$$

腐蚀电池（AHC 体系）的总电位降为

$$\varphi_c^0 - \varphi_a^0 = I' \tan \beta + I' \tan \alpha + I' R = I' P_a + I' P_c + I' R$$

$$I' = \frac{\varphi_c^0 - \varphi_a^0}{P_a + P_c + R} \tag{2-118}$$

式（2-118）表明腐蚀电池的腐蚀电流与初始电位差、系统电阻和极化率之间的关系。

多数情况下，电解质溶液的电阻非常小，也就是说欧姆电阻可忽略不计，则腐蚀速度可达到最大，即 $R \to 0$ 时，$I' \to I_{\max}$，则

$$I_{\max} = \frac{\varphi_c^0 - \varphi_a^0}{P_a + P_c} \tag{2-119}$$

式（2-119）表明最大腐蚀电流（$I_{\max}$）与初始电位差及极化率之间的关系。

2.6.3 腐蚀控制因素

腐蚀极化图是研究电化学腐蚀的重要工具。可用来确定腐蚀控制因素，还可用来分析腐蚀过程及影响因素等。

（1）初始电位差与腐蚀电流的关系。

当腐蚀电池的电阻趋近于0且其他条件相同时，腐蚀电池的初始电位差越大（腐蚀原电池驱动力大），其腐蚀电流越大，如图2-34所示。反之，其腐蚀电流越小。

（2）极化率与腐蚀电流的关系。

由式（2-119）可知，在腐蚀电池中欧姆电阻可忽略，且初始电位一定的情况下，极化率越小其腐蚀电流越大，如图2-35所示。反之，其腐蚀电流越小。

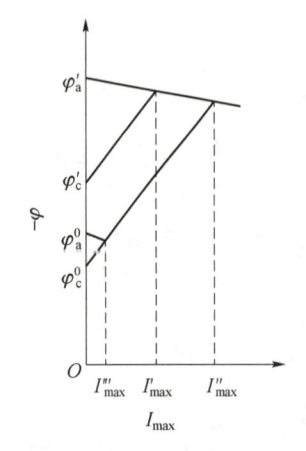

图2-34　初始电位差与腐蚀电流的关系

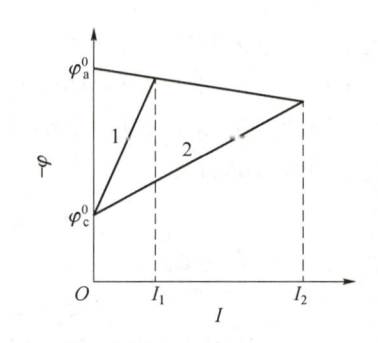

图2-35　极化率与腐蚀电流的关系

（3）析氢过电位与腐蚀速度的关系。

阴极析氢过电位的大小与阴极电极材料的性能及表面状态有关，即在不同金属表面上氢过电位不同。由图2-36看出，虽然Zn较Fe的电位负，但由于Zn的析氢过电位比Fe的析氢

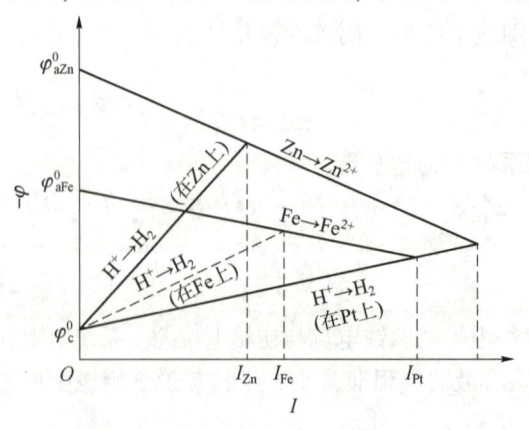

图2-36　析氢过电位与腐蚀速度的关系

过电位高，所以 Zn 在还原性酸溶液中的腐蚀速度反而比 Fe 小；如果在溶液中加入少量的 Pt 盐，由于氢在析出的 Pt 上的过电位比 Fe、Zn 都低，所以 Fe 和 Zn 的腐蚀速度都明显增加。

2.7 金属的钝化

金属的钝化在腐蚀科学中占有很重要的地位。钝化对控制金属在许多介质中的稳定性，提高金属的耐蚀性是极为重要的。但由于钝化现象的复杂性，人们对于产生钝化的机制、钝化膜的组成与性质等问题依然不十分清楚，仍有大量未知的问题，需要我们去研究和探索。

2.7.1 金属的钝化现象

钝化的概念最初是来自法拉第对 Fe 在 HNO_3 溶液中溶解行为的观察。他把一块铁片放在 HNO_3 溶液中，观察其溶解速度与 HNO_3 质量分数的关系。

结果发现，铁片的溶解速度随硝酸质量分数的增加而增大，但当 HNO_3 的质量分数达到 30%~40% 时，溶解度达到最大值，当 HNO_3 质量分数大于 40% 时，铁的溶解速度随 HNO_3 质量分数增加而迅速下降；继续增加 HNO_3 质量分数，其溶解速度达到最小，如图 2-37 所示。这时把铁转移到稀硫酸中铁不再发生溶解，此时铁仍具有金属光泽，它的行为如同贵金属一样。勋巴恩（Schnbein）称铁在浓 HNO_3 中获得的耐蚀状态为钝化态。像铁那样的金属或合金在某种条件下，由活化态转为钝化态的过程称为钝化，金属（合金）钝化后所具有的耐蚀性称为钝性。

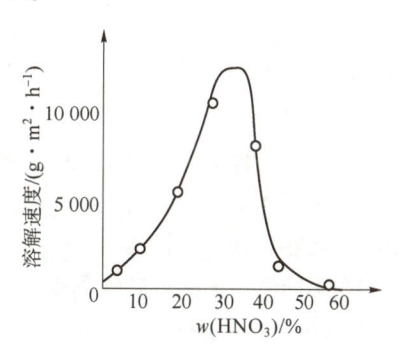

图 2-37 溶解速度与 HNO_3 质量分数的关系

钝化现象具有重要的实际意义。可利用钝化现象提高金属或合金的耐蚀性，如人们向铁中加入 Cr、Ni、Al 等金属研制成不锈钢、耐热钢等。此外，在有些情况下又希望避免钝化现象的出现，如电镀时阳极的钝化常带来有害的后果，它使电极活性降低，从而降低了电镀效率等。

2.7.2 钝化原因及其特性曲线

2.7.2.1 钝化原因

引起金属钝化的因素有化学及电化学两种。化学因素引起的钝化，一般是由强氧化剂引起的。如硝酸、硝酸银、氯酸、氯酸钾、重铬酸钾、高锰酸钾以及氧等，它们也是钝化剂。有些非氧化性酸也能使金属钝化，如 Mo 在 HCl 中、Mg 在 HF 中的钝化，以及 Fe 在 0.5 mol/L 的 H_2SO_4 溶液中，外加电流引起的钝化。

2.7.2.2 钝化曲线的几种类型

不同的金属或合金的钝化体系将表现各自不同的特征。按活化-钝化过渡区、钝化区和过钝化区等特征，可把钝化体系的阳极极化曲线的主要特征归纳为图2-38所示的几种情况。

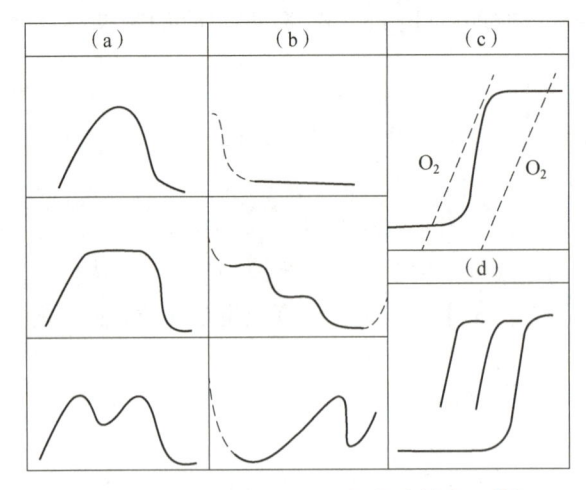

图 2-38 钝化体系的阳极极化曲线的主要特征
(a) 活化-钝化；(b) 钝化；(c) 过钝化；(d) 点蚀

(1) 活化-钝化过渡区［见图2-38（a）］：有3种可能出现的曲线特征，其中最简单的情况只出现单一电流峰［见图2-38（a）中的第1种情况］。例如，Fe-稀H_2SO_4体系就属于这类情况。第3种形式极化曲线中，则有多个电流峰出现［见图2-38（a）中第3种情况］。

(2) 钝化区［见图2-38（b）］：对于多数钝化金属来说，在钝化区，稳态阳极电流是不随电位而变化的［见图2-38（b）中的第1种情况］，而对某些金属如Co则表现逐级钝化的情况。在不同电位区间，其钝化程度也不相同［见图2-38（b）中的第2种情况］。此外，少数金属，如Ni，在钝化区内，它的钝化电流是随电位增加而增加的［见图2-38（b）中的第3种情况］。

(3) 过钝化区［见图2-38（c）］：过钝化区的特征是，电位达到或超过钝化电位时，阳极溶解电流又突然随电位升高而增加，金属表面经受全面腐蚀。当电位进一步升高，过钝化电流达到某一极限值时，过钝化电流对金属表面具有抛光作用。有两种过钝化模式：一种，如金属Cr所表现的那样，过钝化溶解产物是高价离子形式；另一种，如Fe的过钝化区溶解和钝化区溶解的离子一样。若溶液中存在对钝化膜有破坏作用的阴离子，且电位达到某一临界电位（点蚀电位），则金属发生点蚀，此时阳极极化曲线的形状如图2-38（d）所示。当电流回扫时，曲线与原来的不重合。

2.7.3 钝化膜的性质

多数钝化膜是由金属氧化物组成的。在一定条件下，铬酸盐、磷酸盐、硅酸盐及难溶的硫酸盐和氯化物也能构成钝化膜。钝化膜与溶液的pH值、电极电位及阴离子性质、浓度有关。

如果把已钝化的金属，通阴极电流进行活化处理，测量活化过程中电位随时间的变化，可得到阴极充电曲线，如图2-39所示。由图可见，曲线上出现了电位变化很缓慢的平台，这表明还原钝化膜需要消耗一定的电量。研究发现，某些金属（如Cd、Ag、Pb等）的活化电位不仅与临界钝化电位很相近，还和使金属钝化的氧化物的平衡电位很相近，这说明钝化膜的生成与消失是在接近于可逆条件下进行的。佛莱德（Flade）发现在很快达到活化电位之前，金属所达到的电极电位越正，钝化态被破坏时溶液的酸性将越强。这个特征电位值称为 Flade 电位（φ_F）。佛朗克（Franck）发现，溶液 pH 值与 Flade 电位之间存在线性关系。这一结果与其他研究结果一致。钝化态的 Fe、Cr、Ni 电极分别在 0.5 mol/L 的 H_2SO_4 中，当温度为 25 ℃时，φ_F 与 pH 值的关系如下：

$$\varphi_F^{Fe} = 0.63 - 0.0591 \text{pH} \tag{2-120}$$

$$\varphi_F^{Cr} = -0.22 - 2 \times 0.0591 \text{pH} \tag{2-121}$$

$$\varphi_F^{Ni} = 0.22 - 0.0591 \text{pH} \tag{2-122}$$

上式表明，φ_F 越正，钝化膜的活化倾向越大；φ_F 越负，钝化膜的稳定性越强。显然，Cr 钝化膜的稳定性比 Ni、Fe 钝化膜稳定性高。

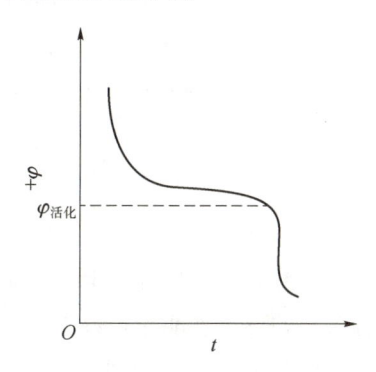

图 2-39　已钝化金属上测得的阴极充电曲线

虽然目前关于 Flade 电位的物理意义的说法尚不统一，但仍可用来相对地衡量钝化膜的稳定性。

某些活性的阴离子，如 SCN^-、卤素离子 Cl^- 等对钝化膜的破坏作用最大。大量研究表明，在含 Cl^- 的溶液中，钝化膜的结构发生了改变，并且由于 Cl^- 半径小，穿透力强，最易透过膜内微小的孔隙，并与金属相互作用形成可溶性的化合物。恩格尔（Engell）和斯托利卡（Stolica）发现氯化物浓度在 3×10^{-4} mol/L 时，钝化态的铁电极上出现点蚀，他们认为这是由 Cl^- 穿过钝化膜和 Fe^{3+} 发生反应引起的。其反应为

$$Fe^{3+} + 3Cl^- \longrightarrow FeCl_3 \tag{2-123}$$

$$FeCl_3 \longrightarrow Fe^{3+} + 3Cl^- \tag{2-124}$$

钝化膜穿孔发生溶解所需要的最低电位值称为点蚀临界电位，简称点蚀电位，或称击穿电位，用 φ_{br} 表示。图 2-40 为点蚀电位与 Cl^- 浓度的关系。由图看出，随着 Cl^- 浓度增加，点蚀电位将迅速降低。

不锈钢的点蚀电位与卤族离子浓度关系可用下式表示：

$$\varphi_{br}^{X^-} = a + b\lg a_{X^-} \tag{2-125}$$

式中，a、b 与钢种、卤族离子种类有关。

18-8 不锈钢在卤化物溶液中的点蚀电位 φ_{br} 如下：

$$\varphi_{br}^{Cl^-} = -0.88 \lg a_{Cl^-} + 0.168 \tag{2-126}$$

$$\varphi_{br}^{Br^-} = -0.126 \lg a_{Br^-} + 0.294 \tag{2-127}$$

一般点蚀电位越正，发生点蚀越困难。使不锈钢发生点蚀的程度按 $Cl^- > Br^- > I^-$ 顺序降低。

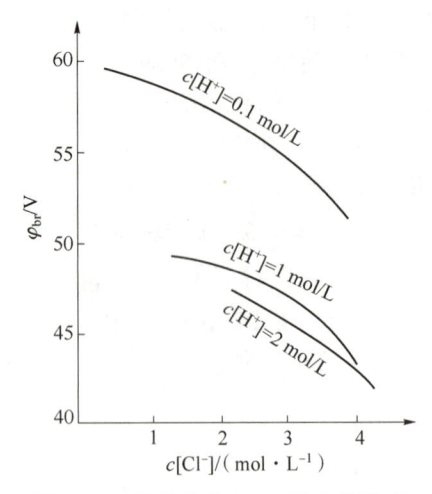

图 2-40　点蚀电位与 Cl⁻ 浓度的关系

2.7.4　钝化理论

金属由活化态进入钝化态是一个较复杂的过程。由于金属形成钝化膜的环境及形成钝化膜的机制不同，故钝化不可能有统一的理论。能为多数人接受的钝化理论主要有以下两种。

2.7.4.1　钝化膜理论

该理论认为钝化金属的表面存在一层非常薄、致密、覆盖性能良好的三维固态产物膜，该膜形成的独立相（钝化膜）的厚度一般在 1～10 nm，它可用光学法测出。这些固态产物膜大多数是金属氧化物。此外，磷酸盐、铬酸盐、硅酸盐以及难溶的硫酸盐、卤化物等在一定的条件下也可构成钝化膜。

2.7.4.2　吸附理论

吸附理论认为，金属钝化并不需要生成固态产物膜，只要在金属表面或部分表面形成氧或含氧粒子的吸附层就够了。这种吸附层只有单分子层厚，它可以是原子氧或分子氧，也可以是 OH⁻ 或 O⁻。吸附层对反应活性的阻滞作用有以下几种说法。

（1）吸附氧使表面金属的化学亲和力饱和，使金属原子不再从晶格上移出，因而使金属钝化；

（2）含氧吸附层粒子占据金属表面的反应活性点，如边缘、棱角等处，因而阻滞了金属表面的溶解；

（3）吸附改变"金属/电解质"的界面双电层结构，使金属阳极反应的激活能显著升高，因而降低了金属的活性。

两种钝化理论都能解释一些事实。共同点在于金属表面生成一层极薄的膜，从而阻碍了金属的溶解。不同点在于对成膜的解释，吸附理论认为形成单分子层的二维吸附层导致钝化；钝化膜理论认为至少要形成几个分子层厚的三维固态产物膜才能保护金属。实际上，金属在钝化过程中，在不同的条件下，吸附膜与钝化膜可能分别起主导作用。

习题

1. 解释下列词语：

腐蚀电池、宏观电池、浓差电池、微观电池、电极体系、平衡电极电位、非平衡电极电位、自腐蚀电位、金属电极、单电极、二重电极、极化、析氢过电位、阳极极化、阴极极化、浓差极化、活化极化、电阻极化、去极化、去极化剂、析氢腐蚀、吸氧腐蚀、钝性、致钝电流密度、维钝电流密度。

2. 说明下列各符号意义：i_D、η_a、i_b、φ_b、φ_p、φ_{op}、η_c、η_r、P_a、P_c、φ_R、φ_{br}、i_p、I_{max}。

3. 简述测定 18-8 不锈钢在 0.5 mol/L 的 H_2SO_4 溶液的阳极极化曲线的试验步骤，并对所测得的阳极极化曲线进行分析。

4. 用腐蚀极化图和文字说明：Fe 在 HCl 中发生腐蚀时，氢离子浓度增大对腐蚀行为的影响。

5. 简述钝化产生的原因及钝化的意义。

6. 简述金属在极化过程中腐蚀速度减慢的原因。

7. 写出下列各小题的阳极和阴极反应式。

(1) 铜和锌连接起来，且浸入质量分数为 3% 的 NaCl 溶液中。

(2) 在 (1) 中加入少量 HCl。

(3) 在 (1) 中加入少量铜离子。

(4) 铁全浸在淡水中。

第 3 章　均匀腐蚀与局部腐蚀

> **课程思政**
>
> 腐蚀与防护技术保障航空母舰的安全性与可靠性——航空母舰是一个国家制造业生产力的重要标志，是展现国家综合国力的标志工程，事关国家的长远发展和民族未来。由于其一直在海上运行和工作，防腐问题也成了一个重大的难点。首先，船体长期在水中，受到海水温度、盐碱度和水中微生物的多重影响，进而产生不同程度的局部腐蚀与均匀腐蚀，如果不及时采取措施，局部腐蚀与均匀腐蚀可能会导致船体底部结构受损。其次，发动机是航空母舰的"心脏"，与普通发动机不同，其长期受到高温和盐雾的影响，局部腐蚀与均匀腐蚀直接影响其寿命、效率和安全性。因此，工程师们采取了不同的防腐措施对其进行保护，延长了航空母舰的使用寿命。向同学们介绍腐蚀与防护在航空母舰上的关键作用，并让同学们对局部腐蚀与均匀腐蚀的腐蚀机理有更好的了解，使他们有信心为祖国发展贡献力量。

3.1　均匀腐蚀

3.1.1　均匀腐蚀的概述

按照腐蚀的形态，可将金属腐蚀分为全面腐蚀和局部腐蚀两大类。全面腐蚀是最常见的一种腐蚀形态，在金属与介质接触的整个表面都发生腐蚀，钢铁在大气和海水中的锈蚀以及在高温条件下发生的氧化等都是全面腐蚀常见的例子。全面腐蚀既可以是均匀腐蚀，也可以是不均匀腐蚀。均匀腐蚀的特征是腐蚀破坏均匀地发生在整个表面，金属由于腐蚀而普遍变薄。发生均匀腐蚀的金属电极表面各部分阳极溶解反应的电流密度与阴极还原反应的电流密度大小相等，金属的阳极溶解反应和去极化剂的阴极还原反应在整个金属表面是宏观地、均匀地发生。均匀腐蚀中，均匀的含义是相对于不均匀腐蚀或局部腐蚀而言的，在金属全面腐蚀的研究中，使用均匀腐蚀的概念更容易和方便，也不会失去全面腐蚀一般性的特征，因此

第3章　均匀腐蚀与局部腐蚀

这里对全面腐蚀的讨论限于均匀腐蚀的范围。由于金属表面状态的不同，均匀腐蚀可以有两种不同的类型，一种是金属表面没有钝化膜，处于活化态下的均匀腐蚀；另一种是金属处于钝化态下的均匀腐蚀。

与全面腐蚀相对应的另一种腐蚀形态则是局部腐蚀，即在金属表面局部的区域发生严重的腐蚀，而表面的其他部分未遭受腐蚀破坏或者腐蚀破坏程度相对较小。虽然金属表面发生局部腐蚀时腐蚀破坏的区域小，腐蚀的金属总量也小，但是由于其具有腐蚀破坏的突然性和破坏时间的不易预见性，因而局部腐蚀往往会成为工程技术应用中危害性最大的腐蚀类型。全面腐蚀则是按金属腐蚀损失的数量来计算的最重要的腐蚀类型，但由于全面腐蚀相对于局部腐蚀来说比较容易测量和预测，使用防护涂层、进行表面处理、合理选择耐腐蚀材料以及使用缓蚀剂等一般性防护方法很容易对全面腐蚀进行有效防护，故造成灾难性的失效事故相对较少，但是全面腐蚀的发展可以为局部腐蚀形成创造条件，导致更严重的局部腐蚀类型的发生。

构成均匀腐蚀过程的腐蚀电池是微观腐蚀电池，而构成局部腐蚀过程的电池是宏观腐蚀电池。均匀腐蚀时，阳极溶解和阴极还原的共轭反应在金属表面相同的位置发生，阳极和阴极没有空间和时间上的区别。因此，金属在全面腐蚀时整个表面呈现一个均一的电极电位，即自腐蚀电位。在此电位下金属的溶解在整个电极表面均匀地进行，阳极电位等于阴极电位，且等于金属的自腐蚀电位；阳极区和阴极区在同一位置，阳极区面积等于阴极区面积，且等于金属表面积。全面腐蚀的腐蚀产物对基体金属可能产生一定保护作用，导致表面的钝化或降低腐蚀速度。局部腐蚀是由于金属表面存在电化学不均匀性，腐蚀介质也因浓度等差别产生局部不均一性。因此，局部腐蚀条件下腐蚀金属在介质中构成宏观腐蚀电池，并且阳极电位小于阴极电位，引起金属腐蚀的阳极反应和共轭阴极反应主要分别在阳极区和阴极区发生，阳极区和阴极区发生空间分离，其阴极和阳极可宏观地辨认出来，或者至少能够在微观上加以区分。一般情况下，阳极区面积很小，阴极区面积相对很大，阳极区面积远小于阴极区面积。由于阳极反应在极小的局部阳极区范围内发生，而总的阳极电流必须等于总的阴极电流，因此阳极电流密度大大增加，金属表面局部腐蚀的程度大大加剧，产生严重的局部腐蚀形态。局部腐蚀的腐蚀产物一般起不到保护作用，而是起到加剧金属局部腐蚀的作用。可以用腐蚀极化曲线来区分局部腐蚀和全面腐蚀。图3-1（a）是金属全面腐蚀的极化曲线，图上阴极、阳极极化曲线相交于一点，从而得到相应的自腐蚀电位 φ_{corr}。图3-1（b）是金属局部腐蚀的极化曲线，图上阴、阳极可辨，具有各自的电位（φ_c 和 φ_a）。

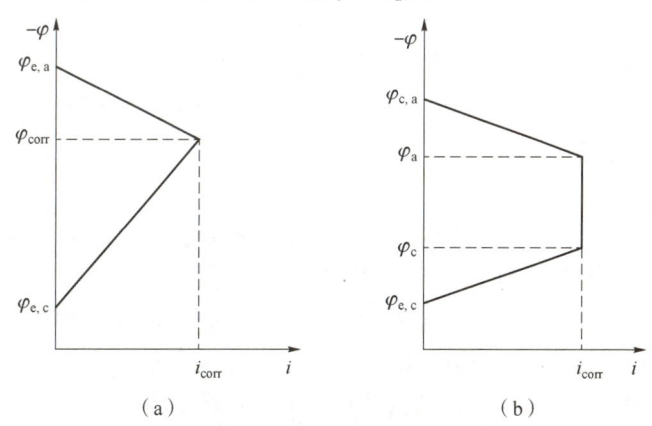

图 3-1　金属全面腐蚀和局部腐蚀的极化曲线
（a）金属全面腐蚀的极化曲线；（b）金属局部腐蚀的极化曲线

3.1.2　均匀腐蚀速度的表示

根据腐蚀破坏形式的不同，金属腐蚀程度的评定也有相应不同的方法。对于全面腐蚀程度的评定，一般可以采用平均腐蚀速度表示。衡量金属平均腐蚀速度，可采用金属材料的平均质量变化、厚度变化、腐蚀析气的体积变化等指标。具体方法如下。

（1）质量法：用失重或增重方法表示。计算公式为

$$v_{失重} = \frac{m_0 - m_1}{St} \tag{3-1}$$

$$v_{增重} = \frac{m_2 - m_0}{St} \tag{3-2}$$

式中：$v_{失重}$——使用失重法表示的金属平均腐蚀速度，g/(m^2·h)；

　　　m_0——试样原始质量，g；

　　　m_1——试样清除腐蚀产物后的质量，g；

　　　S——试样的表面积，m^2；

　　　t——腐蚀时间，h；

　　　$v_{增重}$——使用增重法表示的金属平均腐蚀速度，g/(m^2·h)；

　　　m_2——试样未清除腐蚀产物时的质量，g。

（2）厚度法：用金属发生均匀腐蚀后金属厚度的平均减薄来表示金属的平均腐蚀速度。用此方法表示的金属平均腐蚀速度与失重法测得的金属平均腐蚀速度的换算关系式为

$$v_d = \frac{v_{失重} \times 8.76}{\rho} \tag{3-3}$$

式中：v_d——采用平均厚度变化指标表示的金属平均腐蚀速度，mm/a；

　　　ρ——金属材料的密度，g/cm^3；

　　　8.76——与失重法测得的腐蚀速度进行单位换算后的系数。

（3）容量法：对于金属在不含溶解氧的非氧化性酸中的均匀腐蚀，也可用析出腐蚀产物氢气的体积变化来表示金属平均腐蚀速度。计算公式为

$$v_{体积} = \frac{V_0}{St} \tag{3-4}$$

式中：$v_{体积}$——析出腐蚀产物氢气的体积变化来表示平均腐蚀速度，cm^3/(m^2·h)；

　　　V_0——换算成0 ℃和1个标准大气压（1 atm=101 325 Pa）时的腐蚀气体产物的体积，cm^3；

　　　S——试样的表面积，m^2；

　　　t——腐蚀时间，h。

对于不同的腐蚀情况，可采用不同的腐蚀速度表示方法。如对密度相近的金属，常用失重指标表示，而对于密度不同的金属，则常用厚度变化指标表示。

对于电化学腐蚀，当无其他副反应存在时，金属的腐蚀速度可用阳极电流密度来表示。在电化学腐蚀过程中，金属不断地进行阳极溶解，同时释放电子，放出的电子越多，即输出的电量越多，溶解的金属也越多。若电量已知，则可以通过法拉第定律将电量换算成质量变化值或厚度变化值或容量变化值，然后就能够算出溶解金属的质量。法拉第定律指出，通过电极的电量与电极反应物质的质量变化值之间存在如下两种关系。

(1) 电极上溶解或析出的物质的质量与通过的电量成正比,即
$$\Delta m = kIt \tag{3-5}$$

式中：Δm——电极上溶解或析出的物质的质量,g;

I——电流强度,A;

t——通电时间,s;

k——比例常数,g/C。

(2) 通过相同电量所溶解或析出的不同物质的质量与其电化学摩尔质量成正比。因此,可以确定该比例系数等于通过 1 C 的电量所溶解或析出的物质的质量。溶解或析出 1 mol 的任何物质所需要的电量为 96 485 C 或 26.8 A·h,这是电化学的一个基本常数,称为法拉第常数,以 F 表示。因此有

$$k = \frac{1}{F} \cdot \frac{A}{n} \tag{3-6}$$

式中：A——金属的相对原子质量,g/mol;

n——反应中转移电子的物质的量;

F——法拉第常数。

将式 (3-6)、式 (3-5) 代入式 (3-1),可得到失重法的平均腐蚀速度与使用阳极电流密度表示的腐蚀速度之间的关系：

$$v_{失重} = \frac{iA}{nF} \tag{3-7}$$

显然,如果能够测得腐蚀电流密度,那么根据法拉第定律就可以准确计算金属腐蚀速度,因此可以用腐蚀电流密度表示电化学腐蚀速度。

3.2 电偶腐蚀

局部腐蚀是指金属表面各部分之间的腐蚀速度存在明显差异的一种腐蚀形态,特别是在金属表面微小区域的平均腐蚀速度及腐蚀深度远远大于整个表面的平均腐蚀速度和腐蚀深度。从腐蚀类型造成的危害来看,全面腐蚀相对于局部腐蚀危险性小些,全面腐蚀可以根据平均腐蚀速度设计和留出腐蚀余量,可以预先进行腐蚀失效周期的判断,但是对局部腐蚀来说,很难做到这一点,因而局部腐蚀危险性极大,往往在没有什么预兆的情况下,金属设备、构件等就发生突然的断裂,甚至造成严重的事故。根据各类腐蚀失效事故统计的数据：全面腐蚀约占 17.8%,而局部腐蚀约占 82.2%,其中在局部腐蚀中应力腐蚀断裂约为 38%,点蚀约为 25%,缝隙腐蚀约为 2.2%,晶间腐蚀约为 11.5%,选择性腐蚀约为 2%,焊缝腐蚀约为 0.4%,磨损腐蚀等其他腐蚀形式约为 3.1%。由此可见,局部腐蚀相对全面腐蚀来说具有更严重的危害性。

从理论上说,对于处于腐蚀介质中的腐蚀金属电极表面,如果忽略欧姆电位降,电极表面的电位应该处处相等,各个部分应该具有相同的阳极溶解速度,因此并不会发生局部腐蚀。显然,发生局部腐蚀的必要条件是在某些因素的作用下,金属表面局部区域的阳极溶解反应的动力学规律相对其余表面的阳极溶解反应的动力学规律发生了偏离。局部区域的阳极溶解速度远远大于其余表面的阳极溶解速度,因此尽管金属表面处于相同的电位,但表面各

部分阳极溶解反应的动力学规律并不相同,局部区域相对其他区域腐蚀发展得更快、更严重。另外在局部腐蚀过程中,局部表面区域的阳极溶解速度必须要一直保持明显大于其余表面区域的阳极溶解速度。如果随着腐蚀过程的进行,金属表面阳极溶解动力学的差异不能保持或加大,就不可能产生明显的局部腐蚀现象。

大多数的局部腐蚀都发生在钝性金属或有表面覆盖层的金属表面。这是因为钝性或者有覆盖层的金属表面可以形成致密的保护性膜,其进行的均匀腐蚀速度很小,甚至可以忽略不计。但材料本身的因素、环境介质因素或力学因素等的共同作用,容易使金属和腐蚀介质之间满足发生局部腐蚀的某些特殊条件,金属表面局部有限区域的腐蚀速度远远大于其余大部分表面的腐蚀速度,导致该小区域的腐蚀以极高的速度向纵深发展,最终造成金属构件局部严重减薄或者形成腐蚀坑,如在易钝化金属的表面常发生的点蚀、缝隙腐蚀、应力腐蚀断裂以及晶间腐蚀等各种典型的局部腐蚀。非钝化金属材料在腐蚀介质中也可以发生局部腐蚀,这是由于腐蚀速度在金属表面各处分布不均匀,致使部分表面区域的腐蚀速度远大于其余表面的腐蚀速度,使金属表面的腐蚀深度分布不均匀,如低合金钢在海水中发生的坑蚀以及酸洗时发生的点蚀和缝隙腐蚀等。

3.2.1　电偶腐蚀的概述

当两种金属或合金在腐蚀介质中相互接触时,电位较负的金属或合金比它单独处于腐蚀介质中时腐蚀速度增大,而电位较正的金属或合金的腐蚀速度反而减小,得到一定程度的保护,这种腐蚀现象称为电偶腐蚀,又称为接触腐蚀或异金属腐蚀,如图3-2所示。在电偶腐蚀现象中,电位较负的阳极性金属腐蚀速度加大的效应,称为电偶腐蚀效应;而电位较正的阴极性金属腐蚀速度减小的效应,称为阴极保护效应。在实际的工程应用中,采用不同的金属、不同的合金、不同的金属与合金的组合是不可避免的,因而发生电偶腐蚀也是不可避免的,同时电偶腐蚀也是一种常见的局部腐蚀形态。例如,加固金属结构的铆钉与金属结构之间、镀层金属与基体金属之间都会发生电偶腐蚀。另外需要注意的是,电偶腐蚀不单单指两种金属的接触造成的腐蚀,某些金属(如碳钢)与某些非金属的电子导体(如石墨材料)相互接触时也会产生电偶腐蚀。

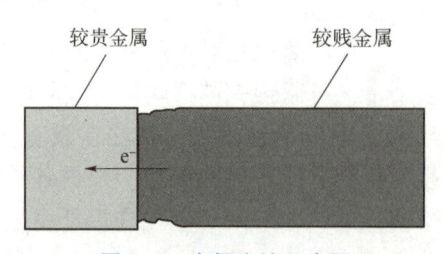

图3-2　电偶腐蚀示意图

3.2.2　电偶腐蚀的原理

两种或两种以上的金属、金属与非金属的电子导体、同一金属的不同部位,在腐蚀介质中互相接触时,由于存在腐蚀电位的不同,将会构成宏观腐蚀电池,成为腐蚀电池的两个电极,电子可以在两个电极间直接转移,而这两个电极上进行的电极反应也将进行必要的调整,以满足电极界面电荷的平衡关系。

以金属在酸性溶液中的电偶腐蚀为例，当金属 M_1 和 M_2 在酸性溶液中没有相互接触时，阴极过程都是氢去极化过程，腐蚀金属电极上进行的相应电极反应为

金属 M_1：$\quad M_1 \longrightarrow M_1^{n+} + ne^-$，$2H^+ + 2e^- \longrightarrow H_2$

金属 M_2：$\quad M_2 \longrightarrow M_2^{n+} + ne^-$，$2H^+ + 2e^- \longrightarrow H_2$

设金属 M_1 其自腐蚀电位为 φ_{corr1}，自腐蚀电流密度为 i_{corr1}；金属 M_2 的自腐蚀电位为 φ_{corr2}，自腐蚀电流密度为 i_{corr2}。它们都处于活化极化控制，服从塔菲尔规律，不妨设 M_1 和 M_2 两金属面积相等，M_1 的自腐蚀电位比 M_2 的自腐蚀电位低，即 $\varphi_{corr1} < \varphi_{corr2}$。当 M_1 和 M_2 在腐蚀介质中直接接触时，二者由于电极电位不相同，便构成一个宏观腐蚀电池，设这个宏观腐蚀电池中溶液的欧姆电位降可以忽略，则接触的两个金属由于电子的直接流动，在稳定的状态下，必然达到同一个电位，金属 M_1 电位由 φ_{corr1} 向正方向移动，成为腐蚀电池的阳极，发生阳极极化；金属 M_2 的电位由 φ_{corr2} 向负方向移动，成为腐蚀电池的阴极，发生阴极极化。当这个极化达到稳态时，两条极化曲线的交点所对应的电位是金属共同的混合电位 φ_g，φ_g 处于 φ_{corr1} 和 φ_{corr2} 之间，M_1 和 M_2 之间互相极化的电流密度称为电偶电流密度，用 i_g 表示。图 3-3 为金属 M_1 和 M_2 组成腐蚀电偶后的动力学极化示意图，此处假设腐蚀电偶的阴极面积等于阳极面积。由图可见，金属 M_1 的腐蚀速度从 i_{corr1} 增加到 i_1，而金属 M_2 的腐蚀速度 i_{corr2} 降到从 i_2。也就是说，组成腐蚀电偶的两个金属由于电偶效应的结果，使电位较正的阴极性金属因阴极极化使腐蚀速度减慢，从而得到一定程度的保护；而对于电位较负的阳极性金属，反而会加快腐蚀速度。

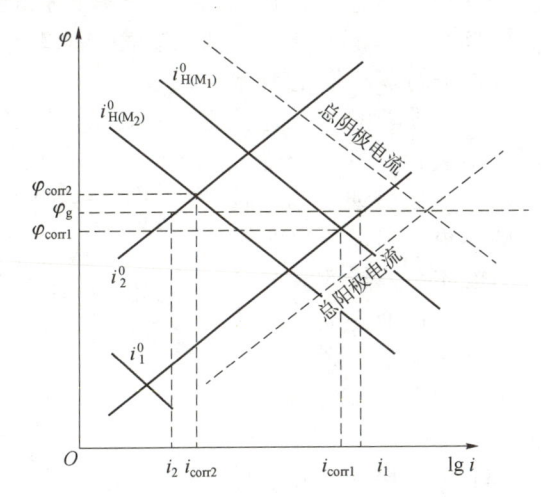

图 3-3　金属 M_1 和 M_2 组成腐蚀电偶后的动力学极化示意图

M_1 和 M_2 两种金属偶接后，阳极性金属 M_1 的腐蚀电流密度 i_1 与未偶接时该金属的自腐蚀电流密度 i_{corr1} 之比，称为电偶腐蚀效应系数，用 γ 表示：

$$\gamma = \frac{i_1}{i_{corr1}} = \frac{i_g + i_{corr1}}{i_{corr1}} \approx \frac{i_g}{i_{corr1}} \quad (3-8)$$

式中：i_{corr1}——M_1 未与 M_2 偶接时的自腐蚀电流密度；

i_1——M_1 和 M_2 偶接后的腐蚀电流密度；

i_g——电偶电流密度。

该公式表示，偶接后阳极性金属 M_1 腐蚀速度比金属单独存在时的腐蚀速度增加的倍数。γ 越大，则电偶腐蚀越严重。

3.2.3 宏观腐蚀电池对微观腐蚀电池的影响

电位较负的金属 M_1 在与电位较正的金属 M_2 构成电偶后,受到 M_2 对它的阳极极化作用,通过了一个大小为 i_g 的净电偶电流密度,打破了它没有与 M_2 偶接时的自腐蚀状态,同时在自腐蚀电位时建立的电荷平衡也被打破。同理,M_2 也由于与 M_1 的偶接而打破了在自腐蚀电位时建立的电荷平衡。这说明宏观腐蚀电池的作用将使微观腐蚀电池的电流密度发生改变,将这种效应称为差异效应。如果宏观腐蚀电池使内部微观腐蚀电池电流密度减少,则此效应为正差异效应;相反,如果引起内部微观腐蚀电池电流密度增加,则称为负差异效应。

正差异效应可以通过锌在稀硫酸中和铂接触的试验来验证。首先,当锌单独存在时,收集腐蚀产生的氢气,在一定时间内收集的氢气的体积正比于锌的腐蚀速度,设其为 V_0。然后,将锌和铂在硫酸中用外部的导线连接,分别收集相同时间内锌和铂产生的氢气,体积分别为 V_1 和 V_2。V_1 相当于锌和铂组成电偶后受到铂阳极极化而形成的微观腐蚀电池的腐蚀速度。由于铂单独存在时在稀硫酸中不会产生析氢腐蚀,则 V_2 相当于锌和铂接触后组成的宏观腐蚀电池的腐蚀速度。锌和铂接触后,总腐蚀速度应等于微观腐蚀电池腐蚀速度 V_1 与宏观腐蚀电池腐蚀速度 V_2 之和。试验观察,虽然 $V_1+V_2>V_0$,但 $V_1<V_0$。这说明锌受到阳极极化后,它本身的微观腐蚀电池电流密度减少了,所以产生了正差异效应。差异效应的实质是宏观腐蚀电池和金属内部微观腐蚀电池相互作用的结果,宏观腐蚀电池的工作引起微观腐蚀电池工作的削弱正是正差异效应的现象。如果用铝代替锌重复上述试验,发现不仅铝的总腐蚀速度增加,而且铝的微观腐蚀电池腐蚀速度亦增加,这就是负差异效应的现象。

差异效应的现象,可用短路的多电极电池体系的图解方法进一步解释。将腐蚀着的金属锌看成双电极腐蚀电池,当锌和铂接触,即等于接入一个更强的阴极而组成一个三电极腐蚀电池。假定电极的面积比以及它们的阴极、阳极极化曲线可以确定,便可以给出三电极体系差异效应的腐蚀极化曲线,如图 3-4 所示。在这个三电极体系中,铂可视为不腐蚀电极,对锌来说,除了未与铂接触时由于微观腐蚀电池作用而发生自溶解外,还因外加阳极电流密度而产生了阳极溶解,所以它的总腐蚀速度增加。当锌单独处于腐蚀介质中时,自腐蚀电位是 φ_{corr},自腐蚀电流密度为 i_{corr}。当把铂接入后,由于铂的电位较正,析氢反应将主要在铂上发生,这时析氢的总的阴极极化曲线应该是在锌表面的析氢极化曲线与在铂上的析氢极化曲线的加和,即阳极极化曲线与它的交点从 S 变为 S',锌腐蚀的总腐蚀电流密度也变为 i'_{corr}。此时锌上微观腐蚀电池的电流密度变为 i_1,小于原来的 i_{corr},表现正差异效应。

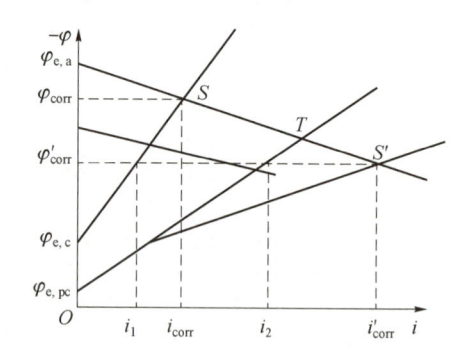

图 3-4 三电极体系差异效应的腐蚀极化曲线

3.2.4 影响电偶腐蚀的因素

电偶腐蚀速度的大小与电偶电流密度成正比,电偶电流密度可以用下式表示:

$$i_g = \frac{\varphi_c - \varphi_a}{\dfrac{P_c}{S_c} + \dfrac{P_a}{S_a} + R} \tag{3-9}$$

式中：i_g——构成电偶后两个电极之间通过的净电流密度，称为电偶电流密度；
φ_c、φ_a——阴极、阳极金属相应的稳定电位；
P_c、P_a——阴极、阳极平均极化率；
S_c、S_a——阴极、阳极面积；
R——欧姆电阻。

从式（3-9）可以看出，形成电偶后原有金属的腐蚀速度增加均与金属材料的电位差、极化作用、阴阳极面积比以及电偶体系的欧姆电阻等因素有关。下面将针对这几个因素分别加以详细说明。

（1）金属材料的电位差。电偶腐蚀与相互接触的金属在溶液中的电位有关，因此构成了宏观腐蚀电池，组成电偶的两个金属的电位差是电偶腐蚀的推动力。式（3-9）也说明，如果稳定电位起始电位差越大，则电偶腐蚀倾向也越大，即 i_g 越大，阳极腐蚀加速。

在电化学中使用标准电位序来比较不同金属材料间电位高低及差距，它是按金属元素标准电极电位的高低次序排列的次序表，是从热力学公式计算出来的，该电位是指金属在活度为 1 的该金属盐溶液中的平衡电位。而实际情况下，金属通常不是纯金属或者以合金形式存在，其表面状态也不同于理想的情况，如表面带有氧化膜等，并且腐蚀介质溶液成分复杂，因此标准电位序在实际使用中并不适合，在电偶腐蚀研究中常应用电偶序来判断不同金属材料接触后的电偶腐蚀倾向。

电偶序是指在具体使用腐蚀介质中，金属和合金稳定电位的排列次序。表 3-1 为常见金属或合金在海水中的电偶序。由表可见，如高电位金属材料（表上部的金属或合金）与低电位金属材料（表下部的金属或合金）互相接触，则低电位的金属成为阳极，被加速腐蚀，且两者之间电位差越大（在电偶序表中相距越远），则低电位的金属腐蚀速度越快。

表 3-1　常见金属或合金在海水中的电偶序

稳定性	金属或合金
较高	铂
	金
	石墨
	钛
	银
	镍铬钼合金 3
	Hastelloy 合金 C
	18-8Mo 不锈钢（纯态）
	18-8 不锈钢（纯态）
	$w(Cr)>11\%$ 的铬钢（纯态）
	Inconel 合金（纯态）
	镍（纯态）
	银焊料
	Monel 合金
	青铜
	铜
	黄铜
	镍钼合金 2
	Hastelloy 合金 B

续表

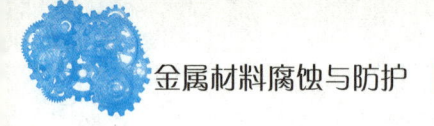

稳定性	金属或合金
较低	Inconel 合金（活化态）
	镍（活化态）
	锡
	铅
	铅-锡焊料
	18-8Mo 不锈钢（活化态）
	18-8 不锈钢（活化态）
	高镍铸铁
	$w(Cr)>11\%$的铬钢（活化态）
	铸铁
	钢或铁
	2024 铝合金
	镉
	工业纯铝
	锌
	镁及其合金

无论是标准电位序还是电偶序都只能反映一个腐蚀倾向，不能表示实际的腐蚀速度。有时某些金属在具体介质中接触后可能发生极性的转换，双方电位可以发生逆转。例如，铝和镁在中性氯化钠溶液中接触，开始时铝比镁电位正，镁为阳极发生溶解，之后由于镁的溶解而使介质变为碱性，这时电位发生逆转，铝变成阳极，所以标准电位序与电偶序都有一定的局限性。金属的电偶序因介质条件不同而异，所以电偶序总是要规定在什么环境中才适用，实践中应用的不但有海水中的电偶序，还有土壤中的电偶序以及某些化工介质中的电偶序等。

（2）极化作用。根据式（3-9），不论是使阳极极化率增大还是使阴极极化率增大，都有利于使电偶腐蚀电流密度降低。例如，在海水中不锈钢与碳钢的阴极反应都受氧的扩散控制，当这两种金属偶接以后，不锈钢由于钝化使阳极极化率比碳钢高得多，所以能够强烈加速碳钢的腐蚀。再如，在海水中不锈钢与铝组成的电偶对比铜与铝组成的电偶对腐蚀倾向小，这两对电偶的电位差相差不多，阴极反应都是氧分子的去极化过程，但是因为不锈钢有良好的钝化膜，阴极反应只能在钝化膜的薄弱处进行，阴极极化率高，阴极反应相对难以进行；而铜与铝组成的电偶对的铜表面氧化物能被阴极还原，阴极反应容易进行，阴极极化率低，故而电偶腐蚀效应严重得多。

（3）阴阳极面积比。从式（3-9）来看，阴阳极面积变大，使电偶腐蚀电流密度变大，但实际中更重要的因素是阴阳极面积比。电偶腐蚀电池的阳极面积减小，阴极面积增大，将导致阳极金属腐蚀加剧，这是因为电偶腐蚀电池工作时阳极电流密度总是等于阴极电流密度，阳极面积越小，则阳极电流密度就越大，即金属的腐蚀速度越大。在局部腐蚀过程中，阳极电流密度和阴极电流密度的不平衡，使金属表面一些局部区域具有较高的阳极溶解电流密度，而其余表面的区域则具有较大的阴极还原电流密度，阳极反应和阴极反应发生在不同的部位，因此腐蚀金属表面的阴阳极面积比对所观测到的局部腐蚀速度有较大的影响。阴阳极面积比影响局部腐蚀速度的一个典型的例子，即铜板使用铁铆钉加固和铁板使用铜铆钉加固分别产生了不同的效果。铜的电位比铁正，所以铜板装上铁铆钉后，构成了大阴极小阳极的电偶腐蚀，使铁铆钉很快被腐蚀，然而铁板装上铜铆钉使铁板的腐蚀增加并不多。

在腐蚀过程中，尤其是实际的金属结构件中，若形成了大阴极小阳极的情况，阳极区域将具有很高的阳极溶解速度，其往往导致强烈的局部腐蚀，并导致材料失效。例如，在钢铁材料表面若镀覆有阴极性金属镀层，如果金属镀层存在针孔或金属镀层发生破损，使在针孔或破损处裸露金属基体，由于金属基体的电位较金属镀层低，当与腐蚀介质接触时，针孔或破损处的金属基体作为阳极区发生了阳极溶解，而阴极去极化剂的反应发生在金属镀层表面，此时构成了典型的大阴极小阳极电偶对，使局部腐蚀在针孔或破损处以很高的速度进行，形成镀层下的腐蚀坑。

阴阳极面积比对局部腐蚀影响的现象不仅出现在不同金属偶接上，而且出现在同种金属表面由各种因素引起的电化学不均匀性上。例如，蚀孔中的阳极区与孔外阴极区、缝隙腐蚀中的阳极区与缝隙外阴极区、金属表面磨损处的阳极区与非磨损区的阴极区等，都能构成大阴极小阳极的电偶腐蚀，从而使金属的局部腐蚀加速。

（4）电偶体系的欧姆电阻。根据式（3-9），电偶体系的欧姆电阻也会对电偶电流密度产生影响，电阻越大，电偶腐蚀电流密度越小。实际中观察到，电偶腐蚀主要发生在两种不同金属或金属与非金属导体相互接触的边缘附近，而在远离边缘的区域，其腐蚀程度要轻得多。这是因为电流流动要克服电阻的作用，距离电偶的接触部位越远，响应的腐蚀电流密度越小，所以溶液电阻大小影响电偶的"有效作用距离"，电阻越大则"有效作用距离"越小，因而阳极金属腐蚀电流密度呈不均匀分布。例如，在蒸馏水中，腐蚀电流密度有效作用距离只有几厘米，使阳极金属在接触部位呈不均匀的腐蚀沟；而在海水中，腐蚀电流密度有效作用距离可达几十厘米，阳极电流密度的分布较均匀，不会发生特别严重的阴阳极接触部位的腐蚀。

3.2.5　防止电偶腐蚀的措施

防止电偶腐蚀的措施如下。

（1）组装构件应尽量选择在电偶序表中位置相近的金属。由于对于特定的使用介质不一定有现成的电偶序表，所以应该预先进行必要的电偶腐蚀试验。

（2）对于不同金属构成的结构部件，应该尽量避免形成大阴极小阳极的接触结构。

（3）采用绝缘材料或保护性阻挡涂层分隔电偶腐蚀的接触部位。不同金属部件之间绝缘，可以有效地防止电偶腐蚀。

（4）采用电化学保护。即可以使用外加电源对整个设备实行阴极保护，使两种金属都

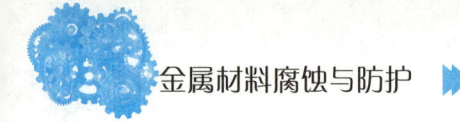

变为阴极,也可以安装一块电极电位比两种金属更负的第三种金属作为牺牲阳极。

3.3 点蚀

3.3.1 点蚀的概述

金属材料在腐蚀介质中经过一定的时间后,在整个暴露于腐蚀介质中的表面上个别的点或微小区域内出现腐蚀小孔,而其他大部分表面不发生腐蚀或腐蚀很轻微,且随着时间的推移,蚀孔不断向纵深方向发展,形成小孔状腐蚀坑,这种腐蚀形态称为点腐蚀,简称点蚀,也称为小孔腐蚀或孔蚀,如图3-5所示。从腐蚀的外观形貌上看,蚀孔的直径很小,仅数十微米,但深度一般远远大于直径。点蚀不仅可以生成开口式的蚀孔(即孔口未被腐蚀产物覆盖的蚀孔),还可生成闭口式的蚀孔(即孔口被半渗透性的腐蚀产物覆盖)。

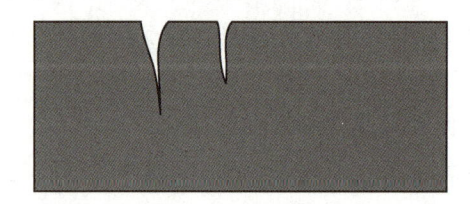

图3-5 点蚀示意图

点蚀通常发生在易钝化金属或合金表面,同时往往在腐蚀介质中存在侵蚀性阴离子及氧化剂。例如不锈钢、铝及其合金、铁及其合金等在近中性的氯离子的水溶液或其他特定腐蚀介质中,易于遭受点蚀。点蚀在具有其他保护膜的金属表面也易于发生。例如,镀层金属镀覆工艺不当或使用中出现局部的小孔,就容易引起基体金属发生点蚀。

点蚀是一种外观隐蔽而破坏性极大的一种局部腐蚀形式,虽然因点蚀而损失的金属质量很小,但由于点蚀在几何形态上构成了大阴极小阳极的结构,致使蚀孔的阳极被溶解的速度相当快,并且点蚀发展过程中具有自动加速的特点,因此蚀孔若连续地发展,能很快导致腐蚀穿孔破坏,产生危害性很大的事故,造成巨大的经济损失。此外点蚀能够加剧其他类型的局部腐蚀,如晶间腐蚀、应力腐蚀断裂、腐蚀疲劳等,在很多情况下,腐蚀小孔往往容易成为其他局部腐蚀起源部位。

3.3.2 点蚀的机理

3.3.2.1 点蚀的萌生

金属表面在化学性质或物理性质上是不均匀的,总是存在着各种各样的不完整性。例如,在如下地方,即非金属夹杂物的第二相沉淀、孔穴、氧化膜中的裂隙、某些杂质在晶界的偏析、各种机械损伤部位以及位错露头点，离子容易穿透氧化膜从周围介质中吸附各种物质。当金属表面层包含这些化学上的不均匀性或物理缺陷时，局部腐蚀就容易在这些薄弱点上萌生。钝化金属发生点蚀的另一个重要条件是在溶液中有侵蚀性阴离子（如 Cl^-）以及溶解氧或氧化剂存在。实际上，氧化剂的作用主要是使金属的腐蚀电位升高，达到或超过某一临界电位。这时，Cl^- 就很容易吸附在钝化膜的缺陷处，并和钝化膜中阳离子结合成可溶性氯化物，这样就在钝化膜上生成了活性的溶解点，称为点蚀核。点蚀核生长到 20～30 μm，即宏观可见时才称为蚀孔。除了氧化剂，使用外加的阳极极化方式也可以使电位上升，超过临界电位，导致点蚀的发生。这个临界电位被称为击穿电位或点蚀电位 φ_{br}。

点蚀电位的测定是点蚀研究的重要内容之一，因为它可以提供给定材料在特定介质中的点蚀抗性或敏感性的定量评估数据。当 $\varphi>\varphi_{br}$ 时，点蚀可能发生；当 $\varphi<\varphi_{br}$ 时，点蚀不可能发生。通常用动电位扫描测极化曲线的方法来测定点蚀电位。图 3-6 是不锈钢在氯化钠水溶液中的动电位极化曲线。图中电流密度急剧增加时相应的电位是点蚀电位 φ_{br}，相应于逆向扫描回到钝化电流密度时测得的电位 φ_p 称为保护电位。一般认为，在钝化金属表面，只有当电位高于 φ_{br} 时，点蚀才能萌生并发展；电位位于 $\varphi_p\sim\varphi_{br}$ 时，不会萌生新的蚀孔，但原先的蚀孔将继续发展，故此电位区间也称为不完全钝化区；当电位低于 φ_p 时，既不会萌生新的蚀孔，原先的蚀孔也停止发展，此区域称为完全钝化区。

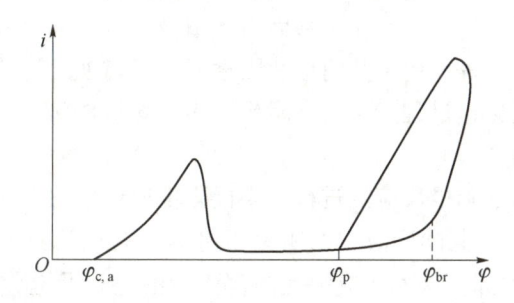

图 3-6　不锈钢在氯化钠水溶液中的动电位极化曲线

钝化金属在含侵蚀性阴离子的溶液中生成点蚀核所需要的时间称为点蚀的孕育期，用 τ 表示。τ 取决于金属表面钝化膜的质量，也与溶液的 pH 值以及侵蚀性阴离子的种类和浓度等因素有关。在高于点蚀电位 φ_{br} 的恒定电位下，τ 取决于 Cl^- 浓度，在恒定 Cl^- 浓度时，τ 取决于外加电位。对某一给定金属而言，τ 随着 Cl^- 浓度的增加或外加电位的升高而减小。通常采用在恒定阳极电位下，记录电流密度随时间变化的方法测定 τ。

3.3.2.2　点蚀的生长

在上述微观局部缺陷处，即使产生了点蚀核，但由于存在氧化膜的破裂和修复态平衡过程，因此只要这些微观的蚀孔底部的再钝化速度大于金属的溶解速度时，蚀孔就可以再钝化。因此金属电位必须足够正，以致充分的酸化和侵蚀性阴离子的集聚，克服再钝化的影响，促使蚀孔的继续生长。一般在金属电位超过点蚀电位的情况下，点蚀核能够继续长大，最终变为宏观可见的蚀孔，蚀孔出现的特定点称为点蚀源。图 3-7 为不锈钢在含 Cl^- 溶液中的点蚀机理，下面结合此图具体分析一下点蚀的发展过程。由于蚀孔内金属表面处于活性溶解状态，蚀孔外金属表面处于钝化状态，蚀孔内外构成了一个活化-钝化腐蚀电池，具有大阴极小阳极的特点，蚀孔遭到严重的腐蚀。

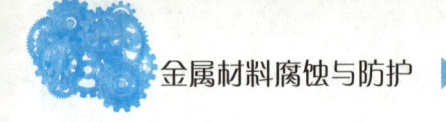

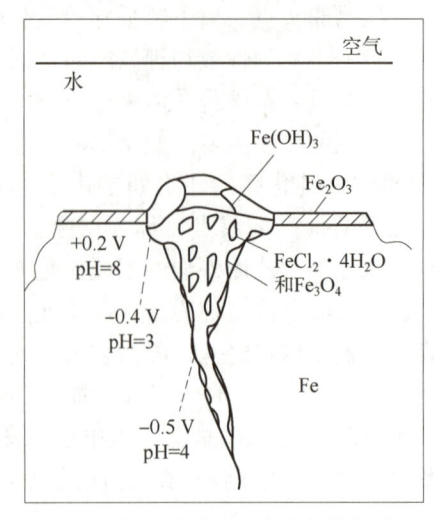

图 3-7　不锈钢在含 Cl^- 溶液中的点蚀机理

在点蚀的阳极电流作用下，活性阴离子（如 Cl^-）向蚀孔中迁移并富集。蚀孔的几何形状限制了蚀孔中的溶液与外部本体溶液之间的物质转移，腐蚀介质的扩散受到限制，这可导致蚀孔中溶液成分和电极电位发生变化，从而引起阳极反应速度变大。这类发生阳极局部活化腐蚀的小孔、缝隙或裂纹等，由于几何形状因素或生成腐蚀产物的遮盖等情况，故溶液处于滞留状态，内外的物质传递过程受到很大阻碍，因而构成的浓差电池或者活化-钝化腐蚀电池被称为腐蚀的闭塞电池。

在闭塞电池内部，由于阳极反应的进行，阳极区生成可溶性金属离子。为了维持内部溶液的电中性，闭塞电池外部本体溶液中的阴离子将向蚀孔内部迁移。当溶液中有 Cl^- 存在时，Cl^- 扩散至闭塞电池内部，这就造成蚀孔内部溶液的化学及电化学状态与外部本体溶液有很大差别，Cl^- 浓度增加，蚀孔内金属氯化物浓缩。如果所生成的离子在该 pH 值和电位条件下完全稳定，则腐蚀过程不会导致 pH 值的重大变化。但是，若腐蚀生成的金属离子可水解生成更为稳定的化合物，如生成溶解度很小的 CuO、Fe_3O_4、$Al(OH)_3$、TiO_2、Cr_2O_3 等，或生成 $FeOH^+$ 之类的离子，导致 pH 值降低，金属活化溶解加速，生成更多的金属离子，然后发生水解，蚀孔内溶液酸化，使介质酸度进一步增加。这种由闭塞电池引起的蚀孔内溶液酸化加速金属腐蚀的作用称为自催化作用。随着腐蚀反应的继续进行，溶解的金属离子不断增加，相应的水解作用也将继续，直到溶液被这种金属的一种溶解度较小的盐类所饱和。酸化自催化的作用，再加上受到介质向下的重力的影响，使蚀孔不断向深度方向发展，表现为蚀孔具有深挖的能力。

3.3.3　影响点蚀的因素

3.3.3.1　环境因素

（1）卤素离子及其他阴离子。含 Cl^- 的介质能够使很多金属和合金发生点蚀，Br^- 也可引起点蚀，I^- 对点蚀也有一定影响，而含 F^- 的溶液只能发生全面腐蚀而几乎不引起钢的点蚀。

溶液中的其他阴离子，有的对点蚀起加速作用，如 SCN^-、ClO_4^-、ClO^- 等，都可以对点蚀起促进作用。很多含氧的非侵蚀性阴离子，如 NO_3^-、CrO_4^{2-}、SO_4^{2-}、OH^-、CO_3^{2-} 等，均可以起到缓蚀剂的作用。这是由于在阳极极化电位下，这些阴离子与卤素离子在金属氧化物表面发生竞争性吸附而使点蚀受到抑制。

（2）溶液中的阳离子和气体物质。腐蚀介质中，氧化性金属离子，如 Fe^{3+}、Cu^{2+} 和 Hg^{2+} 等金属阳离子与侵蚀性卤化物阴离子共存时，能够对点蚀起促进作用。这是因为，这些高价阳离子能被还原成金属或低价离子，它们的氧化还原电位往往高于点蚀电位。因此，这些氧化性金属离子和溶液中的 H_2O_2、O_2 等氧化剂一样，是有效的阴极去极化剂，可以促进点蚀，$FeCl_3$ 等溶液也因此而被广泛应用于点蚀的加速腐蚀试验。

（3）溶液 pH 值。研究发现，在溶液 pH 值低于 9 时，对于二价金属，如铁、镍、镉、锌和钴等，其点蚀电位与 pH 值几乎无关；在高于此 pH 值的强碱性溶液中，φ_{br} 明显变正，据研究是 OH^- 的钝化能力所致。在强酸性溶液中，金属易发生严重的全面腐蚀，而不是点蚀。

（4）温度。对铁及其合金而言，点蚀电位 φ_{br} 通常随温度升高而降低。例如 304 钢，φ_{br} 与温度成线性关系，温度每升高 10 ℃，向负方向移动约 30 mV。温度低时形成的蚀孔小而深，温度高时蚀孔则大而浅，但数目较多。这是因为温度升高时，Cl^- 在金属表面化学吸附增加，导致钝化态破坏的活性点增多，相应的蚀孔深度变化很小。

（5）介质流速。一般来说，溶液的流动对抑制点蚀起一定的有益作用。介质流速对 φ_{br} 基本上无影响或影响很小，但却可能影响蚀孔的数目或深度。介质流速加大可以减少金属表面的沉积物，消除闭塞电池的作用，有利于氧的传递，利于缝隙内金属钝化膜的修补。总之，一般在流速慢的情况下易发生点蚀，流速增大，点蚀倾向降低。

3.3.3.2　材料因素

（1）金属本性。金属的本性对其点蚀倾向有重要的影响，这可以通过比较它们在介质中的点蚀电位看出。25 ℃时，在 0.1 mol/L NaCl 溶液中铝的点蚀电位为 −0.45 V，而钛的点蚀电位高达 +1.2 V，说明金属铝不耐点蚀，而金属钛较耐点蚀。铁如果处于钝化态，且溶液中同时存在卤素离子 Cl^-、Br^-、I^- 或 ClO_4^- 的情况下，它在酸性溶液、中性溶液和碱性溶液中均遭受点蚀。镍在含有卤素离子 Cl^-、Br^-、I^- 的溶液中阳极极化时发生点蚀。铬在有卤素的水溶液中不遭受点蚀，钛在含卤素离子的溶液中，对点蚀有高的稳定性。钛的点蚀仅发生在高浓度氯化物的沸腾溶液中（如 42% 的 $MgCl_2$ 沸腾溶液）。

（2）合金元素处理。研究表明，对不锈钢在氯化物溶液中的耐点蚀性能，Cr、Mo、Ni、V、Si、N、Ag、Re 等是有益元素，Mn、S、Ti、Nb、Te、Se、稀土等是有害元素。提高不锈钢耐点蚀性能最有效的元素是 Cr 和 Mo，其次是 N 和 Ni 等。Cr 和 Mo 是构成在氯化物水溶液中耐点蚀不锈钢的最基本元素，它们不仅能降低点蚀中点蚀核生成的能力，也能减小蚀孔生长的速度。

（3）冷加工与热处理。冷加工对点蚀的影响与金属组织结构的变化、非金属夹杂物的第二相沉积物的分布、钝化膜的性能等因素有关，一般来说，冷加工对点蚀电位 φ_{br} 的影响也不大，因而对不同材料而言，影响途径也不一样。但冷加工通常使点蚀密度增加，这是因为冷加工使表面的位错密度增加，因而容易生成蚀孔。

热处理对材料的点蚀敏感性有很大影响。例如，奥氏体不锈钢在一定温度范围内热处理时会发生敏化作用，$Cr_{23}C_6$ 沿晶界析出，会导致邻近区域的贫铬，而使耐点蚀性能下降。

（4）显微组织。金属的显微组织对其点蚀敏感性有很大的影响，如硫化物、δ 铁素体、σ 相、沉淀硬化不锈钢中的强化沉淀相、敏化的晶界以及焊接区等，都可能使钢的耐点蚀性能降低。例如，非金属夹杂物 MnS 可成为点蚀的起源点，使硫化物表面或硫化物与基体界面的钝化膜受到破坏，奥氏体不锈钢中的 δ 铁素体对耐点蚀性能有害。例如，18Cr-10Ni-2.5Mo-0.16N 不锈钢，在 1 345 ℃ 下热处理，生成 δ 铁素体，使点蚀电位下降，但在 1 120 ℃ 的奥氏体区退火后，则耐点蚀性能得以改善。

（5）表面状态。对于同一材料/介质体系，采用表面精整处理可以降低点蚀敏感性。如将铁放入 20%硝酸中浸泡以清洁表面的化学处理方法，有改善耐点蚀性能的作用。这种处理的主要作用是去除不锈钢表面的夹杂物或污物，如可将机械加工时嵌入表面的铁和钢质点溶解，从而达到清洁表面的目的。

3.3.4　防止点蚀的措施

防止点蚀可以采取如下措施：减轻环境介质的侵蚀性，包括减少或消除 Cl^- 等卤素离子，特别是防止其局部浓缩；减少氧化性阳离子，加入某些缓蚀性阴离子；提高 pH 值；降低环境温度；使溶液流动或加搅拌等。

（1）选用缓蚀剂。在含有氯化物的溶液中，许多化合物可起缓蚀剂的作用，如硫酸盐、硝酸盐、铬酸盐、碱、亚硝酸盐、氨、明胶、淀粉等，也可以选用胺等有机缓蚀剂，胺对黑色金属的全面腐蚀与局部腐蚀均有较好的缓蚀作用。

（2）合理选择耐腐蚀材料。使用含有耐点蚀性能最为有效的元素（如 Cr、Mo、Ni 等）的不锈钢，在含 Cl^- 介质中可得到较好的耐点蚀性能，这些元素含量越高，耐点蚀性能越好。Cr、Ni、Mo 等元素含量的适当配合，可获得耐点蚀和缝隙腐蚀性能均好的效果。

（3）电化学保护。使用外加阴极电流将金属阴极极化，使电极电位控制在保护电位 φ_p 以下，可以有效地抑制点蚀的形成和生长。

3.4　缝隙腐蚀

3.4.1　缝隙腐蚀的概述

缝隙腐蚀是因金属与金属、金属与非金属的表面之间存在狭小缝隙，并有腐蚀介质存在时发生的局部腐蚀形态，如图 3-8 所示。可能构成缝隙腐蚀的缝隙包括：金属结构的衔接、焊接、螺纹连接等处构成的缝隙；金属与非金属的连接处，如金属与塑料、橡胶、木材、玻璃等的连接处形成的缝隙；金属表面的沉积物、附着物，如灰尘、砂粒、腐蚀产物的沉积与金属表面形成的狭小缝隙等。由于缝隙在工程结构中是不可避免的，所以缝隙腐蚀也是不可完全避免的。由于缝隙腐蚀的发生可以导致金属部件强度降低，减少吻合程度，缝隙中腐蚀产物的体积增大，可产生局部应力，使结构装配困难，并且缝隙腐蚀常常发生在腐蚀性不太强的介质中，具有一定的隐蔽性，容易造成金属结构突然的失效，具有相当大的危害性，因此应尽可能避免。

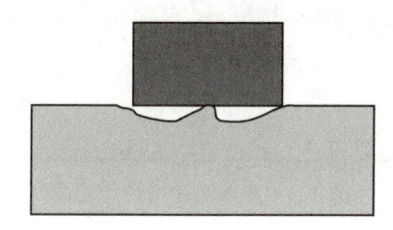

图 3-8　缝隙腐蚀示意图

缝隙腐蚀具有以下基本特征。

（1）不论金属或合金的电极电位是正还是负，都能够发生缝隙腐蚀，但是特别容易发生在依靠钝化而具有耐蚀性的金属及合金上，越容易钝化的金属，对缝隙腐蚀就越敏感。

（2）腐蚀介质可以是任何的侵蚀液，可以是酸性、中性或碱性溶液，但是含有侵蚀性阴离子的溶液更加容易引起缝隙腐蚀。

（3）与点蚀相比，对同一种合金而言，缝隙腐蚀更易发生，即缝隙腐蚀的临界电位要比点蚀电位低。在保护电位和点蚀电位之间的电位范围内，对点蚀而言，原有点蚀可以发展，但不产生新的蚀孔，而缝隙腐蚀在该电位范围内，既能产生新的蚀孔，原有蚀孔也能发展。

3.4.2　缝隙腐蚀的机理

缝隙腐蚀的先决条件是构成一定的缝隙结构，研究表明缝宽应该符合一定的条件，其缝宽应该能使侵蚀液进入缝内，但同时缝宽又必须能使侵蚀液在缝隙内处于滞流状态，发生缝隙腐蚀最敏感的缝宽为 0.05~0.1 mm。

假设有两块金属板构成具备发生缝隙腐蚀的敏感缝宽的缝隙结构，并被放置在充气的3.5% NaCl 溶液中，如图 3-9 所示。在还没有发生缝隙腐蚀的初期阶段，缝隙内外的全部表面发生金属的溶解和阴极的氧还原的反应：

阳极：$$M \longrightarrow M^{n+} + ne^- \tag{3-10}$$

阴极：$$O_2 + 2H_2O + 4e^- \longrightarrow 4OH^- \tag{3-11}$$

经过一定时间后，由于缝隙很狭小，溶解氧的浓度会随着阴极反应的进行而逐渐降低，并且由于缝隙内腐蚀介质处于滞流状态，氧的还原反应所需氧要靠扩散补充很困难，当缝隙内的氧基本消耗完后，缝隙内会成为缺氧区域，缝隙外溶液相对成为富氧区域，从而构成氧浓差电池，缝隙内金属由于氧的浓度低，电位较负，成为腐蚀电池的阳极，缝隙外的金属由于供氧充分，电位较正，成为腐蚀电池的阴极。这个氧浓差电池将使缝隙内金属腐蚀加速，同时使缝隙外的金属表面得到一定程度的保护，使腐蚀速度降低。如果金属是易钝化金属，则缝隙内由于氧供应不足，钝化膜得不到修补，不能保持钝化态，因此缝隙内的金属容易转为活化状态，和缝隙外金属表面构成活化-钝化电池，并且这个电池是大阴极小阳极的结构。因此，一般说来易钝化金属对缝隙腐蚀更为敏感。

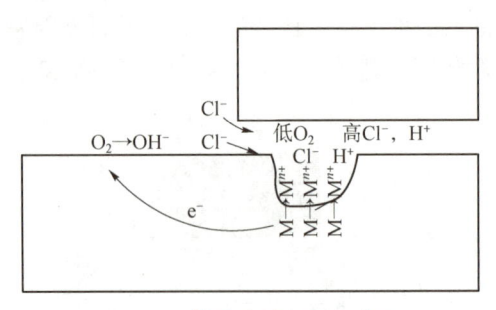

图 3-9 缝隙腐蚀机理示意图

氧浓差电池只是缝隙腐蚀的起因，并不至于造成特别严重的腐蚀，缝隙腐蚀之所以能够加速腐蚀，是由于闭塞电池引起的酸化自催化作用。缝隙腐蚀由于氧浓差电池的作用，缝隙内金属不断活性溶解，缝隙内溶液中金属离子过剩，为了保持电荷平衡，缝隙外的Cl^-迁移到缝隙内，同时阴极过程转到缝隙外。缝隙内氯化物或硫酸盐等发生水解，即

$$M^{n+}+nH_2O \longrightarrow M(OH)_n+nH^+ \tag{3-12}$$

反应使缝隙内的溶液pH值持续下降，甚至可达2~3，这就促使缝隙内金属保持活化状态，并且溶解速度随pH值的下降而不断增加。同时，相应缝隙外邻近表面的阴极过程，即氧的还原速度也增加，使外部表面得到阴极保护，而加速了缝隙内金属的腐蚀。缝隙内金属离子进一步过剩又促使Cl^-迁入缝隙内并形成金属盐类，再发生水解，使缝隙内酸度继续增加，进一步加速金属的活性溶解，构成了缝隙腐蚀发展的酸化自催化循环过程，缝隙腐蚀便加速进行，造成严重的破坏。从以上的分析可以看出，缝隙腐蚀的发展过程与点蚀的发展过程是很相似的，都存在酸化自催化的作用，因而加速局部区域的腐蚀。金属和合金在氯化物溶液中的点蚀和缝隙腐蚀两者是有密切关系的，可以认为两者的萌生机理不相同，但其发展机理基本相同，均具有闭塞电池腐蚀的特征。在含有活性阴离子的腐蚀介质中，有研究者认为，点蚀只是缝隙腐蚀的一种特殊形式，也有人认为，缝隙腐蚀起始于缝隙内形成的点蚀源，但实际上这两种腐蚀是有着本质的区别的。

（1）点蚀可在周围腐蚀介质能自由到达的金属表面的各种薄弱点处萌生，而缝隙腐蚀仅集中于体系的几何形状使介质的到达受到限制的这部分表面，即发生在侵蚀性介质可以浸入的间隙中。

（2）缝隙腐蚀多数发生在氯化物溶液中，也可发生在其他侵蚀液中，而点蚀通常局限在含有活性阴离子的介质中。几乎所有的金属或合金都会发生缝隙腐蚀，而点蚀多数发生在容易钝化的金属和合金表面。

（3）点蚀可在静止的和运动的溶液中发生，并可在金属表面的非均质处萌生，如非金属夹杂处、晶界、位错露头处等，而缝隙腐蚀容易在间隙中溶液静止的条件下发生，也可因金属镀覆层或涂层的微观缺陷而萌生。

（4）由于缝隙中溶液的不动性，缝隙内溶液与外部本体溶液交换困难，因此，在狭窄缝隙中很快形成闭塞电池，比未被腐蚀产物覆盖缝隙中的电解液成分相差较多，缝隙腐蚀的萌生电位也因而通常比点蚀电位更负。在多数情况下，缝隙腐蚀的萌生比点蚀更快。在环形极化曲线上的区间$\varphi_p \sim \varphi_{br}$，对点蚀而言，原有蚀孔可以发展，但不产生新的蚀孔，而缝隙腐蚀在该电位区间内，既能产生新的蚀孔，原有蚀孔也能发展。

3.4.3 影响缝隙腐蚀的因素

影响缝隙腐蚀的因素如下。

(1) 缝隙的几何因素。缝隙的形态和宽度对缝隙腐蚀深度和速度有很大影响。缝隙的宽度应该符合一定的条件，其缝宽不仅必须能使侵蚀液进入缝内，同时还必须能够使侵蚀液在缝隙内处于滞流状态。一般发生缝隙腐蚀最敏感的缝宽为 0.05~0.1 mm，大于这个宽度就不会发生缝隙腐蚀，而是倾向于发生均匀腐蚀。缝隙腐蚀还与缝隙外部面积有关，外部面积增大，缝隙内腐蚀增加。缝隙内是阳极区，而缝隙外为阴极区，这就会形成大阴极小阳极的状况，随着缝隙外与缝隙内面积比的增大，缝隙腐蚀发生的概率也增大，缝隙腐蚀也越严重。

(2) 溶液中的氧浓度。氧浓度增加，缝隙内外氧浓度差异更大，有利于引发缝隙腐蚀，在缝隙腐蚀加速阶段，缝隙外阴极还原更易进行，也会使缝隙腐蚀加速。

(3) 温度。温度升高使阳极反应加快，在敞开系统的海水中，80 ℃时达最大腐蚀速度，高于 80 ℃则由于溶液中溶解氧下降而相应使腐蚀速度下降。在含氯介质中，各种不锈钢都存在临界缝隙腐蚀温度，达到这一温度发生缝隙腐蚀的概率增大，随温度进一步升高，更容易发生并趋于严重。

(4) pH 值。pH 值下降，只要缝隙外金属仍处于钝化状态，则缝隙腐蚀量增加。

(5) 溶液中 Cl^- 浓度。Cl^- 浓度增大，使电位向负方向移动，缝隙腐蚀速度增加。

(6) 侵蚀液流速。当流速增加时，溶液中含氧量相应增加，缝隙腐蚀增加。对由沉积物引起的缝隙腐蚀，当流速加大时，清除沉积物，相应使缝隙腐蚀减轻。

(7) 材料因素。不同材料耐缝隙腐蚀的能力不同。不锈钢中 Cr、Ni、Mo、N、Cu、Si 等是提高耐缝隙腐蚀性能的有效元素，这与合金元素对点蚀的影响相似，它们能够增加钝化膜的稳定性，改善钝化、再钝化能力。

3.4.4 防止缝隙腐蚀的措施

防止缝隙腐蚀的措施如下。

(1) 合理设计与施工。在多数情况下，设备上都会有产生缝隙的可能，因此必须用合理的设计来减轻缝隙腐蚀。例如，施工时要尽量采用焊接，而不采用铆接或螺钉连接。如果采用螺钉连接则应使用绝缘垫片，或者在结合面上涂覆环氧树脂等，以保护连接处。

(2) 阴极保护。阴极保护可采用外加电流法或牺牲阳极法。将金属极化到低于 φ_p 和高于 φ_{br} 的区间，既不产生点蚀，也不至于引起缝隙腐蚀。阴极极化可以使缝隙内的化学和电化学条件改变，如 pH 值上升，电位向负方向移动，可以使缝隙内金属从腐蚀区进入免蚀区。但由于缝隙的闭塞区较小，溶液量少，电阻大，电流不易到达，因此阴极保护的关键就是是否有足够电流达到缝隙内，使其产生必需的保护电位。

(3) 合理选择耐蚀材料。可以采取在合金中加入贵金属合金成分的方式提高合金的耐缝隙腐蚀能力。选择耐缝隙腐蚀的材料应考虑它们在缝隙条件下的耐蚀性能，黑色金属材料应含有 Cr、Mo、Ni、N 等有效元素，主要是高铬、高钼的不锈钢和镍基合金等，钛和钛合金及某些铜合金耐缝隙腐蚀性能也较好。对不同介质应综合考虑选用耐蚀材料。

（4）应用缓蚀剂。应用磷酸盐、铬酸盐、亚硝酸盐等缓蚀剂，可以大大降低钢铁的腐蚀。另外也可在连接结构的结合面上涂加缓蚀剂的油漆，对防止缝隙腐蚀有一定效果。

3.5 丝状腐蚀

3.5.1 丝状腐蚀的概述

在金属表面涂覆涂层是一种在实践中应用广泛的防止金属腐蚀的有效方法，但是在有涂层的金属表面往往产生丝状腐蚀，因多数发生在漆膜下面，因此也被称为膜下腐蚀。例如，暴露在大气中盛食品或饮料的储罐外壳上涂覆锡、磷酸盐、瓷漆、清漆等涂层，在它们的表面上都可能发生丝状腐蚀。对于建在海港附近的仓库来说，各种部件在运输和储运过程中也很容易受到丝状腐蚀的影响。丝状腐蚀具有特殊的形貌，它从金属表面某些腐蚀薄弱的活性点开始，如金属的边棱或金属表面上盐的颗粒，以丝状的形迹向外部扩展。丝状腐蚀示意图如图 3-10 所示。丝状腐蚀的丝宽为 0.1~0.5 mm，腐蚀丝的前端呈蓝绿色，称为活性头。腐蚀只发生在活性头，其中充满了腐蚀溶液，活性头的蓝绿色是亚铁离子的特征颜色，而尾部是相对较干的腐蚀产物，一般为 Fe_2O_3 和它的水合物，因而非活性尾呈现红棕色。随着腐蚀的进行，活性头不断前进，沿迹线在金属上形成一条腐蚀的丝状小沟。

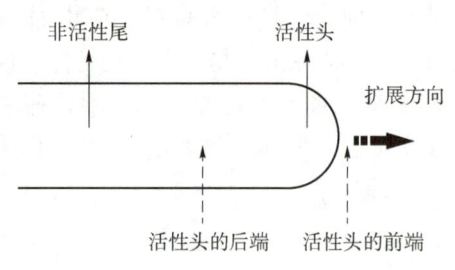

图 3-10 丝状腐蚀示意图

3.5.2 丝状腐蚀的机理

方坦纳认为，丝状腐蚀是缝隙腐蚀的一种特殊形式。虽然对缝隙腐蚀的机理目前还有争论，但普遍认为氧浓差电池在缝隙腐蚀的发生和发展过程中起了重要作用。腐蚀的过程包括丝状腐蚀活性核心的形成及丝状腐蚀发展两个阶段。丝状腐蚀活性核心往往形成在漆膜的破损处以及较大的针孔缺陷等处，在一定的大气湿度下，水蒸气在金属表面凝结，可以构成腐蚀介质。此外，大气中含有的 NaCl 等腐蚀性无机盐颗粒都具有较强的吸水性，当这些盐粒落到金属面上，特别容易以盐为核心吸水，构成腐蚀性强的腐蚀介质环境，形成腐蚀的活性中心。当这些活性中心发生活性的溶解以后，会造成氧气的消耗，形成贫氧区域，与金属其他部位构成氧浓差电池。腐蚀核心部位是贫氧区，成为腐蚀电池的阳极，发生阳极溶解反应，一般为铁的溶解，产生高浓度的亚铁离子（Fe^{2+}），亚铁离子可以发生水解，使头部产生酸性环境，并使腐蚀区域保持活性溶解的状态，从而进一步促进铁的溶解，使腐蚀可以发展和向前推进。尾部由于氧的浓度较高，所以进行氧的阴极还原反应，使OH^-浓度升高。Fe^{2+}在尾部生成$Fe(OH)_2$沉淀，并进一步氧化为$Fe(OH)_3$，脱水后生成铁锈（$Fe_2O_3 \cdot H_2O$）。这种氧浓差电池的特性是低氧浓度伴随电解质的酸化，由此导致丝状腐蚀头部金属阳极溶解，铁在丝状腐蚀头部前面pH值可达1~4，而尾部pH值为7~8.5。因而随着活性头溶解向前位移，非活性尾则因腐蚀产物的沉积，使该膜与金属间结合力变弱而隆起，发展成一条丝状腐蚀边线。丝状腐蚀的非活性尾受到破坏时，腐蚀仍能继续进行，但如果活性头受到破坏，丝状腐蚀将会停止。丝状腐蚀机理如图3-11所示。

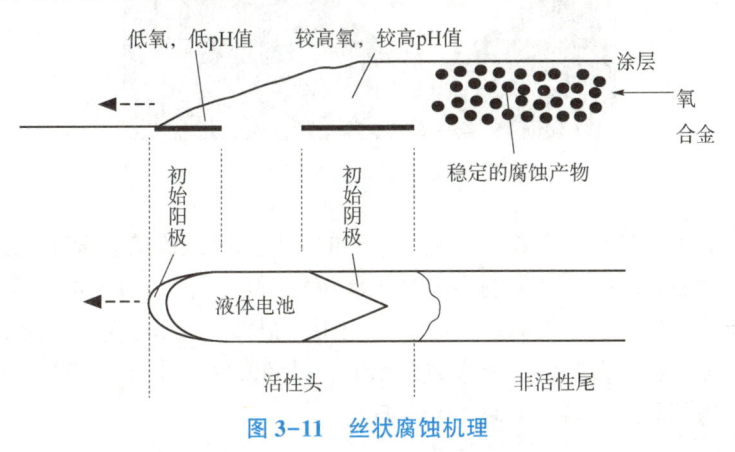

图3-11 丝状腐蚀机理

3.5.3 防止丝状腐蚀的措施

防止丝状腐蚀的措施如下。

(1) 改进基体金属对丝状腐蚀的耐蚀性，从根本上抑制丝状腐蚀。

(2) 大气的相对湿度对丝状腐蚀的发生和发展有重要影响。丝状腐蚀主要发生在65%~90%的相对湿度，相对湿度低于65%时，金属不会产生丝状腐蚀。因此，最有效的措施是将有涂层的金属放在低于65%相对湿度的环境中使用，可以采用密封包装，改善库房储存条件，尽量降低环境的相对湿度。

(3) 合理选用漆种，使用透水率低的涂层，保证涂层的完整性。其次采用脆性涂层，腐蚀在脆性涂层下面生长时，脆性涂层会在生长的头部破裂，这样氧便进入头部，原来的氧浓差被消除，丝状腐蚀因而停止；但脆性涂层有易受损坏的缺点。

3.6 晶间腐蚀

3.6.1 晶间腐蚀的概述

沿着金属的晶粒边界发生的局部腐蚀称为晶间腐蚀，如图3-12所示。通常的金属材料为多晶结构，因此存在大量晶界，晶界物理化学状态与晶粒本身不同，晶界是原子排列比较疏松而紊乱的区域，相对于晶粒来说有较大的活性。在特定的使用介质中，微电池作用引起局部破坏加速，该破坏沿晶界向内发展，严重时整个金属由于晶界破坏而完全丧失强度。在表面还看不出破坏时，实际晶粒间已失去了结合力，丧失了强度与塑性，敲击金属时已丧失金属声音，会造成金属结构突发性破坏，因此这是一种危害性很大的局部腐蚀。

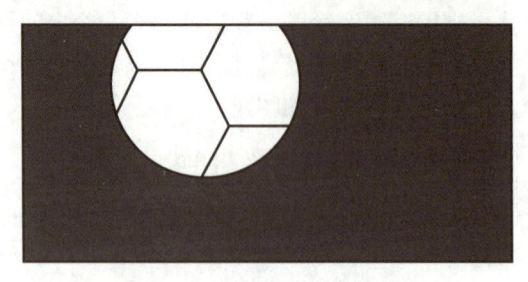

图 3-12　晶间腐蚀示意图

晶间腐蚀是晶界和晶粒之间存在电化学性质的不均匀性造成的。金属或合金本身晶粒与晶界在化学成分、晶界结构、元素的固溶性质、沉淀析出过程、固态扩散等方面存在差异，导致电化学性质的不均匀，引发局部腐蚀电池作用。很多金属和合金都有晶间腐蚀的倾向，如不锈钢、铝合金、镍基合金等。在应力作用下，晶间腐蚀往往可能成为应力腐蚀断裂的先导，甚至发展成为晶间应力腐蚀断裂。

3.6.2　晶间腐蚀的机理

在腐蚀介质中，金属及合金的晶粒与晶界显示明显的电化学的不均匀性，这种变化是由金属或合金在不正确的热处理时产生的金相组织变化引起的，或是由晶界区存在的杂质或沉淀相引起的。因此，有关晶间腐蚀的理论主要有以下两种。

3.6.2.1　贫化理论

贫化理论认为晶间腐蚀的原因是晶界析出新相，造成晶界的合金成分中某一种成分贫化，进而使晶粒和晶界之间出现电化学性质的不均匀。造成奥氏体不锈钢晶间腐蚀的原因是晶界析出碳化铬而引起晶界附近铬的贫化。目前贫化理论也可以用来解释铁素体不锈钢、Al-Cu 合金以及 Ni-Mo 合金等的晶间腐蚀问题。

下面就以奥氏体不锈钢的晶间腐蚀现象来说明贫化理论。奥氏体不锈钢中含碳量大于 0.10%，而在室温下碳在奥氏体不锈钢中的饱和溶解度为 0.02%~0.03%，因此碳在奥氏体不锈钢中处于过饱和的固溶状态。以 Cr18Ni9 不锈钢为例，在 1 050~1 100 ℃以上，可固溶 0.10%~0.15%的碳，而在 600 ℃，固溶量不超过 0.02%。温度降低，固溶度急剧减小。如果从高温缓慢冷却下来，碳以碳化合物的形式沉淀出来；如从高温急冷下来，则可使碳过饱和固溶于钢中。多数奥氏体不锈钢出厂时都经过高温固溶处理，然后进行用水或油使其从高温迅速降到室温的淬火处理。淬火处理的奥氏体不锈钢中，碳的过饱和固溶体可以保留下来，从热力学看这是不稳定的。当对钢材进行热处理或焊接时，如果在不锈钢对晶间腐蚀敏感的温度 500~800 ℃停留过久，即在敏化温度范围内使用或热处理，就会产生晶间腐蚀敏感性。这个出现晶间腐蚀敏感性的温度称为敏化温度。在一定敏化温度下，加热一定时间的热处理过程称为敏化处理。经过敏化处理的钢中，过饱和的碳就要部分或全部地从奥氏体中析出，形成铬的碳化物，主要是 $Cr_{23}C_6$，并连续分布在晶界上。当碳化铬沿晶界析出时，碳化物附近的碳和铬浓度下降，附近的碳和铬会不断地扩散过来，碳化铬生长所需的碳可以取自晶粒内部，而铬主要由碳化物附近的晶界区提供。之所以如此，是由于铬从晶粒本体扩散要比沿晶界扩散困难得多。有数据表明，铬沿晶界扩散过程活化能为 162~252 kJ/mol，而由晶粒本体通过晶界的所谓体积扩散活化能约为 540 kJ/mol，二者相差一倍以上。因此，铬沿晶界扩散的速度要比从晶粒内部扩散容易得多，结果使晶界附近的铬很快消耗，铬含量降低，从而在晶界形成贫铬区。

如果晶间贫铬区内含铬量低于铬钝化的临界浓度12%，这就意味着在腐蚀介质中贫铬区不能保持钝化状态而是处于活化状态，如图 3-13 所示。活化态的晶界成为阳极区，铬含量较高的晶粒内部处于钝化态，成为阴极区，二者构成了活化-钝化腐蚀电池，并且该腐蚀电池是大阴极小阳极的结构，腐蚀电池工作的结果是使贫铬区腐蚀加速，而晶粒得到一定程度的保护。

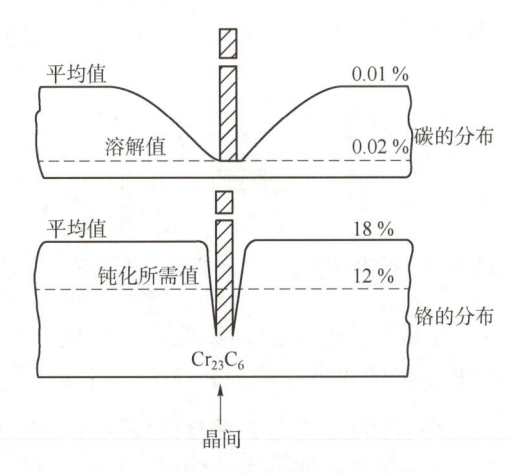

图 3-13　铬和碳在晶界的分布情况

铁素体不锈钢自 900 ℃ 以上高温区进行淬火或空冷，也能够产生晶间腐蚀倾向，即使是含碳量很低的不锈钢也难免产生晶间腐蚀倾向，若在 700~800 ℃ 退火，则可消除晶间腐蚀倾向。虽然铁素体不锈钢与奥氏体不锈钢产生晶间腐蚀倾向的条件不同，但实际上机理是一样的。碳在铁素体不锈钢中的固溶度比在奥氏体不锈钢中还少得多，而且铬原子在铁素体不锈钢中的扩散速度比在奥氏体不锈钢中大两个数量级，所以即使自高温快速冷却，铬的碳或氮化物仍能在晶界析出。高温淬火时首先析出亚稳相 $(Cr,Fe)_7C_3$ 型碳化物，造成晶界区贫铬，引起晶间腐蚀。但如果在 700~800 ℃ 退火，将使 $(Cr,Fe)_7C_3$ 型碳化物向稳定相 $(Cr,Fe)_{23}C_6$ 型碳化物转变。由于铬在铁素体不锈钢中扩散快，温度又较高，铬自晶粒内部向晶界迅速扩散，消除了贫铬区，从而不再显示晶间腐蚀倾向。即使是奥氏体不锈钢，如果在敏化温度范围长时间退火，同样能使铬分布趋于均匀化，从而消除晶间腐蚀的倾向。

可用贫化理论解释 Al-Cu 合金和 Ni-Mo 合金的晶间腐蚀。Al-Cu 合金能在晶界上析出 $CuAl_2$，从而形成贫铜区，在腐蚀介质中晶界贫铜区发生选择溶解。Ni-Mo 合金沿晶界析出 Ni_7Mo_6，造成贫钼，因而出现晶间腐蚀。

常见的不锈钢焊缝的腐蚀也是晶间腐蚀。经固溶处理过的奥氏体不锈钢，经焊接后，在使用过程中焊缝附近发生了腐蚀，腐蚀区通常是母材板上离焊缝有一定距离的带状区域，这是由于在焊接过程中，焊缝两侧的温度随距离的增加而下降，其中包括敏化温度区域。处于敏化温度的带状区域对晶间腐蚀产生敏感性，因而发生晶间腐蚀。

3.6.2.2 第二相或晶界区杂质选择溶解理论

在不锈钢的应用中发现，含碳量很低的高铬、高钼的不锈钢在一定敏化温度下能够在强氧化性介质中发生晶间腐蚀，研究表明是由于在敏化温度下晶界析出了σ相。σ相是Fe-Cr的金属间化合物，只有在强氧化性介质中，不锈钢的电位处于过钝化区时，它才能发生溶解，不锈钢中γ相和σ相的阳极极化曲线如图3-14所示。晶界发生了σ相在强氧化性介质中的选择溶解，从而造成了不锈钢晶间腐蚀，因而检测这种类型的腐蚀也必须使用强氧化性的65%沸腾硝酸，以使不锈钢腐蚀电位达到过钝化电位。

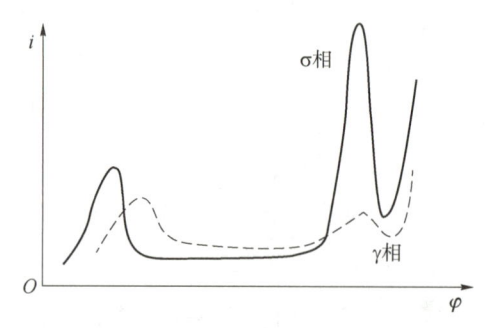

图3-14 不锈钢中γ相和σ相的阳极极化曲线

此外，若在晶界上有杂质元素P、Si等的晶界偏析，其也能够产生晶间腐蚀。研究表明，当固溶体中含有的P杂质浓度达到100 mg/kg或Si杂质浓度达到1 000~2 000 mg/kg时，这些杂质在高温时会发生晶界偏析。它们在强氧化性介质中溶解，导致晶界选择性的晶间腐蚀。如果钢材经过敏化处理，晶间腐蚀敏感性反而降低，这是由于碳和磷生成磷的碳化物，或由于碳的首先偏析，限制了磷向晶界的扩散，减轻杂质的晶界偏析，因此消除或减弱了钢材对晶间腐蚀的敏感性。

上述两种晶间腐蚀理论并不矛盾，它们各自适用于一定的合金组织状态和介质条件。贫化理论适用于氧化性或弱氧化性介质条件；第二相选择溶解理论适用于强氧化性介质条件，金相中有σ相的高铬、高钼不锈钢；晶界区杂质选择溶解理论适用于强氧化性介质条件。

3.6.3 影响晶间腐蚀的因素

3.6.3.1 加热温度与时间

图3-15为Cr18Ni9钢晶界$Cr_{23}C_6$沉淀与晶间腐蚀之间的关系。由图得知，晶间腐蚀的曲线呈C形，这是由于在高温下，铬的扩散速度增大，或者退火时间长，铬的扩散最终能够使其在晶粒和晶界上浓度平均化，消除了晶间腐蚀敏感性。晶界沉淀和晶间腐蚀曲线并不

重合，在低温下两者重合得较好，在高温时则有较大差异，这是由于在高温时析出的碳化物是孤立的颗粒，而且高温下 Cr 也易扩散，即使有碳化物沉淀也不易产生晶间腐蚀倾向。在中间的敏化温度范围内，容易析出连续的、网状的碳化物，故晶间腐蚀敏感性大。当低于敏化温度时，Cr 与 C 的扩散速度随温度的降低而变慢，需要更长的时间才能产生碳化物而析出，故而敏感性较低。

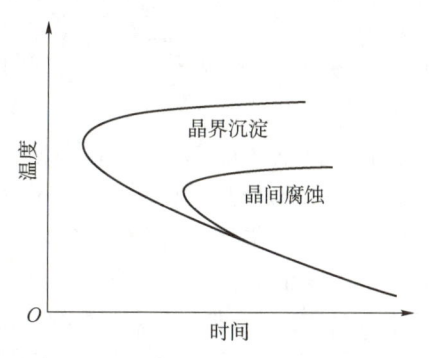

图 3-15　Cr18Ni9 钢晶界 $Cr_{23}C_6$ 沉淀与晶间腐蚀之间的关系

晶间腐蚀倾向与温度、时间关系的曲线，也称为温度-时间-敏化图（TTS 曲线）。利用 TTS 曲线，对制定正确的不锈钢热处理制度及焊接工艺、避免产生晶间腐蚀倾向、研究冶金因素对晶间腐蚀倾向的影响等有很大帮助。

3.6.3.2　合金成分

奥氏体不锈钢含碳量越高，晶间腐蚀倾向越严重，不仅产生晶间腐蚀倾向，而且使 TTS 曲线中的温度和时间范围扩大，增加晶间腐蚀敏感性；Cr、Mo 含量增高，有利于减弱晶间腐蚀倾向；Ni、Si 等不形成碳化物的元素，可促进碳的扩散及碳化物析出；Ti 和 Nb 可以在高温时形成稳定的碳化物 TiC 和 NbC，从而大大降低钢中的固溶碳量，使铬的碳化物难以析出。

3.6.4　防止晶间腐蚀的措施

防止晶间腐蚀的措施如下。

（1）降低含碳量。降低固溶体的含碳量，可以减少碳化铬的形成和沿晶界的析出，从根本上降低晶间腐蚀的敏感性，如采用超低碳不锈钢（含碳量小于 0.03%）。

（2）添加合金元素。加入与碳亲和力大的元素，如 Ti、Nb 等，它们能够和钢中的碳生成 TiC 及 NbC，该碳化物极其稳定，能够抑制固溶体中碳向晶界的扩散，但需要经过稳定化处理，即把含 Ti、Nb 的钢加热到 850～900 ℃，保温数小时，使 $Cr_{23}C_6$ 沉淀中的 C 充分转变成 TiC、NbC。

（3）进行合理的热处理。对于奥氏体不锈钢，要在 1 050～1 100 ℃ 进行固溶处理，使析出的碳化物溶解，快速冷却，能够使碳化物不析出或少析出。对于铁素体不锈钢，可以在 700～800 ℃ 进行退火处理，对含 Ti、Nb 的钢要进行稳定化处理。

（4）调整钢的成分。改变化学成分，使奥氏体不锈钢中存在少量的铁素体，构成双相钢，能够有效抵抗晶间腐蚀。由于铁素体在不锈钢中大多沿晶界形成，含铬量高，因而在敏化温度区间不至于产生严重的贫化。

3.7 应力作用下的局部腐蚀

金属材料通常是在各种应力与腐蚀介质的共同作用下工作的，因此导致的腐蚀称为应力作用下的局部腐蚀，它既不同于没有应力作用下的纯腐蚀，也不同于在没有腐蚀介质的环境中发生的纯力学断裂。腐蚀介质和机械应力的共同作用并不是简单的叠加作用，而是一个互相促进的过程，这两个因素的共同作用远远超出单个因素作用后简单相加的作用，其能够使金属产生严重的局部腐蚀，金属材料可以在远远低于材料的屈服强度或抗拉强度的条件下发生突然的、没有预兆的腐蚀破坏。根据金属受力状态的不同，如拉伸应力、交变应力、摩擦力以及振动力等，与环境介质共同作用，可造成金属材料的不同腐蚀形态，如应力腐蚀断裂、氢损伤、腐蚀疲劳、磨损腐蚀等。在材料断裂学科中，通常把这些由化学环境因素引起的开裂或断裂过程称为环境断裂。

3.7.1 应力腐蚀断裂

3.7.1.1 概述

应力腐蚀断裂是指受固定拉伸应力作用的金属材料在某些特定的腐蚀介质中，由于腐蚀介质与应力的协同作用而发生的脆性断裂现象，英文简称 SCC（Stress Corrosion Cracking）。一般情况下，金属的大多数表面未受到破坏，但一些细小的裂纹已贯穿到材料的内部，因为这种细微裂纹检测非常困难，而且其破坏也很难被预测，往往在整体材料全面腐蚀量极小的情况下，发生不可预见的突然断裂，因此应力腐蚀断裂被归为灾难性的局部腐蚀类型。应力腐蚀断裂的发生发展过程一般是构件表面产生裂纹源，并随着时间的延长做缓慢的亚临界扩展，经过较长时间，当裂纹扩大到临界尺寸时产生快速断裂，具有裂纹形成较慢、断裂较快的特点，这种类型的断裂一般被称为延滞断裂。应力腐蚀裂纹主要特点是：裂纹起源于表面；裂纹的长宽不成比例，相差几个数量级；裂纹扩展方向一般垂直于主拉伸应力的方向；裂纹一般呈树枝状。断口呈脆性断裂形貌，在微观组织上，这些裂纹呈沿晶或穿晶发展的结构，断口的裂纹源及亚临界扩展区因介质的腐蚀作用呈黑色或灰黑色。沿晶应力腐蚀断口具有冰糖状形貌，还能观察到二次沿晶裂纹特征，在晶界有较多腐蚀坑。穿晶应力腐蚀断口上常可观察到河流状花样和羽毛状花样，也可观察到腐蚀坑。

通过对黄铜的氨脆、锅炉钢的碱脆、低碳钢的硝脆、奥氏体不锈钢的氯脆等应力腐蚀断裂现象的研究，总结出产生应力腐蚀断裂需具备3个基本条件，即敏感材料、特定环境和拉伸应力，而且它们具有以下共同特征。

（1）每种合金的应力腐蚀断裂只是对某些特定的介质敏感，而在其他的介质中可能就不会发生应力腐蚀断裂的现象。表3-2列出了部分发生应力腐蚀断裂的合金环境体系组合。

表 3-2　部分发生应力腐蚀断裂的合金环境体系组合

合金	腐蚀介质
低碳钢	热硝酸盐溶液、碳酸盐溶液、过氧化氢
碳钢和低合金钢	氢氧化钠、三氯化铁溶液、氢氰酸、沸腾的42%氯化镁溶液、海水
高强度铜	蒸馏水、湿大气、氯化物溶液、硫化氢
奥氏体不锈钢	氯化物溶液、高温高压含氧高纯水、海水、含F^-、Br^-水溶液、$NaOH-H_2S$水溶液
铜合金	氨蒸气、汞盐溶液、含SO_2大气、氨溶液、三氯化铁、硝酸溶液
镍合金	氢氧化钠溶液、高纯水蒸气
铝合金	氯化钠水溶液、海水、水蒸气、含SO_2大气、熔融氯化钠、含Br^-或I^-水溶液
镁合金	硝酸、氢氧化钠、氢氟酸溶液、蒸馏水、海洋大气、SO_2-CO_2湿空气、$NaCl-K_2CrO_4$溶液
钛合金	含Cl^-、Br^-、I^-水溶液、N_2O_4、甲醇、三氯乙烯、有机酸

（2）发生应力腐蚀断裂必须要有应力存在，特别是拉伸应力。拉伸应力越大，则断裂所需时间越短。断裂所需应力一般低于材料的屈服强度。轧制、喷丸、球磨等工艺引起的压应力反而可能降低应力腐蚀的趋势，但也有研究者认为，在某些情况下压应力也能产生应力腐蚀裂纹，但发生的应力腐蚀断裂绝大多数都是由拉应力造成的。引起应力腐蚀断裂的应力来源有以下几个方面。首先是工作应力，即设备或结构在使用条件下外加载荷引起的应力。其次是残余应力，即金属设备或结构在生产、制造、加工过程中材料内残留的应力，如铸造、热处理、冷热加工变形、焊接、切削加工、安装与装配、表面处理以及电镀等工艺导致的热应力、相变应力、形变应力等。最后是闭塞的裂纹内的腐蚀产物因其体积效应，可在垂直裂纹面方向产生很大的楔入应力。这些类型的应力是可以代数叠加的，总的净应力便是应力腐蚀的推动力。

（3）应力腐蚀断裂是一种典型的滞后破坏，腐蚀裂纹要在固定拉伸应力与环境介质共同作用下，并经过一定的时间才能形成、发展和断裂。整个破坏过程可分成孕育期、裂纹扩展期、快速断裂期3个阶段。孕育期为裂纹萌生阶段，是裂纹源成核的时期，约占整个时间的90%；裂纹扩展期为裂纹成核后直至发展到临界尺寸的时期；快速断裂期为裂纹达到临界尺寸后，由于纯力学作用，裂纹失稳瞬间断裂的时期。

随着金属或合金所承受的张应力的增加，由应力腐蚀断裂引起的断裂时间通常会缩短。整个断裂时间与材料、环境、应力有关，短的几分钟，长的可达数年之久。在材料、环境一定的条件下，随应力降低，断裂时间延长，外加应力与断裂时间的关系曲线如图3-16所示。在大多数腐蚀体系中存在一个门槛应力或临界应力，低于这一临界值，则不

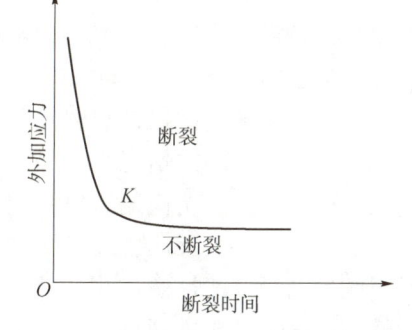

图 3-16　外加应力与断裂时间的关系曲线
（K为门槛应力式临界应力）

发生应力腐蚀断裂,在有裂纹和蚀坑的条件下,应力腐蚀断裂过程只有裂纹扩展期和快速断裂期两个阶段。应力腐蚀裂纹扩展速度一般为$10^{-8} \sim 10^{-6}$ m/s,远大于没有应力时的均匀腐蚀速度,但又远远小于单纯机械断裂速度。

3.7.1.2 应力腐蚀断裂机理

由于金属发生应力腐蚀断裂的因素非常复杂,研究的理论涉及电化学、断裂力学、冶金学等几个学科方向,因此诸多研究者提出很多种机理来解释应力腐蚀断裂现象,但迄今还没有得到被公认的统一机理,下面主要介绍普遍被接受的阳极溶解型机理。

阳极溶解型机理认为,在发生应力腐蚀断裂的环境里,金属通常被钝化膜覆盖,不与腐蚀介质直接接触,只有钝化膜遭受局部破坏后,裂纹才能形核,并在应力作用下裂纹尖端沿某一择优路径定向活化溶解,导致裂纹扩展,最终发生断裂。因此,应力腐蚀断裂经历了膜破裂、溶解、断裂这3个阶段。

(1) 膜局部破裂导致裂纹核心的形成。表面膜因电化学作用或机械作用发生局部破坏,使裂纹形核,另外也可以通过点蚀、晶间腐蚀等诱发应力腐蚀裂纹而形核。若腐蚀电位比点蚀电位更正,则局部的膜被击穿,形成点蚀,在应力作用下从蚀孔的根部诱发应力腐蚀裂纹。在不发生点蚀的情况下,若腐蚀电位处于活化-钝化或钝化-过钝化这样一些过渡电位区间,由于钝化膜处于不稳定状态,应力腐蚀裂纹容易在较薄弱的部位形核,如在晶界化学成分差异处引起晶间腐蚀。

应力腐蚀断裂进行要满足的条件是,金属在所处介质中的溶解必须是热力学上可能的,同时生成的保护膜必须是热力学上稳定的,这样裂纹尖端才能不断溶解,而裂纹侧壁保持钝化,保证裂纹向前发展。如不锈钢等能形成钝化膜金属的穿晶应力腐蚀很可能在活化-钝化过渡区和钝化-过钝过渡区进行,即图3-17中用虚线表示的电位区间,在这些区域,金属及合金钝化态和活化态的腐蚀速度相差很大,在活化-钝化过渡区和钝化-过钝化过渡区,材料处于活化腐蚀和钝化的过渡阶段,这就满足了裂纹壁成膜和裂纹尖端溶解可同时进行的条件,因而在活化-钝化过渡区以及钝化-过钝化区的狭窄电位区内容易发生应力腐蚀断裂。以上的分析可以解释为什么某种介质与某种材料组合更容易发生应力腐蚀断裂的特殊现象。

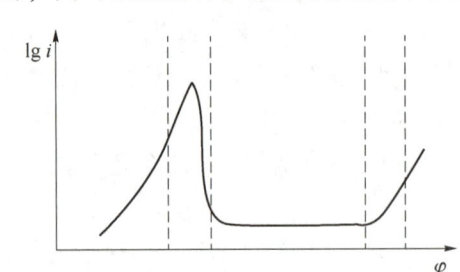

图3-17 应力腐蚀断裂的电位区间

(2) 裂纹尖端定向快速溶解导致裂纹扩展。只有在裂纹形核后裂纹尖端才高速溶解,而裂纹壁保持钝化态的情况下,裂纹才能不断地扩展。裂纹的特殊几何条件构成了一个闭塞区,存在裂纹尖端快速溶解的电化学条件,而应力与材料为快速溶解提供了择优腐蚀的途径。裂纹一旦形成,裂纹尖端附近的应变集中强化了裂纹尖端的溶解,其原因可能是裂纹尖端局部塑性区出现了极多的化学活性点,或降低了溶解的活化能,即应变产生活性溶解途径。显微观察证实:裂纹出现瞬间高的位错密度,大量位错沿滑移面连续到达裂纹尖端,并可因位错中心固有的化学活性和载运来的杂质原子而快速溶解。裂纹的两侧则受到钝化膜的保护,随着裂纹尖端的快速溶解和向前推进,裂纹两侧的金属将重新发生钝化。有资料报道，裂纹尖端的电流密度要比裂纹两侧高10^4倍，不仅裂纹尖端的塑性变形加速了阳极溶解，而且裂纹尖端的阳极溶解又有利于位错的发射、增殖和运动，促进了裂纹尖端局部塑性变形，使应变进一步集中。这样裂纹就不断地向深处扩展，最终导致金属断面的破裂。

3.7.1.3 防止应力腐蚀断裂的措施

由于应力腐蚀涉及环境、应力、材料3个方面，因而防止应力腐蚀也应从这3个方面来考虑。

（1）控制环境。每种合金都有其敏感的腐蚀介质，尽量减少和控制这些有害介质的数量；控制环境温度，如降低温度有利于减轻应力腐蚀断裂；降低介质的氧含量及升高pH值；添加适当的缓蚀剂，如在油田气中可以加入吡啶；使用有机涂层可将材料表面与环境隔离，或使用对环境不敏感的金属作为敏感材料的镀层等。

（2）控制应力。首先应该改进结构设计，在设计时应按照断裂力学进行结构设计，避免或减小局部应力集中的结构形式；其次进行消除应力处理，在加工、制造、装配中应尽量避免产生较大的残余应力，并可采取热处理、低温应力松弛法、过变形法、喷丸处理等方法消除应力。

（3）改善材料。首先是合理选材，在满足性能、成本等的要求下，结合具体的使用环境，尽量选择在该环境中尚未发生过应力腐蚀断裂的材料，或对现有可供选择的材料进行试验筛选，应避免金属或合金在易发生应力腐蚀断裂的环境介质中使用。其次开发新型耐应力腐蚀合金。同时，采用冶金新工艺减少材料中的杂质、提高纯度或通过热处理改变组织、消除有害物质的偏析、细化晶粒等方法，都能减少材料的应力腐蚀断裂敏感性。

此外，还可以采用电化学保护的方法。金属或合金发生应力腐蚀断裂和电位有关，有的金属/腐蚀体系存在临界断裂电位，有的存在敏感电位范围。例如，对于发生在两个敏感的电位区间的应力腐蚀断裂，可以进行阴极或阳极保护防止应力腐蚀断裂。但注意的是，某些合金的应力腐蚀断裂与氢脆相关，阴极保护电位不能低于析氢电位。

3.7.2 氢损伤

3.7.2.1 概述

氢损伤是指金属中含有氢或金属中的某些成分与氢反应，从而使金属材料的力学性能变坏的现象。氢损伤导致金属材料的韧性和塑性性能下降，易使材料断裂或脆断。氢损伤与氢脆的含义是不一样的，氢脆主要涉及金属材料脆性增加、韧性下降，而氢损伤含义要广泛得多，除涉及韧性降低、断裂外，还包括金属的其他物理性能下降。

根据氢引起金属破坏的条件、机理和形态，氢损伤可分为氢脆、氢鼓泡、氢腐蚀三类。氢脆是氢进入金属内部而引起韧性和抗拉强度下降；氢鼓泡是氢进入金属内部而使金属局部变形，严重时金属结构完全破坏；氢腐蚀是指高温下合金中的组分与氢反应，如含氧铜在氢作用下的碎裂，含碳钢的脱碳造成机械强度下降。

氢损伤是氢与材料交互作用引起的一种现象。氢的来源可分内氢和外氢两个方面。内氢

是指冶炼、铸造、热处理、酸洗、电镀、焊接等工艺过程中引入的氢。外氢或环境氢是指材料本身氢含量很小，但使用或试验中从能提供氢的环境吸收的氢，如与含氢的介质（H_2、H_2S）接触或在腐蚀、应力腐蚀过程中，若存在氢还原的阴极反应，部分氢原子也会进入金属中。由于氢和金属的交互作用，氢可以以 H、H^+、H^-、H_2、金属氧化物、固溶体化合物、碳氢化合物（如 CH_4 气体）、氢气团等多种形式存在。氢在金属中的分布是不均匀的，易在应力集中的位错、裂纹尖端等缺陷区域扩散和富集。

3.7.2.2 氢损伤机理

关于金属材料的氢损伤机理的理论较多，但是各具特点，且均存在局限性。下面简要介绍氢脆、氢鼓泡及氢腐蚀的机理。

(1) 氢脆机理。氢脆是指氢扩散到金属中以固溶态存在或生成氧化物而导致材料断裂的现象。氢脆机理大多数认为是溶解氢对位错滑移的干扰，这种滑移干扰可能是由于氢集结在位错或显微空穴的附近，但是精确的机理仍然没有搞清楚。关于氢脆机理的理论主要有以下几种。第一种是原子氢与位错的交互作用机理。该理论认为，因各种原因进入金属内部的氢原子存在于点阵的空隙处，在应力的作用下，氢原子会向缺陷或裂纹前的应力集中区扩散，阻碍了该地区的位错运动，从而造成局部加工硬化，提高了金属抵抗塑性变形的能力，也称为氢钉扎理论。因此，在外力作用下，能量只能通过裂纹扩展释放，故氢的存在加速了裂纹的扩展。第二是氢压理论。该理论认为，当点阵中氢超过固溶度时，金属中过饱和的一部分氢就会在晶界、孔洞或其他缺陷处析出，再结合成氢分子，结果在这些地方形成很高的氢气压，当压力超过材料的破坏应力时就会产生裂纹，导致脆性断裂。第三是氢化物形成理论。该理论认为，金属或合金中某些元素与氢或氢化物发生反应，生成新的氢化物，从而造成延展性和韧性的降低，以致造成脆性断裂。

(2) 氢鼓泡机理。氢鼓泡是指过饱和的氢原子在缺陷位置析出后，形成氢分子，在局部区域造成高氢压，引起表面鼓泡或形成内部裂纹，使钢材撕裂开来的现象，又被称为氢诱发断裂。

由于腐蚀反应或阴极保护，氢原子在内表面析出，有许多氢原子扩散通过钢壁，在外表面结合成氢分子，而有一定浓度的氢原子扩散到一个空穴内，结合成氢分子。因为氢分子不能在空穴内向外扩散，所以空穴内的氢浓度和压力上升。当钢中氢浓度达到某个临界值时，氢压足以诱发裂纹，在氢源不断向裂纹中提供 H_2 的情况下，裂纹不断扩展。

(3) 氢腐蚀机理。氢腐蚀是指在高温高压条件下，氢原子进入金属，发生合金组分与氢原子的化学反应，生成氢化物等，从而导致合金强度下降，发生沿晶界断裂的现象。氢腐蚀中伴随着化学反应，如含氧铜与氢原子反应，生成水分子高压气体；又如，碳钢中渗碳体与氢原子反应，生成甲烷高压气体，反应过程为

$$2H + Cu_2O \longrightarrow 2Cu + H_2O \tag{3-13}$$

$$4H + Fe_3C \longrightarrow 3Fe + CH_4 \tag{3-14}$$

在高温高压含氢条件下，氢分子扩散到钢的表面，并产生物理吸附，被吸附的部分氢分子转变为氢原子，并经化学吸附，然后直径很小的氢原子会通过晶格和晶界向钢内扩散。固溶的氢与渗碳体反应生成甲烷，甲烷在钢中扩散能力很低，聚集在晶界原有的微观空隙内。反应进行过程中，该区域的碳浓度降低，其他位置上的碳通过扩散给予不断补充。这样甲烷

量不断增多,形成局部高压,造成应力集中,使该处发展为裂纹,当气泡在晶界上达到一定压力后,造成沿晶断裂和脆化。

3.7.2.3　影响氢损伤的因素

（1）氢含量。氢含量增加,氢损伤敏感性加大,钢的临界应力下降,延伸率减小。当 H_2 中含有适量 O_2、CO、CO_2 时,将会大大抑制氢损伤滞后断裂过程,因为钢表面吸附这些物质分子将会造成对氢原子的竞争吸附,阻止了对氢的吸附。

（2）温度。随着温度的升高,氢的扩散加快,使钢中含氢量下降,氢脆敏感性降低,当温度高于 65 ℃时,一般就不易产生氢脆。当温度过低,氢在钢中的扩散速度大大降低,也使氢脆敏感性下降,故氢脆一般在 -30~30 ℃易于产生。但对于氢损伤,如氢与合金中成分的反应如脱碳过程,则必须在高温高压下才会发生,这是由于高温下化学反应活化能会降低。

（3）溶液 pH 值。酸性条件能够加速氢的腐蚀,随着 pH 值的降低,断裂时间缩短,当 pH>9 时,则不易发生断裂。

（4）合金成分。一般 Cr、Mo、W、Ti、V、Nb 等元素,能够和碳形成碳化物,因此可以细化晶粒,提高钢的韧性,对降低氢损伤敏感性是有利的,而 Mn 能够使临界断裂应力降低,故加入钢中是有害的。

3.7.2.4　防止氢损伤的措施

（1）选用耐氢脆合金。通过调节合金成分和热处理可获得耐氢脆的金属材料。例如,最易产生氢脆的材料是高强钢,加入镍或钼可减小氢脆敏感性;加入 Cr、Al、Mo 等元素则会在钢表面形成致密的保护膜,阻止氢向钢内扩散,加入少量低析氢过电位金属 Pt、Pd 和 Cu 等,能吸附氢原子并很快形成氢分子逸出;加入 Ti、B、V 和 Nb 等碳化物稳定性元素,将促使钢中的碳形成稳定碳化物,降低钢中 CH_4 的生成率。采用含 Cu 的钢,则在含有 H_2S 水介质中形成致密的 CuS 产物,降低氢诱发断裂倾向。马氏体钢对氢脆特别敏感,如果将马氏体结构改变为珠光体结构,则氢脆敏感性降低。碳钢经过热处理后生成球化的碳结构,对氢脆有较高的稳定性。

（2）添加缓蚀剂或抑制剂。在水溶液中一般采取加入缓蚀剂的方法,抑制钢中氢的吸收量,减小腐蚀速度和氢离子还原速度。例如在酸洗时,应在酸洗液中加入微量锡盐,锡在金属表面的析出,阻碍了氢原子的生成和渗入金属。在气态氢中,一般加入氧作为抑制剂,由于氧的加入,氧原子优先在裂纹尖端吸附,生成具有保护性的膜,从而阻止了氢向金属内部的扩散。

（3）合理的加工和焊接工艺。可以通过改善冶炼、热处理、焊接、电镀、酸洗等工艺条件,以减小带入的氢量,例如工业上常常采用烘烤除氢的方法恢复钢材的力学性能。采用真空冶炼、真空重熔、真空脱气、真空浇注等冶金新工艺,提高材质,避免氢的带入,改善高强度钢滞后断裂的敏感性。焊接时采用低氢焊条,并保持干燥条件进行焊接。电镀时使用低氢脆工艺,提高电镀的电流效率,减少氢的析出,对高强度钢采用合金电镀、离子镀和真空镀等。酸洗时合理选用缓蚀剂,减小腐蚀速度。

3.7.3 腐蚀疲劳

3.7.3.1 概述

机械部件在使用过程中都会遇到疲劳的问题，若由腐蚀介质引起疲劳性能的降低，则称为腐蚀疲劳。它是指在循环应力与腐蚀介质联合作用下发生的断裂现象，是疲劳的一种特例。

腐蚀疲劳的疲劳曲线（S-N 曲线）与一般力学疲劳的疲劳曲线形状有所不同，如图 3-18 所示，腐蚀疲劳曲线比纯力学疲劳曲线的位置低，尤其在低应力、高循环次数下曲线的位置更低。纯力学疲劳有疲劳极限，只有在疲劳极限以上的应力才产生疲劳断裂，而在腐蚀介质中很难找到真正的疲劳极限，只要循环次数足够多，腐蚀疲劳将会在任何应力下发生。在应力作用下通常能起阻滞作用的腐蚀产物膜很容易遭受破坏，使新鲜金属表面不断暴露。

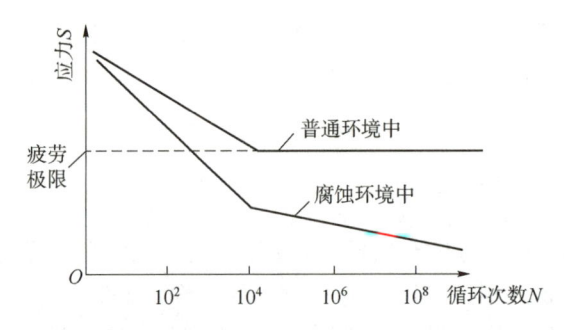

图 3-18　钢的腐蚀疲劳曲线与一般力学疲劳曲线的区别

在工程技术上腐蚀疲劳是造成安全设计的金属结构发生突然破坏的最普遍原因。例如，由于油井盐水的腐蚀作用，钢制油井活塞杆只有很短的使用寿命，船用螺旋桨、矿山上用的牵引钢丝绳、汽车弹簧、内燃机连杆、汽轮机转子、转盘等都会发生腐蚀疲劳。此外，腐蚀疲劳在化学工业、原子能工业、航天工业中也都会发生。由此可见腐蚀疲劳的巨大危害性。

纯力学疲劳破坏的特征为断面大部分是光滑的，少部分是粗糙面，断面呈现一些结晶形状，部分呈脆性断裂，裂纹两侧断面相互摩擦而呈光亮状。腐蚀疲劳破坏的金属内表面，大部分面积被腐蚀产物所覆盖，少部分呈粗糙碎裂区，裂纹两侧断口由于有腐蚀产物而发暗。其断面常常带有纯力学疲劳的某些特点，断口多呈贝壳状或有疲劳纹，除了最终造成断裂的一条裂纹外，还存在大量的裂纹。除铅和锡外，其他金属的腐蚀疲劳裂纹都贯穿晶粒，而且只有主干，没有分支，裂纹尖端较钝。

腐蚀疲劳和应力腐蚀断裂所产生的破坏有许多相似之处，但也有不同之处。腐蚀疲劳裂纹虽也多呈穿晶形式，但除主干外，一般很少再有明显的分支。此外，这两种腐蚀破坏在产生条件上也很不相同。例如，纯金属一般很少发生应力腐蚀断裂，但是会发生腐蚀疲劳，应力腐蚀断裂只有在特定的介质中才出现，而引起腐蚀疲劳的环境是多种多样的，不受介质中特定离子的限制。应力腐蚀断裂需要在临界值以上的净拉伸应力或低交变速度的动应力下才能产生；而腐蚀疲劳在交变应力下发生，在净应力下却不能发生。在腐蚀电化学行为上两者差别更大，应力腐蚀断裂大多发生在活化-钝化区或钝化-过钝化区，在活化区则难以发生，但腐蚀疲劳在活化区和钝化区都能发生。

3.7.3.2 腐蚀疲劳机理

腐蚀疲劳的交变应力如何诱发腐蚀疲劳裂纹有很多机理，下面介绍一下 T. Pyle 的由滑移台阶的溶解而促进腐蚀疲劳裂纹形成的模型。腐蚀疲劳的全过程包括疲劳源的形成、疲劳裂纹的扩展和断裂破坏。在循环应力作用下，金属内部晶粒发生相对滑移，腐蚀环境使滑移台阶处金属发生活性溶解，促使塑性变形。图 3-19 是腐蚀疲劳裂纹的形成过程示意图。在腐蚀介质中预先生成蚀孔（疲劳源）是发生腐蚀疲劳的必要条件，在应力作用下蚀孔处优先发生滑移，形成滑移台阶，滑移台阶上发生金属阳极溶解，在反方向应力的作用下金属表面形成初始裂纹。疲劳裂纹的扩展速度随疲劳应力强度因子的变化而越来越快，当最大交变应力强度因子接近材料的断裂韧性值时，疲劳裂纹的扩展速度随疲劳应力强度因子的增高而迅速增大，直至失稳断裂。

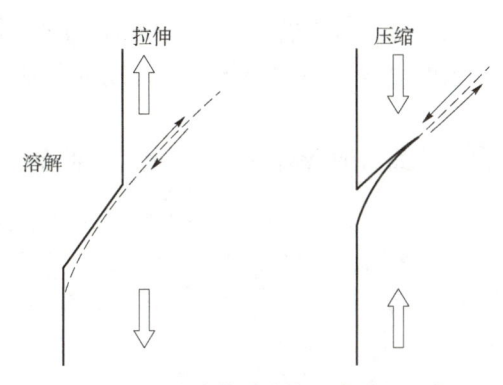

图 3-19 腐蚀疲劳裂纹的形成过程示意图

3.7.3.3 影响腐蚀疲劳的因素

（1）力学因素。应力交变速度越大，则裂纹的扩展速度越慢，金属可以经受更长的应力循环。当应力交变速度降低时，一般使裂纹扩展速度加快，因为在较低速度裂纹与腐蚀介质接触的时间变长。当应力交变速度极低时，则要看是否存在应力腐蚀断裂的敏感性，此时可能腐蚀疲劳和应力腐蚀断裂共同作用。此外，应力的波形也对腐蚀疲劳有影响，正脉冲波和负锯齿波对耐腐蚀疲劳性能影响小，而三角波、正弦波和正锯齿波对耐腐蚀疲劳性能影响大。

（2）材料因素。耐蚀性较好的金属对腐蚀疲劳的敏感性较小，耐蚀性较差的金属对腐蚀疲劳的敏感性较大。因而，如果添加的合金元素能提高材料耐蚀性，则对耐腐蚀疲劳有益处。

（3）环境因素。一般来说，随温度升高，材料的耐腐蚀疲劳性能下降，而对纯疲劳性能影响较小。介质的腐蚀性越强，腐蚀疲劳强度越低，但腐蚀性过强时，形成疲劳裂纹的可能性减少，反而使裂纹扩展速度下降。对于 pH 值的影响，一般在较低 pH 值时，疲劳寿命较低，随 pH 值加大，疲劳寿命逐渐增加；当 pH>12 时，则与纯疲劳寿命相同。对于可钝化金属，添加氧化剂可以提高耐腐蚀疲劳性能；对于非可钝化金属，则在水溶液中进行除氧处理可以提高金属的耐腐蚀疲劳性能。

（4）外加极化因素。阴极极化可使裂纹扩展速度明显降低，甚至接近空气中的疲劳强度，但阴极极化进入析氢电位区后，对高强度钢的腐蚀疲劳性能会产生有害作用。对处于活化态的碳钢而言，阳极极化加速腐蚀疲劳，但对在能够钝化的不锈钢来说，阳极极化可提高耐腐蚀疲劳性能。

3.7.3.4　防止腐蚀疲劳的措施

（1）选用较耐蚀材料，提高表面光洁度，避免形成缝隙，如选用 Monel 合金以及不锈钢等。

（2）通过表面涂层和镀层改善材料的耐蚀性，可以改善材料的耐腐蚀疲劳性能，如镀锌钢材在海水中的疲劳寿命显著延长。

（3）电化学保护，如对碳钢可实行阴极保护，对不锈钢可实行阳极保护。

（4）通过氮化、喷丸和表面淬火等表面硬化处理，使压应力作用于材料表面，对提高材料耐腐蚀疲劳性能有益。

（5）使用缓蚀剂进行保护，如添加重铝酸盐可以提高碳钢在盐水中的耐腐蚀疲劳性能。

3.7.4　磨损腐蚀

3.7.4.1　概述

磨损腐蚀是指，在腐蚀介质的电化学腐蚀作用以及电解质与腐蚀表面间的相对运动的力学作用的共同作用下，造成腐蚀加速的现象。由于电解质和腐蚀表面存在机械磨损和磨耗作用的高速运动，因此能使金属腐蚀比处于单独的电化学腐蚀时严重得多。工业生产中的设备和构件，如船舶的螺旋桨推进器，磷肥生产中的料浆泵叶轮，热交换器的入口管、弯管、弯头及其他的管道系统等，都会在工作过程中遭受不同程度的磨损腐蚀。磨损腐蚀特别容易发生在诸如管道（特别是弯头和接口）、阀、泵、喷嘴、热交换器、涡轮机叶片、挡板和粉碎机等部位。冲击腐蚀和空泡腐蚀是磨损腐蚀的特殊形式，造成冲击腐蚀损坏的流动介质包括气体、水溶液体系（特别是含有固体颗粒、气泡的液体）。当流体的运动速度加快，同时又存在机械磨损和磨耗的作用下，金属以水化离子的形式溶解进入溶液，在不同于纯机械力的破坏作用下，金属以粉末形式脱落。

3.7.4.2　磨损腐蚀的形式

常见的磨损腐蚀有湍流腐蚀、空泡腐蚀和摩振腐蚀等 3 种腐蚀形式。

（1）湍流腐蚀。许多磨损腐蚀的产生是由流体从层流转为湍流造成的，湍流使金属表面液体的搅动比层流时更为剧烈，结果使金属与介质的接触更为频繁，湍流不仅加速了腐蚀剂的供应和腐蚀产物的迁移，而且附加了一个液体对金属表面的切应力。这个切应力很容易将腐蚀产生的腐蚀产物从金属表面剥离,并让流体带走,露出新鲜的活性金属基体表面,在腐蚀介质的电化学腐蚀作用下,腐蚀加剧。湍流腐蚀的外表特征是光滑的金属表面层呈现带有方向性的槽、沟和山谷形,而且一般按流体的流动方向切入金属表面层,如图3-20所示。如果流体中含有气泡或固体颗粒,还会使切应力的力矩得到加强,使金属表面磨损腐蚀更加严重。

湍流腐蚀大都发生在设备或部件的某些特定部位,介质流速急剧增大形成湍流。除流体速度较大外,构件形状的不规则也是引起湍流腐蚀的一个重要条件,如泵叶轮、蒸汽透平机的叶片等构件就是形成湍流的典型不规则的几何构型。在输送流体的管道内,当流体按水平方向或垂直方向运动时,管壁的腐蚀是均匀减薄的,但在流体突然被迫改变方向的部位,如弯管、U形换热管等拐弯部位,其管壁就要比其他部位的管壁迅速减薄,甚至穿孔。

(2)空泡腐蚀。空泡腐蚀是在高速流体和腐蚀的共同作用下产生的,如船舶螺旋桨推进器,涡轮叶片和泵叶轮等这类构件中的高速冲击和压力突变的区域,最容易产生这种腐蚀。这种金属构件的几何外形未能满足流体力学的要求,使金属表面的局部地区产生涡流,在低压区引起溶解气体的析出或介质的汽化。这样接近金属表面的液体不断有蒸气泡的形成和崩溃,而气泡破灭时产生冲击波,破坏金属表面保护膜,如图3-21所示。通过试验计算,冲击波对金属施加的压力可达到 14 kg/mm^2,这个压力足以使金属发生塑性变形,在遭受空泡腐蚀的金属表面可观察到有滑移线出现。

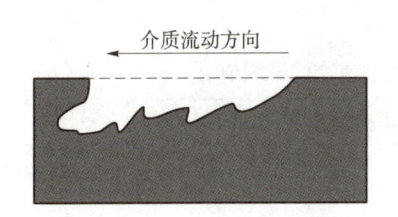

图 3-20　湍流腐蚀示意图

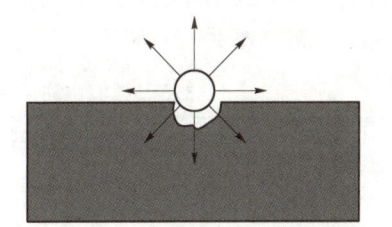

图 3-21　空泡腐蚀示意图

(3)摩振腐蚀。摩振腐蚀又称振动腐蚀、微动腐蚀、摩擦氧化,是指两种金属或一种金属与另一种非金属材料在相接触的交界面上有负载的条件下,发生微小的振动或往复运动而导致金属的破坏,如图3-22所示。负载和交界面的相对运动造成金属表面层呈现麻点或沟纹,在这些麻点和沟纹周围充满腐蚀产物。这类腐蚀大多数发生在大气条件下,腐蚀结果可使原来紧密配合的组件松散或卡住,腐蚀严重的部位往往容易发生腐蚀疲劳。在机械装置、螺栓组合件以及滚珠或滚柱轴承中容易出现这种腐蚀。

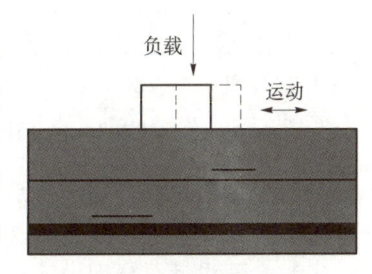

图 3-22　摩振腐蚀示意图

3.7.4.3　影响磨损腐蚀的主要因素

(1)金属或合金的性质。金属或合金的化学成分、耐蚀性、硬度和冶金过程,都能影响这些材料在磨损腐蚀条件下的行为。总的来说,耐蚀性越好的材料,其抗磨损腐蚀性能也越好,这是因为金属表面有一层保护性较好的表面膜。所以,金属的抗磨损腐蚀性能与表面膜的质量有很大关系。例如,使用中发现,18-8不锈钢的泵叶轮输送腐蚀性强的氧化性介

质时，其使用寿命要比输送还原性介质长得多。其原因就在于，碳钢在氧化性介质中能够生成稳定的钝化膜，钝化膜损坏也容易得到修复；相反，在还原性介质中所形成的表面膜性能很不稳定，膜损坏后也不易得到修复。此外，在合金中加入第三种元素，常能增加抗磨损腐蚀性能。如果在 18-8 不锈钢中加入少量的钼，制成 316 不锈钢，由于合金表面生成了更稳定的钝化膜，抗磨损腐蚀性能将有明显的提高。铜镍合金中加入少量的铁后，其在海水中的抗磨损腐蚀性能也会有所提高。

硬度是衡量金属力学性能的一项重要指标，也可用来判断抗机械磨损的性能。硬度高的合金，其抗磨损性能优于硬度低的合金，但不一定耐蚀性也好。在设计合金成分时，只有兼顾硬度与耐蚀性两项指标，才能取得满意的效果。例如，将一种金属元素加到另一种金属元素中，只要能产生一种既耐腐蚀又有硬度的固溶体，就可达到目的。含硅 14.5% 的高硅铸铁，在铁被腐蚀后，剩下由石墨骨架和腐蚀产物组成的石墨化层，具有优良的抗磨损腐蚀性能，是除贵金属以外耐蚀性最全面的合金，也是能用于许多严重磨损条件下的唯一合金。

（2）流速。介质的流速在磨损腐蚀中起重要作用。表 3-3 是海水的流速对各种金属腐蚀速度的影响情况。数据表明，增加流速对不同金属的腐蚀速度起不同的作用，且在临界速度之前可能没有影响或上升很慢，当达到某一临界值时发生了破坏性腐蚀。例如，当流速由 0.305 m/s 增至 1.22 m/s 时，影响不大，但是当流速到达 8.23 m/s 时，腐蚀严重。硅青铜和海军黄铜在流速不太大时，耐蚀性较好，当达到高流速时，腐蚀也相当严重。随流速增大，它们的腐蚀速度增加了几倍到几十倍。而且，在某一临界流速前，腐蚀速度增长较慢，达到这个速度后，腐蚀速度大大加快。

表 3-3　海水的流速对各种金属腐蚀速度的影响情况

材料	不同流速下的典型腐蚀速度/(mg·dm^{-2}·d^{-1})		
	0.305 m/s	1.22 m/s	8.23 m/s
碳钢	34	72	254
铸铁	45	—	270
硅青铜	1	2	343
海军黄铜	2	20	170

3.7.4.4　防止磨损腐蚀的措施

（1）合理选材。合理选材是解决多数磨损腐蚀的经济方法，应针对具体使用条件，查阅有关手册资料进行选择。有些情况下要研制新的材料。

（2）合理设计。合理设计是控制磨损腐蚀的重要手段，能使现用的或价格较低廉的材料大大延长寿命。例如，增大管径可减小流速，并保证层流；增大直径并将弯头制成流线型，可减少冲击作用；增加材料厚度可使易受破坏的地方得到加固。对于船舶的螺旋桨推进器，如果从设计上使其边缘呈圆形，就有可能避免或减缓空泡腐蚀。应避免流动方向的突然改变，能够导致湍流、流体阻力和障碍物的设计是不符合要求的。

（3）阴极保护。例如，可在冷凝器一端采用钢制花板，以对海水热交换器不锈钢管束的入口端提供阴极保护。

（4）表面处理。对于空泡腐蚀来说，为了避免气泡形成的核心，应采用光洁度高的加工表面。对于摩振腐蚀来说，为了减小紧贴表面间的摩擦及排除氧的作用，应采用合适的润滑油脂，或者表面处理成加入适当润滑剂的磷酸盐涂层。

3.8 选择性腐蚀

合金中某一个成分或组织优先腐蚀，另一个成分或组织不腐蚀或很少腐蚀，这种现象称为选择性腐蚀。例如，黄铜脱锌、铝青铜脱铝等属于成分选择性腐蚀，灰口铸铁的石墨化腐蚀等属于组织选择性腐蚀。

3.8.1 组织选择性腐蚀

组织选择性腐蚀是指多相合金在特定介质中，某一相优先发生腐蚀的现象，如灰口铸铁的石墨化腐蚀。灰口铸铁中的石墨以网络状分布在铁素体组织内，在盐水、土壤或极稀的酸性等介质溶液中，灰口铸铁中的石墨成为阴极，基体铁素体组织成为阳极，铁素体发生选择性腐蚀，而石墨沉积在灰口铸铁的表面。铁素体被溶解后，基体中只剩下石墨和铁锈，成为石墨、孔隙和铁锈构成的多孔体。因此产生这种腐蚀时，灰口铸铁外形虽未变，但已经失去金属强度，很容易发生破损，故称为石墨化腐蚀。石墨化腐蚀是一个缓慢的过程，如果处于能使金属迅速腐蚀的环境中，则灰口铸铁将发生整个表面的均匀腐蚀，而不是石墨化腐蚀。

另一个常见的组织选择性腐蚀是 α+β 双相黄铜在酸溶液中的腐蚀。含 38%~47% 锌的黄铜是 α+β 双相黄铜，这种黄铜以 Cu、Zn 金属间化合物为基体的固溶体。这类黄铜热加工性能好，多用于热交换器，但是含 Zn 量超过 35% 的 α+β 双相黄铜往往出现严重脱 Zn 腐蚀，β 相相对于 α 相的锌含量高，相对不耐蚀，优先腐蚀，即富 Zn 的 β 相先腐蚀脱锌，然后蔓延到 α 相脱锌。此外，在奥氏体-铁素体不锈钢在一定的介质条件下也发生组织选择性腐蚀。

从电化学原理来说，组织选择性腐蚀是由多相合金在恒电位下腐蚀时两相的溶解电流悬殊所致。多相合金的电化学腐蚀属于短路电池腐蚀，可看作完全极化体系，腐蚀时各相均极化到同一电位，故可以认为是恒电位下的腐蚀过程。

3.8.2 成分选择性腐蚀

3.8.2.1 概述

成分选择性腐蚀是指单相合金腐蚀时，固溶体中各成分不是按照合金成分的比例溶解，而是相对不耐蚀的成分优先溶解。黄铜脱锌就是这类腐蚀的典型的例子，此外还有青铜脱锡、Cu-Ni 合金脱镍、Ag-Au 合金脱银、Cu-Au 合金脱铜、Al-Ni 合金脱铝等。一种多元合金中较活泼组分的优先溶解过程是由化学成分的差异而引起的。多元合金在腐蚀介质中，电位较正的金属为阴极，电位较负的金属为阳极，构成腐蚀电池，电位较正的金属保持稳定或重新沉淀，而电位较负的金属发生溶解。

黄铜是 Cu 与 Zn 的合金。锌含量少于 15% 的黄铜称为红铜，一般不产生脱锌腐蚀；含 Zn 30%~33% 的黄铜多用于制作弹壳。这两类黄铜都是 Zn 在 Cu 中的固溶体合金，因其含锌量较低故称为 α-黄铜。加锌可提高铜的强度及耐磨损腐蚀性能，但随锌含量的增加，脱锌腐蚀及应力腐蚀断裂将变得严重。黄铜脱锌，即锌被选择性溶解，而留下多孔的富铜区，从而导致合金强度大大下降。黄铜脱锌有 3 种形态，如图 3-23 所示。第 1 种是均匀的层状脱锌，如图 3-23（a）所示，腐蚀沿表面发展，但较均匀，多发生在处于酸性介质的含锌量较高的合金中；第 2 种是带状脱锌，如图 3-23（b）所示，腐蚀沿表面发展，但不均匀，呈带状；第 3 种是栓塞状脱锌，如图 3-23（c）所示，腐蚀在局部发生，向深处发展，此种形态易发生在处于中性、弱酸性介质的含 Zn 量较低的黄铜中，如海水热交换器的黄铜材料经常发现存在这类脱锌腐蚀。

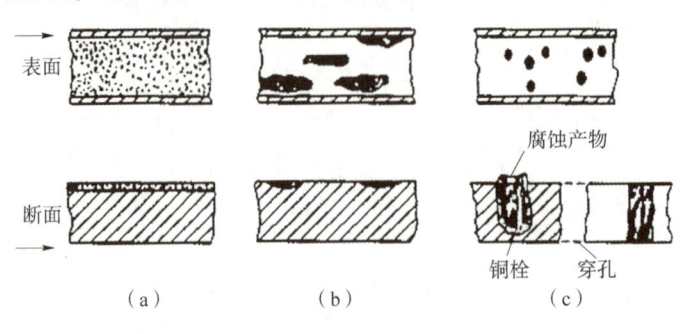

图 3-23 黄铜脱锌的 3 种形态
（a）层状脱锌；（b）带状脱锌；（c）栓塞状脱锌

3.8.2.2 黄铜脱锌的机理

黄铜脱锌是一个复杂的电化学过程，而不是一个简单的活泼金属分离过程。研究者对黄铜脱锌的机理认识尚不一致，一般认为黄铜脱锌分 3 步：黄铜溶解；锌离子留在溶液中；铜重新沉积到基体上。

脱锌反应为

阳极反应：
$$Zn \longrightarrow Zn^{2+}+2e^-$$
$$Cu \longrightarrow Cu^++e^- \tag{3-15}$$

阴极反应：
$$1/2O_2+H_2O+2e^- \longrightarrow 2OH^- \tag{3-16}$$

Zn^{2+} 留在溶液中，而 Cu^+ 迅速与溶液中氯化物作用，形成 Cu_2Cl_2，接着 Cu_2Cl_2 分解：

$$Cu_2Cl_2 \longrightarrow Cu+CuCl_2 \tag{3-17}$$

这里的 Cu^{2+} 的析出电位比合金腐蚀电位高，所以 Cu^{2+} 参加阴极还原反应：

$$Cu^{2+}+2e^- \longrightarrow Cu \tag{3-18}$$

因此 Cu 又沉淀到基体上，总的效果是黄铜中的锌发生了选择性溶解，而多孔状的铜则残留在基体中。

为了降低黄铜脱锌腐蚀，往往在黄铜中加入砷元素。砷的作用是在合金表面形成保护膜，从而阻止铜的沉积，它能抑制中间产物 Cu_2Cl_2 的分解，降低 Cu^{2+} 的浓度。α-黄铜在氯化物中电位低于 Cu^{2+}/Cu 的电位，而高于 Cu^+/Cu 的电位，即只有前者能被还原。因此，对于 α-黄铜，必须先由 Cu_2Cl_2 形成 Cu^{2+} 中间产物，脱锌过程才能发展下去。砷抑制了 Cu^{2+} 的产生，也就抑制了 α-黄铜的脱锌，加锑或磷也有同样效果。

3.8.2.3 防止黄铜脱锌的措施

（1）采用脱锌不敏感的合金。例如，含 Zn 15% 的黄铜几乎不脱锌。在容易发生脱锌腐蚀的环境下，关键部件常采用锡镍合金（含 Cu 70%~90%、Ni 10%~30%）来制造。

（2）加入某些合金元素，改善黄铜耐选择性腐蚀性能。通常是在黄铜中加入少量砷（0.04%），可有效地防止黄铜脱锌。例如，含 Cu 70%、Zn 29%、Sn 1% 和 As 0.04% 的海军黄铜是抗脱锌腐蚀的优质合金。

习题

1. 比较局部腐蚀和全面腐蚀特征，发生局部腐蚀的原因是什么？二者在腐蚀控制上有何不同？
2. 什么是电偶腐蚀？什么是阴极保护作用？什么是差异效应？分别用腐蚀极化图说明。
3. 建立电偶序表有什么意义？阴阳极面积比对电偶腐蚀有什么影响？
4. 什么是点蚀？它的主要特征是什么？以奥氏体不锈钢在充气的氯化钠溶液中的点蚀来说明点蚀机理。
5. 什么是点蚀电位和保护电位？二者与点蚀发生、发展有什么关系？影响点蚀的因素是什么？采取何种措施可以防止点蚀？
6. 缝隙腐蚀的特征是什么？以碳钢在海水中的缝隙腐蚀为例简要说明腐蚀机理。
7. 比较缝隙腐蚀和点蚀的异同。
8. 什么是丝状腐蚀？它有什么特征？简要说明丝状腐蚀的机理。
9. 晶间腐蚀有何特征？以奥氏体不锈钢为例说明晶间腐蚀的机理。铁素体不锈钢和不锈钢焊接产生晶间腐蚀的原理是什么？
10. 影响晶间腐蚀的主要因素有哪些？防止晶间腐蚀可采用哪些措施？
11. 什么是应力腐蚀断裂？产生应力腐蚀断裂的条件是什么？有何特征？
12. 影响应力腐蚀断裂的因素有哪些？采用何种措施可以防止应力腐蚀断裂？
13. 什么是氢损伤？它有几种类型？影响氢损伤的因素是什么？对氢损伤的控制，可采取哪些措施？
14. 什么是腐蚀疲劳？腐蚀疲劳有什么特征？腐蚀疲劳机理是什么？影响腐蚀疲劳有哪些因素？有何规律？采取哪些具体措施可防止腐蚀疲劳？
15. 什么是磨损腐蚀？它有几种特殊的破坏形式？发生这类腐蚀的条件是什么？针对湍流腐蚀、冲击腐蚀、空泡腐蚀、摩振腐蚀应采取哪些具体措施进行腐蚀控制？
16. 什么是选择性腐蚀？包括哪两种类型？黄铜脱锌有哪3种特征？黄铜脱锌的机理是怎样的？采用什么措施防止黄铜脱锌？

第 4 章　金属在各种环境中的腐蚀

> **课程思政**
>
> 　　腐蚀与防护技术抑制金属在各种环境中的腐蚀——金属在大气、海水、土壤和人体环境中面临着不同的腐蚀。首先，金属主要存在由氧气、水蒸气和其他气体（如二氧化硫、氮氧化物等）引起的大气腐蚀。腐蚀过程中，金属表面会形成一层氧化物或者盐类的覆盖层，这些覆盖层可以防止进一步的腐蚀，但如果其受到损伤或者金属表面存在缺陷，腐蚀会加速进行。其次，海水中不仅含有氯离子和其他溶解盐类，这些物质会与金属表面发生反应，导致金属腐蚀，而且在海洋中存在氧化还原电位差，此时腐蚀速度更快。最后，土壤腐蚀主要受土壤的成分、含氧量和湿度等因素的影响，酸性土壤中的酸性物质、含硫化合物等，都会对金属材料产生腐蚀作用。此外，土壤中的湿度也是影响腐蚀速度的重要因素，湿度越高，腐蚀速度越快。中共二十大强调创新是推动发展的重要力量，我们积极倡导采用新型防腐技术，如合金材料、涂层等，解决金属在各种环境中的腐蚀问题。从多种角度为同学们展示金属在各种环境中的腐蚀程度，从而使学生对金属的腐蚀有更深入的了解，激发学生的探索研究兴趣。

4.1　大气腐蚀

　　金属材料或构筑物在大气条件下发生化学或电化学反应引起的破损称为大气腐蚀。大气腐蚀是常见的一种腐蚀现象，全世界在大气中使用的钢材量一般超过其生产总量的 60%。例如，钢梁、钢轨、各种机械设备、车辆等都是在大气环境下使用的。据统计，因大气腐蚀而损失的金属约占总腐蚀量的 50% 以上，因此了解和研究大气腐蚀的机理、影响因素及防止方法是非常必要的。

4.1.1　大气腐蚀的分类

　　从全球范围看，大气的主要成分几乎是不变的，其基本组成如表 4-1 所示，只有其中的水分含量将随地域、季节、时间等条件而变化。主要参与大气腐蚀过程的是氧和水，其次是二氧化碳。因此，可根据金属表面潮湿程度的不同，把大气腐蚀分为以下 3 类。

表 4-1 大气的基本组成（不包括杂质，10 ℃）

成分	质量分数/%	成分	质量分数/%
空气	100	二氧化碳（CO_2）	0.031
氮（N_2）	78.1	稀有气体	0.939
氧（O_2）	20.9	其他气体	0.03

（1）干大气腐蚀。干大气腐蚀是在金属表面不存在水膜时的腐蚀，其特点是在金属表面形成不可见的保护性氧化膜（1~10 nm）和某些金属失泽现象。例如，铜、银等在被硫化物污染的空气中所形成的一层膜。

（2）潮大气腐蚀。潮大气腐蚀是指金属在相对湿度小于 100% 的大气中，表面存在肉眼看不见的薄水膜（10 nm~1 μm）时发生的腐蚀。例如，铁即使没受雨淋也会生锈。

（3）湿大气腐蚀。湿大气腐蚀指金属在相对湿度大于 100% 的大气中，如水分以雨、雾、水等形式直接溅落在金属表面，表面存在肉眼可见的水膜（1 μm~1 mm）时发生的腐蚀。

大气腐蚀速度与金属表面水膜厚度的关系如图 4-1 所示。由图可见，大气腐蚀速度与水膜厚度的规律大致可划分为 4 个区域：

（1）区域 Ⅰ：金属表面只有几个水分子厚的水膜（1~10 nm），还没有形成连续的电解质溶液，相当于干大气腐蚀，腐蚀速度很小。

（2）区域 Ⅱ：当金属表面水膜厚度约为 1 μm 时，由于形成连续电解质溶液层，腐蚀速度迅速增加，发生潮大气腐蚀。

（3）区域 Ⅲ：水膜厚度增加到 1 mm 时，发生湿大气腐蚀，氧欲通过水膜扩散到金属表面的难度显著增加，因此腐蚀速度明显下降。

（4）区域 Ⅳ：金属表面水膜厚度大于 1 mm，相当于全浸在电解质溶液中的腐蚀，腐蚀速度基本不变。

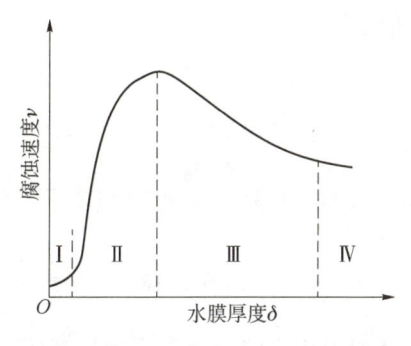

图 4-1 大气腐蚀速度与金属表面水膜厚度的关系

通常所说的大气腐蚀是指在常温下潮湿空气中的腐蚀。

4.1.2 大气腐蚀的机理

大气腐蚀的特点是金属表面处于薄层电解质溶液下的腐蚀过程，因此其腐蚀规律符合电化学腐蚀的一般规律。

4.1.2.1 大气腐蚀的电化学过程

当金属表面形成连续的电解质溶液层时，阴极和阳极的反应如下：

阴极过程： $$O_2 + 2H_2O + 4e^- \longrightarrow 4OH^- \tag{4-1}$$

阳极过程： $$M \longrightarrow M^{n+} + ne^- \tag{4-2}$$

铁、锌等金属全浸在还原性酸溶液中，阴极过程主要是氢去极化腐蚀，但在城市污染的大气所形成的酸性水膜下，这些金属的腐蚀主要是氧去极化腐蚀。

在薄水膜条件下，大气腐蚀的阳极过程受到较大阻滞，因为氧更容易到达金属表面，生成氧化膜或氧的吸附膜，使阳极处于钝化态。阳极钝化及金属离子化过程困难是造成阳极极化的主要原因。

当水膜增厚，相当于湿大气腐蚀时，氧到达金属表面有一个扩散过程，因此腐蚀过程受氧扩散过程控制。

因此潮大气腐蚀主要受阳极过程控制，而湿大气腐蚀主要受阴极过程控制。

4.1.2.2 锈蚀机理

由于大气腐蚀的条件不同，锈层的成分和结构往往是很复杂的。一般认为，锈层对于锈层下基体铁的离子化将起到强氧化剂的作用。伊文思认为大气腐蚀的锈层处在潮湿条件下，锈层起强氧化剂作用。在锈层内阳极反应发生在金属/Fe_3O_4界面上：

$$Fe \longrightarrow Fe^{2+} + 2e^- \tag{4-3}$$

阴极反应发生在Fe_3O_4/FeOOH界面上：

$$6FeOOH + 2e^- \longrightarrow 2Fe_3O_4 + 2H_2O + 2OH^- \tag{4-4}$$

可见锈层参与了阴极过程，图4-2为伊文思锈层模型示意图。由图可清楚看出锈层内发生$Fe^{3+} \rightarrow Fe^{2+}$的还原反应，锈层参与了阴极过程。

图4-2 伊文思锈层模型示意图

当锈层干燥，即外部气体相对湿度下降时，锈层和钢基体在大气中氧的作用下，锈层重新氧化成Fe^{3+}的氧化物，可见在干湿交替的条件下，锈层能加速钢的腐蚀过程。

碳钢锈层结构一般分内外两层。内层紧靠在钢和锈的界面上，附着性好，结构较致密，主要由少量致密的Fe_3O_4和非晶FeOOH构成；外层由疏松的结晶α-FeOOH和γ-FeOOH构成。

钢的大气腐蚀与时间关系（工业大气中）如图4-3所示，其曲线遵循幂定律：

$$P = Kt^n \quad (4-5)$$

式中：P——失重量；
　　　K——常数；
　　　t——暴露时间；
　　　n——常数。

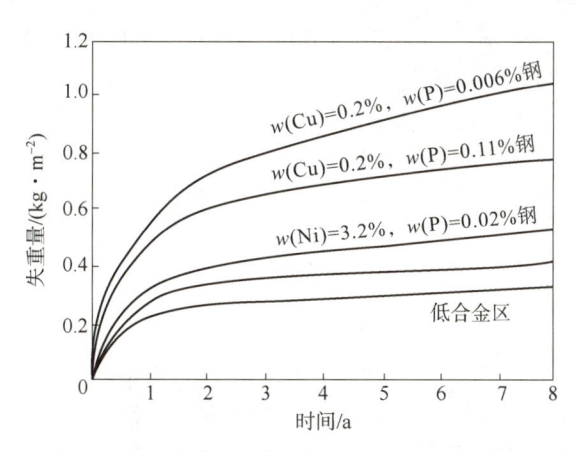

图 4-3　钢的大气腐蚀与时间关系（工业大气中）

这种关系式也适用于钢的镀锌层、镀铝层和 $w(Al)=55\%$ 的 Al-Zn 镀层的大气试验数据。

4.1.3　工业大气腐蚀的特点

工业大气中的 SO_2、NO_2、H_2S、NH_3 等都会增加大气腐蚀作用，加快金属的腐蚀速度。表 4-2 列出了几种常用金属在不同大气环境中的平均腐蚀速度。

表 4-2　几种常用金属在不同大气环境中的平均腐蚀速度

腐蚀环境	平均腐蚀速度/（mg·dm^{-2}·d^{-1}）		
	钢	铜	锌
农村大气	—	0.17	0.14
海洋大气	2.9	0.31	0.32
工业大气	1.5	1.0	0.29
海水	25	10	8.0
土壤	5	3	0.7

石油、煤等燃料的废气中含 SO_2 最多，因此，在城市和工业区 SO_2 的含量可达 0.1～100 mg/m³。

图 4-4 为抛光钢片在纯净空气中、含 SO_2 的空气中及含固体杂质的空气中腐蚀随相对湿度增加的试验结果，由图可看出以下 3 点。

(1) 在纯净空气中，腐蚀速度相当小，随着湿度增加仅有轻微增加。
(2) 在污染的空气中，空气的相对湿度低于 70% 时，即使是长期暴露，腐蚀速度也是很慢的。但有 SO_2 存在的条件下，当相对湿度略高于 70% 时，腐蚀速度急剧增加。

(3) 被 $(MH_4)_2SO_4$ 和煤烟粒子污染的空气加速金属腐蚀。

可见，在污染的大气中，当低于临界湿度时，金属表面没有水膜，金属受到的是由化学作用引起的腐蚀，腐蚀速度很小。当高于临界湿度时，由于水膜的形成，金属发生了电化学腐蚀，腐蚀速度急剧增加。

工业大气中 SO_2 对不耐 H_2SO_4 腐蚀的金属，如 Fe、Zn、Cd、Ni 的影响十分明显。如图 4-5 所示，碳钢的腐蚀速度随大气中 SO_2 含量呈直线关系上升。

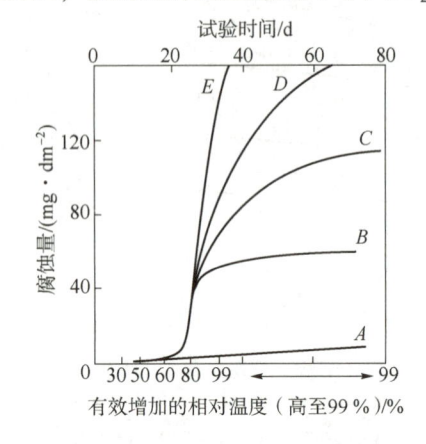

A—纯净空气；B—有 $(NH_4)_2SO_4$ 颗粒，无 SO_2；
C—仅 0.01% SO_2（质量分数），没有颗粒；D—$(NH_4)_2SO_4$ 颗粒+0.01% SO_2（质量分数）；E—烟粒+0.01% SO_2（质量分数）。

图 4-4 抛光钢片在不同大气环境中腐蚀与相对湿度的关系

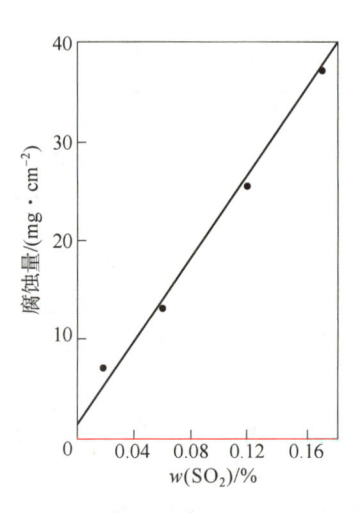

图 4-5 工业大气中 SO_2 含量对碳钢腐蚀的影响

多数研究认为，SO_2 的腐蚀作用机制是硫酸盐穴自催化过程。SO_2 促进金属大气腐蚀的机制主要有两种：

其一，部分 SO_2 在空气中能直接氧化成 SO_3，SO_3 溶于水后形成 H_2SO_4；

其二，有一部分 SO_2 吸附在金属表面上，与 Fe 作用生成易溶的 $FeSO_4$，$FeSO_4$ 进一步氧化并由于强烈的水解作用生成了 H_2SO_4，H_2SO_4 再与 Fe 作用，按这种循环方式加速腐蚀。

因此，整个过程具有自催化作用，即所谓锈层中硫酸盐穴的作用，其反应如下：

$$Fe+SO_2+O_2 \longrightarrow FeSO_4 \tag{4-6}$$

$$4FeSO_4+O_2+6H_2O \longrightarrow 4FeOOH+4H_2SO_4 \tag{4-7}$$

$$2H_2SO_4+2Fe+O_2 \longrightarrow 2FeSO_4+2H_2O \tag{4-8}$$

Schwarz 认为锈层内 $FeSO_4$ 的形成机理如图 4-6 所示。

锈层的保护能力受其形成时占主导地位的条件影响。如果生成的锈层被硫酸盐侵蚀，锈层几乎无保护能力。相反，如果最初锈层很少受硫酸盐污染，其保护性较好。

综上所述，碳钢不能靠自身形成保护膜。所以在室外大气条件下，通常要附加表面保护层，如防锈漆、镀 Zn 和 Al 等，或加入耐大气腐蚀的合金元素，如 Cu、P 等可使锈层具有很好的保护作用。

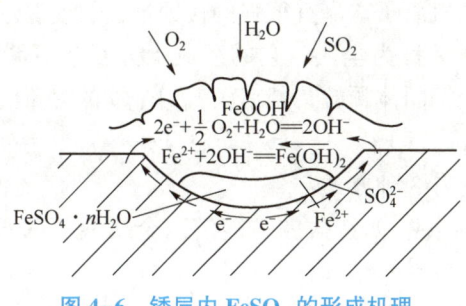

图 4-6　锈层内 FeSO₄ 的形成机理

4.1.4　影响大气腐蚀的因素及防蚀方法

4.1.4.1　影响大气腐蚀的因素

影响大气腐蚀的因素有很多，这里主要讨论影响大气腐蚀的几个主要因素：湿度、大气成分等。

1) 湿度

湿度是决定大气腐蚀类型和速度的一个重要因素。每种金属都存在一个腐蚀速度开始急剧增加的湿度范围，人们把大气腐蚀速度开始剧增时的大气相对湿度称为临界湿度。对于铁、钢、铜、锌，其临界湿度在 70%~80%。如图 4-7 所示，相对湿度小于临界湿度时，腐蚀速度很慢，几乎不被腐蚀。由此可见，若能把相对湿度降至临界湿度以下，可防止金属发生大气腐蚀。

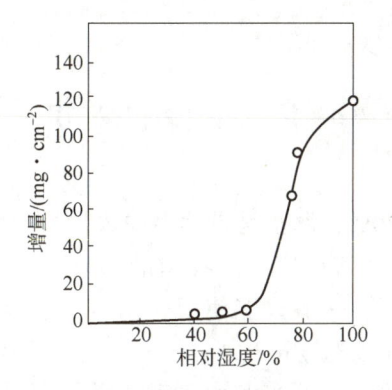

图 4-7　铁在 $w(SO_2)=0.01\%$ 的空气中经 55 天后的增重与相对湿度的关系

2) 大气成分

大气组成除表 4-1 的基本组成外，由于地理环境不同，常含有 SO_2、H_2S、NaCl 及尘埃等杂质。这些大气污染物质不同程度地加速腐蚀，其中特别有害的是 SO_2。煤、石油燃烧的废气中都含有大量 SO_2，由于冬季的燃料消耗比夏季多，所以冬季 SO_2 的污染更严重，对腐蚀的影响也就更大。例如，铁、锌等金属在 SO_2 大气中生成易溶的硫酸盐化合物，它们的腐蚀速度和大气中 SO_2 含量呈直线关系上升。海洋大气中含有不少微小的海水滴，所以海洋大气中含有较多微小的 NaCl 颗粒，若这些 NaCl 颗粒落在金属的表面上，则因它有吸湿作用，表面水膜的电导率增加，且氯离子本身有很强的侵蚀性，故使腐蚀变得更严重。

大气中固体颗粒杂质通常称为尘埃。它的组成十分复杂，除海盐粒外，还有碳和碳化物、硅酸盐、氮化物、铵盐等固体颗粒。城市大气中尘埃的含量约 2 mg/m^3，而工业大气中的尘埃甚至可达 1 000 mg/m^3 以上。

尘埃对大气腐蚀的影响有 3 种方式：

（1）尘埃本身具有腐蚀性，如铵盐颗粒能溶入金属表面的水膜，提高电导率或酸度，促进腐蚀；

（2）尘埃本身无腐蚀作用，但能吸附腐蚀物质，如碳粒能吸附 SO_2 和水，生成腐蚀性的酸性溶液；

（3）尘埃沉积在金属表面形成缝隙而凝聚水分，形成氧浓差，引起缝隙腐蚀。

所以，露置在大气环境中的金属构件和仪器设备也应当防尘。

4.1.4.2　防止大气腐蚀的方法

（1）提高金属材料的耐蚀性。在碳钢中加入 Cu、P、Cr、Ni 及稀土元素，可提高其耐大气腐蚀性能。例如，美国的 Cor-Ten 钢（Cu-P-Cr-Ni 系低合金钢），其耐大气腐蚀性能为碳钢的 4~8 倍。

（2）采用有机和无机涂层及金属镀层。

（3）采用气相缓蚀剂。

（4）降低大气湿度，主要用于仓储金属制品的保护。

此外，合理设计构件，防止缝隙中存水，去除金属表面上的灰尘等都有利于防蚀。尤其要开展环境保护，减少大气污染，这不仅有利于人民健康，而且对延长金属材料在大气中的使用寿命也相当重要。

4.2　海水腐蚀

海洋约占地球表面积的 70%，海水是自然界中数量最大且具有腐蚀性的天然电解质。我国的海岸线长达 18 000 km，海域广阔。我国沿海地区的工厂常用海水作为冷却介质，冷却器的铸铁管在海水作用下，一般只能使用 3~4 年，海水泵的铸铁叶轮只能使用 3 个月左右，碳钢冷却箱的内壁腐蚀速度可达 1 mm/a 以上。近年来，海洋开发受到重视，各种海上运输工具、海上采油平台、开采和水下输送及储存设备等金属构件受到海水和海洋大气腐蚀的威胁越来越严重，所以研究海洋环境中金属的腐蚀及其防护对国民经济具有重要意义。

4.2.1　海水腐蚀的特点

4.2.1.1　盐类

海水作为腐蚀性介质，其特点是含多种盐类，盐分中主要是 NaCl，一般把海水近似地看作质量分数为3%或3.5%的 NaCl 溶液。实际海水中含盐量用盐度或氯度表示。盐度是指 1 000 g 海水中溶解固体盐类物质的质量分数，一般海水的盐度在 3.2%~3.75%，通常取 3.5%为海水的盐度平均值。海水中氯离子的含量很高，占总盐量的58.04%，使海水具有较大的腐蚀性。

4.2.1.2 溶解氧

海水中的溶解氧是金属在海水中腐蚀的重要因素。正常情况下，海水表面层被空气饱和，氧的浓度随水温一般在 $(5\sim10)\times10^{-6}$ cm^3/L 变化。表 4-3 列出了氧在海水中的溶解度。由表看出，盐的浓度和温度越高，氧的溶解度越小。

表 4-3 氧在海水中的溶解度

温度/℃	盐的浓度（质量分数）/%						
	0.0	1.0	2.0	3.0	3.5	4.0
	氧在海水中的溶解度/(cm^3·L^{-1})					
0	10.30	9.65	9.00	8.36	8.04	7.72
10	8.02	7.56	7.09	6.63	6.41	6.18
20	6.57	6.22	5.88	5.52	5.35	5.17
30	5.57	5.27	4.95	4.65	4.50	4.34

4.2.1.3 海水的电化学特点

海水是典型的电解质溶液，因此电化学腐蚀的基本规律对于海水中金属的腐蚀是适用的。

（1）多数金属，除了特别活泼的金属镁及其合金外，在海水中的腐蚀过程都是氧去极化过程，腐蚀速度由氧扩散过程控制。

（2）对于大多数金属（铁、钢、锌等），它们在海水中发生腐蚀时，其阳极过程的阻滞作用很小，主要是海水中Cl$^-$浓度高。因此在海水中，用增加阳极阻滞方法来减轻海水腐蚀的可能性不大，只有添加合金元素钼，才能抑制Cl$^-$对钝化膜的破坏作用，改进材料在海水中的耐蚀性。

（3）海水的电导率很高，电阻性阻滞很小，所以对海水腐蚀来说，不只是微观电池的活性较大，宏观电池的活性也较大。因此在海水中，异种金属接触引起的电偶腐蚀有相当大的破坏作用，如舰船的青铜螺旋桨可引起远达数十米外的钢船壳体的腐蚀。

（4）海水中金属易发生局部腐蚀破坏，如点蚀、缝隙腐蚀、湍流腐蚀和空泡腐蚀等。

4.2.2 影响海水腐蚀的因素

海水是天然的电解质,海水中几乎含有地球上所有化学元素的化合物,成分是很复杂的。除了含有大量盐类外,海水中溶解氧、海洋生物和腐烂的有机物,以及海水的温度、流速与 pH 值等都对海水腐蚀有很大的影响。

(1) 盐类。海水中的盐类以 NaCl 为主。海水中 NaCl 浓度与钢的腐蚀速度最大的 NaCl 浓度范围相近。当 NaCl 浓度超过一定值时,溶氧量降低,使金属腐蚀速度下降,如图 4-8 所示。

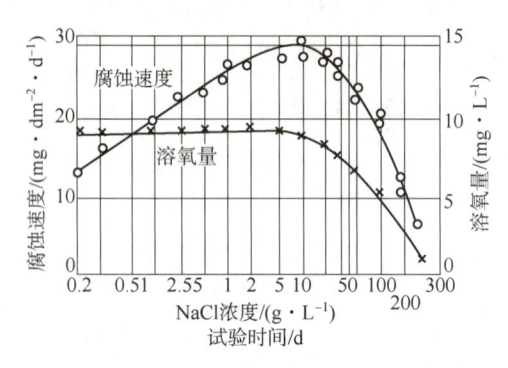

图 4-8 钢的腐蚀速度与 NaCl 浓度的关系

(2) pH 值。海水一般处于中性,pH 值为 7.2~8.6。海水的 pH 值可因光合作用而稍有变化,在深海处 pH 值略有降低,**不利于金属表面生成保护性的盐膜**。

(3) 溶解氧。海水中的溶解氧是金属在海水中腐蚀的重要因素。因为大多数金属在海水中的腐蚀受氧去极化作用控制。溶氧量还随海水深度不同而变化,海水表面与大气接触溶氧量高达 12×10^{-6} cm³/L。自海平面至 -800 m 深处,溶氧量逐渐减少并达到最低值,这是因为海洋动物要消耗氧气;从 -800 m 至 -1 000 m,溶氧量又开始上升,并接近海水表面的氧浓度,这是因为深海水温度较低,压力较高。

(4) 温度。一般认为,海水温度每升高约 10 ℃,化学反应速度提高约 10%,海水中金属的腐蚀速度将随之增加。但是,温度升高,氧在海水中的溶解度下降,每升高约 10 ℃,氧的溶解度降低约 20%,使金属的腐蚀速度略有降低。此外,温度变化还与海洋生物有关。总之,海水温度与金属腐蚀速度之间的关系是相当复杂的。

(5) 流速。许多金属发生腐蚀与海水流速有较大关系。尤其对铁、铜等常用金属存在一个临界流速,超过此流速时,金属腐蚀明显加快;但含钛和含钼的不锈钢,在高流速海水中的耐蚀性较好。表 4-4 列出了碳钢腐蚀速度与海水流速的关系。

表 4-4 碳钢腐蚀速度与海水流速的关系

海水流速/(m·s^{-1})	0	1.0	3.0	4.5	6.0	7.5
碳钢腐蚀速度/(mg·cm^{-2}·d^{-1})	0.3	1.1	1.6	1.8	1.9	1.95

(6) 海洋生物。海洋生物在船舶或海上构筑物表面附着形成缝隙,容易诱发缝隙腐蚀。此外,微生物的生理作用会产生 NH_3、CO_2 和 H_2S 等腐蚀物质,如硫酸盐还原菌作用产生 S^{2-},会加速金属腐蚀。

4.2.3 海水中常用金属材料的耐蚀性

金属材料在海水中的耐蚀性差别很大，其中耐蚀性最好的是钛合金和 Ni-Cr 合金，而铸铁和碳钢耐蚀性较差。不锈钢的均匀腐蚀速度虽然很小，但在海水中易产生点蚀。常用金属材料的耐海水腐蚀性能见表 4-5。

表 4-5　常用金属材料的耐海水腐蚀性能

合金	全浸区腐蚀速度/($mm \cdot a^{-1}$) 平均	全浸区腐蚀速度/($mm \cdot a^{-1}$) 最大	潮汐区腐蚀速度/($mm \cdot a^{-1}$) 平均	潮汐区腐蚀速度/($mm \cdot a^{-1}$) 最大	冲击腐蚀性能
低碳钢（无氧化皮）	0.12	0.40	0.3	0.5	劣
低碳钢（有氧化皮）	0.09	0.90	0.2	1.0	劣
普通铸铁	0.15	—	0.4	—	劣
铜（冷轧）	0.04	0.08	0.02	0.18	不好
顿巴黄铜[$w(Zn)=10\%$]	0.04	0.05	0.03	—	不好
黄铜（70Cu-30Zn）	0.05	—	—	—	满意
黄铜（22Zn-2Al-0.02As）	0.02	0.18	—	—	良好
黄铜（20Zn-2Al-0.02As）	0.04	—	—	—	满意
黄铜（60Cu-40Zn）	0.06	脱 Zn	0.02	脱 Zn	良好
青铜[$w(Sn)=5\%, w(Pb)=10\%$]	0.03	0.1	—	—	良好
铝青铜[$w(Al)=7\%, w(Si)=2\%$]	0.03	0.08	0.01	0.05	良好
铜镍合金	0.008	0.03	0.05	0.3	$w(Fe)=0.15\%$，良好
铜镍合金（70Cu-30Ni）	—	—	—	—	$w(Fe)=0.45\%$，优秀
镍	0.02	0.1	0.4	—	良好
Monel 合金[65Ni-31Cu-4(Fe+Mn)]	0.03	0.2	0.05	0.25	良好
Inconel 合金（80Ni-13Cr）	0.05	0.1	—	—	良好
Hastelloy 合金（53Ni-19Mo-17Cr）	0.001	0.001	—	—	优秀
Cr13	—	0.28	—	—	满意
Cr17	—	0.20	—	—	满意
Cr28Ni19	—	0.18	—	—	良好
Cr28Ni120	—	0.02	—	—	良好
Zn[$w(Zn)=99.5\%$]	0.028	0.03	—	—	良好
Ti	0.00	0.00	0.00	0.00	优秀

4.2.4 防止海水腐蚀的措施

防止海水腐蚀主要采取以下措施。
(1) 研制和应用耐海水腐蚀的材料，如镍、铜及其合金，耐海水钢（Mariner）。
(2) 阴极保护，腐蚀最严重处采用护屏保护较合理，亦可采用简易可行的牺牲阳极法。
(3) 涂层，除应用防锈油漆外，还可采用防止生物玷污的双防油漆，对于潮汐区和飞溅区的某些固定的钢结构，可以使用 Monel 合金包覆。

4.3 土壤腐蚀

土壤是由土粒、水、空气、有机物、带电胶粒和黏液胶体等多种组分构成的极为复杂的不均匀多相体系。不同土壤的腐蚀性差别很大。土壤的组成和性能的不均匀，极易构成氧浓差电池腐蚀，使地下金属设施遭受严重局部腐蚀。埋在地下的油、气、水管线以及电缆等因穿孔而漏油、漏气或漏水，或使电信设备发生故障。这些故障往往很难检修，给生产带来很大的损失和危害。

土壤腐蚀是一种很重要的腐蚀形式。对于发达国家来说，地下的油、气、水管线长达数百万千米，每年因腐蚀损坏而替换的各种管线费用就有几亿美元之多。随着石油工业的发展，研究土壤腐蚀规律、寻找有效的防蚀途径具有很重要的实际意义。

4.3.1 土壤腐蚀的特点

4.3.1.1 土壤的特性

(1) 多相性。土壤是由土粒、水、空气、有机物等多种组分构成的复杂的不均匀多相体系。实际的土壤一般是这几种不同组分按一定比例组合在一起的。
(2) 导电性。由于在土壤中的水分能以各种形式存在，土壤中总是或多或少地存在一定的水分，因此土壤有导电性。土壤也是一种电解质，土壤的孔隙及含水的程度影响土壤的透气性和电导率的大小。
(3) 不均匀性。土壤中的氧气，有的溶解在水中，有的存在于土壤的缝隙中。土壤中氧浓度与土壤的湿度和结构都有密切关系，氧含量在干燥砂土中最高，在潮湿的砂土中次之，而在潮湿密实的黏土中最少。这种充气不均匀性正是造成氧浓差电池腐蚀的原因。
(4) 酸碱性。大多数土壤是中性的，pH 值为 6.0~7.0。有的土壤是碱性的，如我国西北的盐碱土，pH 值为 7.5~9.0。也有一些土壤是酸性的，如沼泽土 pH 值为 3.0~6.0。一般认为，pH 值越低，土壤的腐蚀性越大。

4.3.1.2 土壤腐蚀的电化学过程

大多数金属在土壤中的腐蚀都属于氧去极化腐蚀。金属在土壤中的腐蚀与在电解质溶液中的腐蚀本质是一样的。以 Fe 为例，阳极过程：

$$Fe + nH_2O \longrightarrow Fe^{2+} \cdot nH_2O + 2e^- \tag{4-9}$$

阳极反应速度主要受金属离子化过程的难易程度控制。

在 pH 值低的土壤中，OH^- 很少。由于不能生成 $Fe(OH)_2$，因此 Fe^{2+} 离子浓度在阳极区增大。在中性和碱性土壤中生成的 $Fe(OH)_3$ 溶解度很小，沉淀在钢铁表面，对阳极溶解有一定的阻滞作用。土壤中如含有碳酸盐，也可能在阳极表面生成不溶性沉积物，起保护膜的作用。土壤中 Cl^- 和 SO_4^{2-} 能与 Fe^{2+} 生成可溶性的盐，因而加速阳极溶解。

阴极过程：

$$1/2O_2 + H_2O + 2e^- \longrightarrow 2OH^- \tag{4-10}$$

在弱酸性、中性和碱性土壤中，阴极反应主要是氧的去极化作用。由于土壤中的水溶解氧是有限的，对土壤腐蚀起主要作用的是缝隙和毛细管中的氧。土壤中的传递过程较复杂，进行得也较慢。在潮湿的黏性土壤中，由于渗水能力和透气性差，氧的传递是相当困难的，使阴极过程受阻。当土壤水分的 pH 值大于 5 时，腐蚀产物能形成保护层，腐蚀受到抑制。

4.3.2　土壤腐蚀的形式

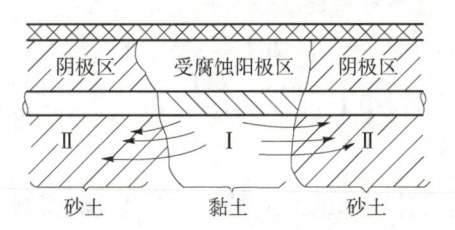

4.3.2.1　充气不均匀引起的腐蚀

充气不均匀引起的腐蚀主要指地下管线穿过不同的地质结构及潮湿程度不同的土壤带时，由氧的浓度差引起的宏观电池腐蚀，如图 4-9 所示。

图 4-9　充气不均匀引起的腐蚀

4.3.2.2　杂散电流引起的腐蚀

杂散电流是一种漏电现象，其主要来源是应用直流电的大功率电气装置，如电气火车，电解及电镀、电焊机等装置。由绝缘不良产生的杂散电流会引起宏观电池腐蚀，如图 4-10 所示。

图 4-10　杂散电流引起的腐蚀

当铁轨与土壤之间的绝缘不良时，有一部分电流就会从铁轨漏失到土壤中。如果在铁轨附近埋设金属管道，杂散电流经土壤进入金属管道后，再经土壤及铁轨返回电源。在这种情况下，相当于两个宏观电池作用：铁轨（地面）－阳极，土壤－电解质，金属管道（地下）－阴极；金属管道（地下）－阳极，土壤－电解质，铁轨（地面）－阴极。

第一种电池会引起地面上铁轨腐蚀，发现这种腐蚀更新铁轨并不困难。而第二种电池引起的地下管线腐蚀就很难发现，修复也较麻烦。

4.3.2.3 微生物引起的腐蚀

对腐蚀有作用的细菌并不多，其中最重要的是硫酸杆菌和硫酸盐还原菌（厌氧菌）。这两种细菌能将土壤中硫酸盐还原产生 S^{2-}，其中仅小部分消耗在微生物自身的新陈代谢上，大部分可作为阴极去极化剂，促进腐蚀反应。

土壤的 pH 值在 4.5~9.0 时，最适宜硫酸盐还原菌生长，pH 值在 3.5 以下或 11 以上时，这种细菌的活动及生长就变得很难。

4.3.3 防止土壤腐蚀的措施

防止土壤腐蚀可采取以下措施：
(1) 采用涂料或包覆玻璃布防水。
(2) 采用电化学保护，多采用牺牲阳极法，阴极保护与涂料联合使用效果更好。
(3) 采用金属涂层或包覆金属、镀锌层等。

4.4 人体环境中金属植入材料的腐蚀

植入材料是指用于制造人体内部的人工器官、小型监测仪器和治疗装置等植入器件，整形外科中用于修复人体所使用的材料，以及用于义齿及人工齿根等方面的材料。植入材料也称生物医学材料，主要是指某些特定的金属材料、有机高分子材料和陶瓷材料。陶瓷材料即生物陶瓷材料。高分子材料中只有超高分子聚乙烯是目前国际上普遍采用的人工关节塑料材料，一般与金属材料配合构成人工关节。

金属植入材料在人体内应用部位是多种多样的，而人体是一个具有高度腐蚀性的环境，因此对金属植入材料的耐腐蚀性能的要求在某种意义上讲是相当重要的。由于金属植入材料在人体中的腐蚀问题较复杂，其研究工作难度较大，这里只简要介绍人体环境的构成和特点，以及人体环境中可能发生的腐蚀形式。另外，介绍一些常用的金属植入材料。

4.4.1 人体环境的构成和特点

4.4.1.1 人体环境的构成

人体环境是由体液构成的。体液（生理液）是质量分数约1%的 NaCl、少量其他盐类及有机化合物的充气溶液。有人说,人体环境与温暖的海水相似。

4.4.1.2 人体环境的特点

人体环境复杂,人体又是活体,人们对其环境的变化规律还缺乏足够的认识。金属植入材料在人体环境中可能发生多种腐蚀行为,并交织在一起,互相影响。人体的敏感性,不仅要求金属植入材料达到很好的修复和治疗目的,还应对周围的组织、血液等不产生有害的影响。

分析表明,在不同部位,甚至同一部位的不同时刻,人体组织内体液的成分都不一样。所以,在金属植入材料腐蚀研究中通常采用人体环境的等效环境,采用某些生理盐溶液作为人体体液的等效溶液。

常用的等效溶液有 3 种,即 Kinger's 溶液、Hank's 溶液和 Tyrode's 溶液。

人体体液也是一种典型的电解质溶液,因此电化学腐蚀的基本规律对人体环境中金属植入材料的腐蚀完全适用。一般情况下,体液的正常 pH 值是中性的,有时几何原因或生理条件限制,导致氧的供应受到限制,从而使局部体液变成弱酸性,体液中含有氢离子,金属植入材料易发生点蚀。

金属植入材料的腐蚀属于氧去极化腐蚀,其阴极过程:

$$O_2+2H_2O+4e^- \longrightarrow 4OH^- (体液呈中性) \quad (4-11)$$

$$O_2+4H^++4e^- \longrightarrow 2H_2O (体液呈弱酸性) \quad (4-12)$$

阳极过程:

$$M \longrightarrow M^{n+}+ne^- \quad (4-13)$$

微电池的阳极反应是金属失去电子的溶解反应,溶解造成金属离子迁移,使植入金属材料的患者的血液、尿和植入部件周围的组织中,存在钴、铬、镍、钼、铁等金属离子。这些金属离子对周围组织能否引起异常,引起血栓、溶血以及能否引起新陈代谢异常等,也就是进入人体的金属离子是否对人体有干扰和毒性,和金属植入材料的耐蚀性与生物相容性密切相关。因此,对金属植入材料耐蚀性的要求是相当重要的。

4.4.2 人体环境中可能发生的腐蚀形式

人体环境中金属植入材料可能发生的腐蚀形态大约有 7 种。与工业金属材料腐蚀破坏形式基本相同,但由于发生在特定的人体环境中,腐蚀所产生的危害更大。

4.4.2.1 均匀腐蚀

在人体环境中,金属植入材料由于腐蚀减薄而丧失结构强度的问题一般不是主要问题,主要问题是均匀腐蚀产物的生物相容性。也就是说,腐蚀产物(金属离子)迁移到患者的血液、尿和植入器件的周围组织中,严重影响生物相容性,增加病人痛苦甚至危及生命。

目前使用的金属植入材料在人体中的均匀腐蚀速度比一般工业材料的腐蚀速度低 2~3 个数量级,但是由于均匀腐蚀是在大面积上发生,故以金属离子形式进入人体组织里的量还是相当可观的。因此对金属植入材料耐均匀腐蚀性能的要求更高,其年失厚率应该不大于

0.254 μm。由于钛的钝化性能非常好，所以它在外科金属植入材料中是令人满意的。

4.4.2.2 点蚀

可用于医用植入的金属材料仅仅是有限的几种，如不锈钢、钴基合金、钛基合金。这些合金材料均是易钝化合金，即在合金表面有一层钝化膜。实践证明，人体环境中使用的不锈钢耐蚀性能不太令人满意。据 Hicks 和 Cater 发现，钴铬合金植入器件的强制取出率为 3%，且未发现明显的点蚀，而 316 不锈钢的点蚀明显。

模拟生理盐液点蚀倾向的研究表明，钛合金及钴铬钼合金点蚀倾向非常小，而不锈钢点蚀倾向大。观察表明，含 Mo 的不锈钢抗点蚀，但 Mo 含量不足也是引起点蚀的原因之一。对于承载力大于骨骼有关的部件，最好采用抗点蚀的不锈钢及钛合金。

4.4.2.3 电偶腐蚀

电偶腐蚀在多个零件构成的植入器件中尤其重要，如果选用材料不同（电位差异），就容易产生电偶腐蚀，如骨板和螺钉。进行手术时所使用的器械与植入材料间也可能引起电偶腐蚀，所以手术使用的钻头和螺丝刀等器械的材料都应该与植入材料相同或者使用不破坏植入材料钝化膜的器械。此外，金属切屑与未经过强烈变形的同种材料接触时，也会引起电偶腐蚀，因此要细心地清除螺纹中的切屑，以免引起电偶腐蚀，造成连接的松动等。

4.4.2.4 缝隙腐蚀

多零件植入装置，特别是骨板和螺钉，会遭受缝隙腐蚀，不锈钢植入器件的缝隙腐蚀是一种重要腐蚀现象。在取出的多零件植入装置中，大约有 50% 遭受缝隙腐蚀。强制取出率表明，缝隙腐蚀仅次于均匀腐蚀。

4.4.2.5 磨损腐蚀

磨损腐蚀是植入器件之间反复的相对滑动所造成的表面磨损与腐蚀环境的综合作用结果。在不锈钢植入器件上，特别是骨钉与骨板界面处，磨损腐蚀会造成蚀孔或颗粒形状的斑疤，在一些斑疤内部可以找到很深的腐蚀深洞。

钴铬合金显示光滑的斑疤，且斑疤具有波纹形状，可能是材料被摩擦磨损造成的。

钛合金耐磨性不好，磨损斑疤既不是光滑的，也不是麻点样，而是波纹形状，有时还可看到凹坑。

4.4.2.6 晶间腐蚀

晶间腐蚀是不锈钢最易发生的一种腐蚀形式，其危害是相当严重的。许多科学家进行了大量研究并指出，制作医用不锈钢植入器件过程中必须避开材料的敏化温度。碳的质量分数降到 0.03% 以下，可以消除不锈钢的晶间腐蚀。现在使用的医用不锈钢按 ISO 5832-1 国际标准规定，碳的质量分数均低于 0.03%。

4.4.2.7 腐蚀疲劳

金属材料在交变应力与介质的共同作用下产生的断裂现象为腐蚀疲劳。人体下肢所用的植入器件,特别是髋关节植入器件,耐腐蚀疲劳性能是至关重要的。由于腐蚀疲劳裂纹总是从植入器件表面发生,所以对植入器件进行喷丸处理可提高疲劳寿命。

从人体中取出的铸造合金(Co-Cr-Mo)植入器件,所见到的腐蚀现象常伴有铸造松孔情况,用铸造钴基合金制作的髋关节在人体中发生断裂的概率与用不锈钢制作的差不多。Cornet等人认为铸造合金对腐蚀疲劳是敏感的。临床经验表明,锻造合金对腐蚀疲劳断裂的敏感性小得多。

植入器件在人体内作为人体的一部分,其长期使用的安全性及可靠性是金属植入材料的第一要求,医生及患者都希望采用最好的金属植入材料。因此对承受高应力的植入器件应该优先考虑采用热压和锻造的方法制造。

4.4.3 常用金属植入材料

金属植入材料与工业材料最重要的区别是金属植入材料在人体内使用,人体环境的复杂程度在实验室内几乎无法模拟,因此对金属植入材料的耐蚀性要求更高。对金属植入材料的要求主要有三个方面:材料与人体的生物相容性、材料在人体环境中的耐腐蚀性能以及材料的力学性能。

生物相容性包括两个方面:一方面是人体组织对金属植入材料的作用,即金属植入材料的腐蚀、断裂、失效;另一方面是金属植入材料腐蚀产物、磨损产物对人体组织的作用,即引起组织畸变、非正常生长,甚至诱发瘤变等。

研究金属植入材料在人体中的腐蚀,其目的是了解金属植入材料的腐蚀对生物相容性及力学问题的影响程度,以及如何解决这些问题。

由于人体的特定环境及苛刻要求,在临床上可作为金属植入材料使用的仍然是有限的几种金属材料,如医用不锈钢、钴铬钼合金及钛合金等。

表4-6~表4-10分别为用于制作人工髋关节的主要金属植入材料、化学成分及力学性能。

表4-6 用于制作人工髋关节的主要金属植入材料

ISO	成分	状态	牌号
5832-1	Fe-18Cr-14Ni-3Mo	锻造	AISI 316L
			AISI 316LVM
	Fe-21Cr-9Ni-4Mn-3Mo-Nb-N	锻造	Orton 90
5832-3	Ti-6Al-4V	锻造	1M1-318A
			Protasul-64WF
			Tioxium
			Tivaloy
			Tivanium

续表

ISO	成分	状态	牌号
5832-4	Co-28Cr-6Mo	锻造	Alivium
			Endocast
			Orthochrom
			Orthochrom plus
			Protasul
			Protasul-2
			Vitallium cast
			Zimaloy
5832-6	Co-28Cr-6Mo	锻造	Endocast hot
			Worked
			Protasul-21WF
			Vitallium FHS
		粉末冶金（P/M）	MiCroGrain
			Zimaloy
	Co-35Ni-20Cr-10Mo	锻造	Biophase
			MP-35N
			Protasul-10

表 4-7 用于制作人工髋关节的铁基、钴基和钛基合金的化学成分

| 元素 | 质量分数/% ||||
	Fe-Cr-Ni-Mo, ISO 5832-1	Ti-Al-V, ISO 5832-3	Co-Cr-Mo, ISO 5832-4	Co-Ni-Cr-Mo, ISO 5832-6
Al	—	5.50~5.75	—	—
C	<0.03	0.08	<0.35	<0.025
Co	—	—	其余	其余
Cr	16.0~19.0	—	26.5~30.0	19.0~21.0
Cu	<0.50	—	—	—
Fe	其余	<0.30	<1.0	<1.0
H	—	<0.015	—	—
Mn	<2.0	—	<1.0	<0.015
Mo	2.0~3.5	—	4.5~7.0	9.0~10.5
N	—	<0.05	—	—
Ni	10.0~16.0	—	2.5	33.0~37.0
O	—	<0.25	—	—
P	<0.25	—	—	<0.015
S	<0.015	—	—	<0.010

续表

元素	质量分数/%			
	Fe-Cr-Ni-Mo，ISO 5832-1	Ti-Al-V，ISO 5832-3	Co-Cr-Mo，ISO 5832-4	Co-Ni-Cr-Mo，ISO 5832-6
Si	<1.0	—	<1.0	<0.15
Ti	—	其余	—	<1.0
V	—	3.50~4.50	—	—

表 4-8　外科植入用不锈钢的力学性能

处理状态	σ_y/MPa	σ_{ult}/MPa	延伸率/%	σ_{end}/(10^7C, R=-1)
1 050 ℃/0.5 h 退火	211	645	68	190~230
冷作状态	1 160	1 256	6	530~700
空气中 20%面积-减缩冷作状态	—	—	—	345
氮气中退火	380	700	46	269

表 4-9　Co-Cr-Mo 合金的力学性能

处理状态	σ_y/MPa	σ_{ult}/MPa	延伸率/%	σ_{end}/(10^7C, R=-1)
铸造（F-75-67)	430~490	716~890	5~8	300
固溶退火（1 230 ℃，1 h，水淬）	450~492	731~889	11~17	250
固溶退火（650 ℃，20 h 时效）	444~509	747~952	10~135	—
Maller 铸造合金	600	1 000	25	400
815 ℃/4 h+1 225 ℃/4 h，盐水淬火	525	1 100	24	—
铸造和挤压 1 200 ℃在 1 100 ℃/4 h 退火	731	945	17	345
铸造热锻轧制 1 175 ℃ + 冷轧 10% 1 050 ℃/40 min，空冷	876	1 360	19	—
改进的低碳合金	690	1 640	26	670
FHS Vitallium	890~1 280	1 408~1 511	28	793~966
微晶粉末冶金，热等静压	841	1 277	14	725

表 4-10　钛及 Ti-6Al-4V 钛合金的力学性能

处理状态	σ_y/MPa	σ_{ult}/MPa	延伸率/%	σ_{end}/(10^7C, R=-1)
CP 钛，退火	385	530	23	—
Ti-6Al-4V，1 030 ℃ β 退火，炉冷到 800 ℃，然后空冷	838	948	12.5	440
α-β 锻造（650~700 ℃），700 ℃退火	1 036	1 147	12.5	670
轧制退火	966	1 000	43	—

习题

1. 解释下列名词：大气腐蚀、潮大气腐蚀、湿大气腐蚀、土壤腐蚀、海水腐蚀、杂散电流腐蚀。
2. 按水膜厚度大气腐蚀可分为哪几类腐蚀？试说明各类腐蚀的特点。
3. 简述大气腐蚀的过程。
4. 钢铁在含 SO_2 的工业大气中腐蚀比在洁净的大气中腐蚀严重，解释其原因。
5. 埋于土壤中的钢管经过砂土和黏土两个区域，钢管腐蚀将发生在哪个部位？原因是什么？
6. 哪些合金元素可提高钢的耐大气腐蚀性能？作用机理是什么？
7. 影响海水腐蚀的因素有哪些？如何防止海水腐蚀？
8. 什么叫金属植入材料？对其有哪些要求？
9. 人体环境中金属植入材料可能发生哪些腐蚀？其特点及危害如何？

第 5 章　材料的耐蚀性

> **课程思政**
>
> 　　材料的耐蚀性是海洋工程设施安全的保障——耐蚀性是材料在腐蚀环境中长期保持其结构和性能的能力。在现代工程领域，耐蚀性的应用广泛存在，充分体现了中共二十大提出的创新、协调、绿色、开放、共享的发展理念。在海洋工程中，耐蚀性对于保障设施的安全稳定至关重要。我国坚持创新发展，积极探索新型防腐技术，推动海洋平台材料的耐蚀性提升，通过不断创新，实现了工程领域的可持续发展。中共二十大强调创新是国家发展的核心竞争力，这一理念促使我们加大科研投入，研发出既耐蚀又环保的材料，从而提高我国海洋工程的可持续发展水平。此外，经过对材料耐蚀性的创新，不仅延长了清洁能源装备的使用寿命，还促进了我国能源结构的优化。通过材料耐蚀性和中共二十大提出的发展理念相结合，加深了同学们的理解，使他们在后续的学习中能留下深刻的印象。

5.1　纯金属的耐蚀性

　　工程中广泛使用的金属材料绝大多数是合金，而纯金属的应用也在不断地增加，为更好地利用纯金属以及改进合金的耐蚀性，了解、掌握纯金属的耐蚀性及其规律是很必要的。

5.1.1　热力学稳定性

　　一般情况下，各种纯金属的热力学稳定性可根据其标准电极电位值做出近似的判断。标准电极电位较正的金属，其热力学稳定性也较高，较负的金属则热力学稳定性较低。根据 pH=7（中性溶液）和 pH=0（酸性溶液），氧和氢的平衡电极电位分别为+0.815 V、+1.23 V 及-0.414 V、0.000 V，可粗略地把金属分为 4 类，如表 5-1 所示。

表 5-1　根据金属的标准电极电位近似地评定其热力学稳定性

金属的标准电极电位/V	热力学稳定性	可能发生的腐蚀	金属
<-0.414	不稳定	在含氧的中性水溶液中，能产生氧去极化腐蚀，也能产生析氢腐蚀；在不含氧的中性水溶液中，有的也能产生析氢腐蚀	Li、Rb、K、Cs、Ra、Ba、Sr、Ca、Na、La、Mg、Pu、Th、Np、Be、U、Hf、Al、Ti、Zr、V、Mn、Nb、Cr、Zn、Fe
-0.414~0	不够稳定	在中性水溶液中，仅在含氧或氧化剂的情况下才产生腐蚀（氧去极化腐蚀）；在酸性溶液中，即使不含氧也能产生腐蚀（析氢腐蚀）；当含氧时，既能产生析氢腐蚀，也能产生氧去极化腐蚀	Cd、In、Co、Ti、Ni、Mo、Sn、Pb
0~+0.815	较稳定（半贵金属）	在不含氧的中性或酸性溶液中不腐蚀；只在含氧的介质中才能产生氧去极化腐蚀	Bi、Sb、As、Cu、Rh、Hg、Ag
>+0.815	稳定（贵金属）	在含氧的中性水溶液中不腐蚀；只有在含氧化剂或氧的酸性溶液中，或在含有能生成络合物物质的介质中，才能发生腐蚀	Pd、Ir、Pt、Au

5.1.2　自钝性

在热力学不稳定的金属中，不少金属在适宜的条件下，由活化态转为钝化态而耐蚀。其中，最容易钝化的金属有 Zr、Ti、Ta、Nb、Al、Cr、Be、Mo、Mg、Ni、Co 等。多数可钝化的金属都是在氧化性介质中易钝化，如在 HNO_3 及强烈通空气的溶液中；而当介质中含有活性离子（Cl^-、Br^-、F^-），以及在还原性介质中时，大部分金属的钝态会受到破坏。

5.1.3　生成保护性腐蚀产物膜

热力学不稳定的金属，除了因钝化而耐蚀，还有在腐蚀过程中因生成较致密的、保护性能良好的腐蚀产物膜而耐蚀，如 Pb 在 H_2SO_4 溶液中，Fe 在 H_3PO_4 溶液中，Mo 在 HCl 溶液中，以及 Zn 在大气中，均可生成耐蚀产物膜。

5.2　合金耐蚀途径

合金的耐蚀性不仅取决于合金成分、组织等内因，也取决于介质的种类、浓度、温度等外因。由于合金应用环境不同，所以提高合金耐蚀性的途径也不同。一般有提高合金热力学稳定性、阻滞阴极过程、阻滞阳极过程，以及使合金表面生成高耐蚀的腐蚀产物膜 4 种途径。

5.2.1 提高合金热力学稳定性

这种方法是向本来不耐蚀的纯金属或合金中，加入热力学稳定性高的合金元素（贵金属），使之成为固溶体，以提高合金的热力学稳定性。一般加入贵金属组分的原子分数含量服从塔曼定律，即 $n/8$ 定律，如 Cu 中加入 Au、Ni，Ni 中加入 Cu、Cr 等。但这种途径不宜广泛应用，首先它要消耗大量贵金属，其次是合金元素在固溶体中的固溶度也是有限的。

5.2.2 阻滞阴极过程

这种方法适用于不产生钝化的活化体系，且主要由阴极控制的腐蚀过程，具体途径有以下两种。

（1）减少合金的阴极活性面积。阴极析氢过程优先在析氢过电位低的阴极相或阴极活性夹杂物上进行。减少这些阴极相或阴极活性夹杂物，就是减少活性阴极的面积，从而增加阴极极化程度，阻滞阴极过程，提高合金的耐蚀性。例如，减少工业 Zn 中杂质 Fe 的含量，就会减少 Zn 中 $FeZn_7$ 阴极相，降低 Zn 在非氧化性酸中的腐蚀速度。Al、Mg 及其合金中阴极活性夹杂物 Fe，不但在酸性介质中增加腐蚀（见图 5-1），而且在中性溶液中也有同样的作用。

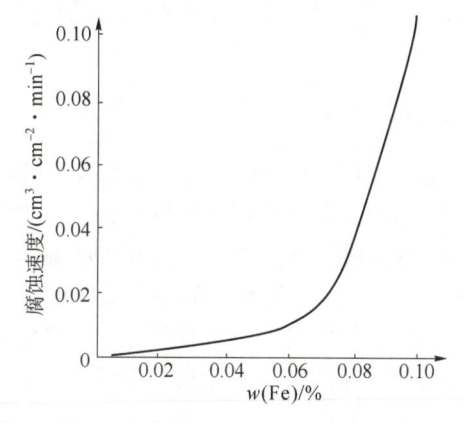

图 5-1 杂质 Fe 对纯 Al 析氢腐蚀速度的影响（2 mol/L 的 HCl 溶液）

可采用热处理方法（固溶处理），使合金成为单相固溶体，消除活性阴极第二相，提高合金的耐蚀性。相反，退火或时效处理将降低其耐蚀性。

（2）加入析氢过电位高的合金元素。这种途径适用于由析氢过电位控制的析氢腐蚀过程。合金中加入析氢过电位高的合金元素，提高合金的阴极析氢过电位，降低合金在非氧化性或氧化性不强的酸中的活性溶解速度。例如，在含铁或铜等杂质的工业纯锌中，加入析氢过电位高的 Cd、Hg，可显著地降低工业纯 Zn 在酸中的溶解速度；在含较多杂质铁的工业镁中，添加质量分数为 0.5%～1% 的 Mn，可大大降低其在氯化物水溶液中的腐蚀速度，如图 5-2 所示。碳钢和铸铁中加入析氢过电位高的 Sb、As、Bi 或 Sn，可显著

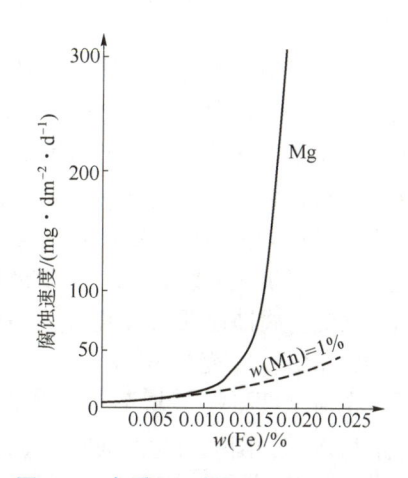

图 5-2 杂质 Fe 对纯 Mg 和 $w(Mn)=$ 1% 的 Mg-Mn 合金腐蚀速度的影响（质量分数为 3% 的 NaCl 溶液）

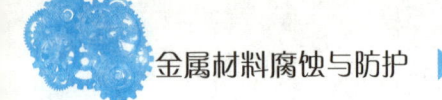

地降低其在非氧化性酸中的腐蚀速度。

5.2.3 阻滞阳极过程

这种方法是提高合金耐蚀性措施中最有效、应用最广的方法之一，一般可由以下 3 个途径来实现。

5.2.3.1 减少阳极面积

合金的第二相相对于基体是阳极相，在腐蚀过程中减少这些微阳极相的数量，可加大阳极极化电流密度，增加阳极极化程度，阻滞阳极过程的进行，提高合金耐蚀性。

例如，Al-Mg 合金中的第二相 Al_2Mg_3 是阳极相。腐蚀过程中 Al_2Mg_3 相逐渐被腐蚀，使合金表面微阳极总面积减少，腐蚀速度降低，所以 Al-Mg 合金耐海水腐蚀性能就比第二相为阴极的硬铝（Al-Cu）合金好。但是，实际合金中，第二相是阳极相的情况较少见，绝大多数合金中的第二相都是阴极相，所以靠减少阳极面积来降低腐蚀速度的方法受到一定限制。

利用晶界细化或钝化来减少合金表面的阳极面积也是可行的。例如，通过提高金属和合金的纯度或进行适当的热处理使晶界变薄变纯净，可提高耐蚀性。但是，对于具有晶间腐蚀倾向的合金，仅减少阳极区面积而不消除阳极区的做法反而不利，如大晶粒的高铬不锈钢的晶间腐蚀更严重。

5.2.3.2 加入易钝化的合金元素

研究表明，在合金中加入容易钝化的合金元素，提高合金的钝化能力，是提高合金耐蚀性的最重要的方法。加入的易钝化合金元素的效果与合金使用条件、合金元素加入量有关。一般要与一定氧化能力的介质条件相配合，才能达到耐蚀效果。

工业上用作合金基体的铁、铝、镍等元素，都是在某种条件下能够钝化的元素。向基体金属中加入易钝化的元素，可提高合金整体的钝化性能。例如，Fe 中加入 Cr 制成不锈钢，Cr 量按 $n/8$ 定律加入，才能收到良好效果；Ni 中加一定 Cr 制成 Inconel 合金，Ti 中加入 Mo 的 Ti-Mo 合金，耐蚀性都有极大的提高。

5.2.3.3 加入阴极性合金元素促进阳极钝化

这种途径适用于可能钝化的金属体系（合金与腐蚀环境）。金属或合金中加入阴极性合金元素，可促使合金进入钝化态，从而形成耐蚀合金。图 5-3 为阴极性元素对可钝化体系腐蚀规律影响的示意图。图中阴极过程的极化曲线为 φ_C^0-C_1，体系腐蚀电流密度为 i_{C_1}。如果加入阴极性合金元素（适量）产生强烈的阴极去极化作用，则阴极极化曲线变为 φ_C^0-C_3，此时电位已达到临界钝化电位 φ_b，最大电流密度 i_{C_3} 超过了临界钝化电流密度 i_b，合金进入钝化态。阴极极化曲线 φ_C^0-C_3 交阳极极化曲线的钝化区，此时合金的腐蚀电流密度为钝化电流密度 i_p，腐蚀速度大大降低。如果加入的阴极性合金元素的活性不足（量不足），阴极极化曲线由 φ_C^0-C_1 变为 φ_C^0-C_2，体系不稳定，与活化-钝化过渡区及钝化区相交，此时体系的腐蚀电流密度将由 i_{C_1} 增至 i_{C_2}；如果加入过量的阴极性合金元素，使阴极活性过强，阴极过程有所改变，阴极极化曲线将由 φ_C^0-C_1 变为图中的 φ_C^0-C_4，交阳极极化曲线的过钝化区或点蚀电位区，腐蚀电流密度为 i_t，此时合金产生强烈的过钝化溶解或点蚀。

由上可知，加入阴极性合金元素促进阳极钝化是有条件的。首先，腐蚀体系可钝化，否

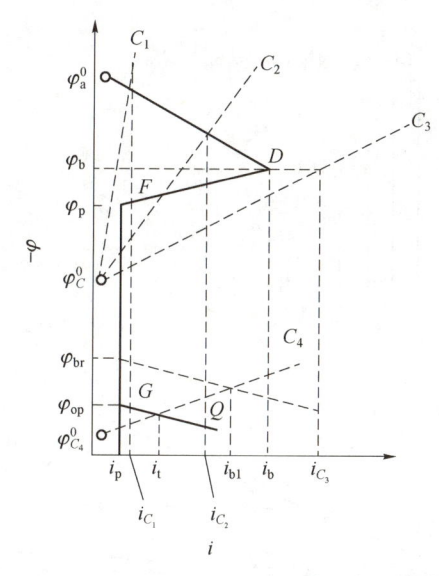

图 5-3 阴极性元素对可钝化体系腐蚀规律影响的示意图

则加入阴极性合金元素只会加速腐蚀。其次，加入阴极性合金元素的种类、数量要同基体合金、环境相适应，加入的阴极性合金元素要适量，否则加速腐蚀。

因此，为了促使体系由活化态转变为钝化态，必须提高阴极效率：使合金的腐蚀电位移到稳定钝化区（在 φ_p 和 φ_{op} 之间）；体系的阴极电流密度 i_C 必须超过临界钝化电流密度 i_b（$i_C > i_b$）。

阴极性合金元素一般是正电性的金属，如 Pd、Pt、Ru 及其他铂族金属；有时也可采用电位不太正的金属，如 Re、Cu、Ni、Mo、W 等。阴极性合金元素的稳定电位越正，阴极极化率越小，其促进基体金属的钝化作用就越有效。

关于阴极性合金元素促进阳极钝化的耐蚀合金化原理，最早是在 1948 年解释铜、钢耐蚀性时提出的，近年来已在不锈钢和钛合金生产方面得到应用。阴极性合金元素加入量（质量分数）一般为 0.2%~0.5%，最多 1%。从图 5-4、图 5-5 可见，加入极少量的合金元素 Pd，就可使钛和不锈钢的腐蚀速度显著降低。

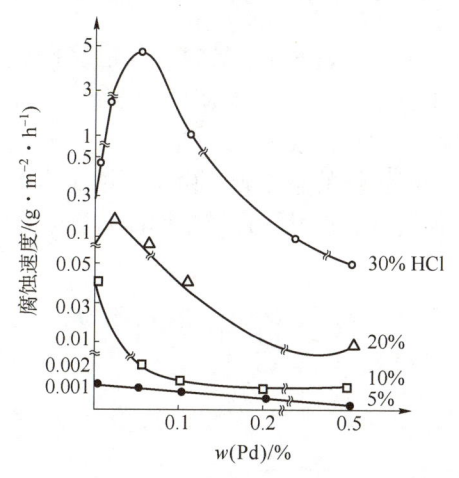

图 5-4 钛中加入不同量的 Pd 对其在盐酸中腐蚀速度的影响（25 ℃，200 h；图中百分数为质量分数）

Ti-Pd 合金可用在氧化性介质和中等还原性的介质中，与工业纯钛相比，其扩大了在

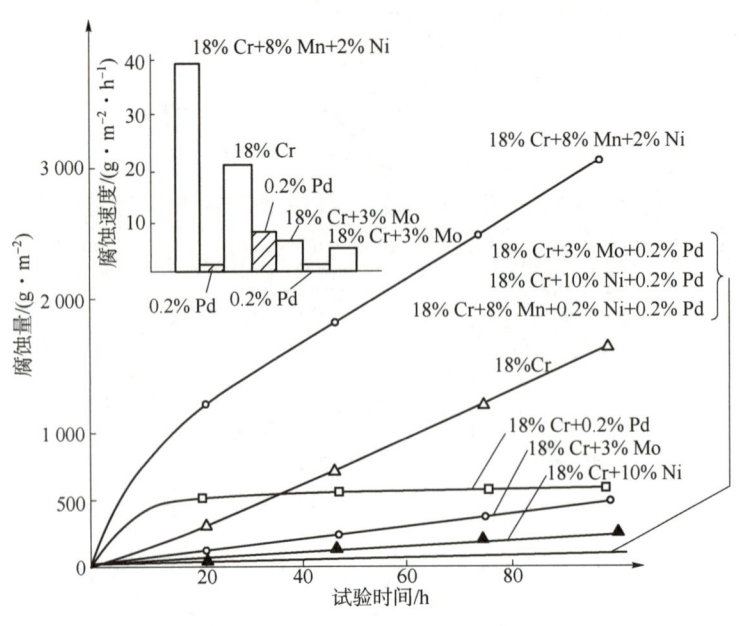

图 5-5　几组 $w(Cr)=18\%$ 的不锈钢在硫酸中腐蚀速度的比较 [$w(Pd)=0.2\%$ 与无 Pd, 20 ℃, $w(H_2SO_4)=20\%$; 图中百分数为质量分数]

HCl、H_2SO_4、H_3PO_4 等介质中的使用范围。Ti-Pd 合金在国外是使用最多的耐蚀钛合金,由于 Pd 较昂贵,因此在我国还没有广泛使用。Ti-0.3Mo-0.8Ni(Ti-code12)合金的耐蚀性优于纯 Ti,接近 Ti-Pd 合金,具有良好的抗缝隙腐蚀性能。我国已开始用 Ti-code12 合金取代 Ti-0.2Pd 合金。由于加入的阴极性合金元素 Ni、Mo 成本低,耐蚀性好,近年来这种合金倍受国内外青睐。

加入阴极性元素促进阳极钝化的方法,是很有发展前途的耐蚀合金化途径。

5.2.4　使合金表面生成高耐蚀的腐蚀产物膜

加入一些合金元素,促使在合金表面生成致密、高耐蚀的保护膜,从而提高合金的耐蚀性。例如,在钢中加入 Cu、P 等合金元素,能使低合金钢(Cor-Ten 钢)在一定条件下表面生成一种耐大气腐蚀的非晶态的保护膜。

上述几种途径是提高合金耐蚀性的总原则。由于腐蚀过程十分复杂,研制耐蚀合金时,应根据合金使用的环境选择最适宜的途径,这样才能提高合金的耐蚀性。

5.3　铁的耐蚀性

5.3.1　铁的电化学性质及其耐蚀性

铁形成铁离子的标准平衡电位 $\varphi_{Fe/Fe^{2+}}=-0.44$ V,$\varphi_{Fe/Fe^{3+}}=-0.036$ V。从热力学上看是不

稳定的，与和铁的平衡电位相近，甚至电位很负的金属相比，铁在自然环境（大气、天然水、土壤等）中的耐蚀性能较差。如 Fe 与 Al、Ti、Zn、Ni 等金属相比，在自然条件下是不耐蚀的。

铁在盐酸中的腐蚀速度随盐酸的浓度增加按指数关系上升。铁在硫酸中的腐蚀速度，当质量分数小于 50% 时，随浓度的增加而急剧增加；当质量分数达到 47%~50% 时，腐蚀速度达到最大；当质量分数大于 50% 时，腐蚀速度急剧降低；当质量分数达 70%~100% 时，铁几乎不腐蚀。当溶液中有过剩的 SO_3 存在及含量增加时，腐蚀速度又重新增大；当 SO_3 质量分数为 18%~20% 时，出现第二个腐蚀峰；当 SO_3 的含量再增加时，铁几乎不腐蚀。当硝酸质量分数接近 50% 时，铁几乎不腐蚀，说明铁钝化了，此时，电位接近于铂的电位。

在常温下，铁和钢在碱中是十分稳定的，但当 NaOH 质量分数高于 30% 时，膜的保护作用下降，膜以铁酸盐形式溶解，随着温度升高，溶解加剧。当质量分数达到 50% 时，铁腐蚀剧烈。铁在氨溶液中是稳定的，但在热而浓的氨溶液中溶解速度缓慢增加。

5.3.2 合金元素对铁的耐蚀性的影响

5.3.2.1 合金元素对铁的阳极极化曲线特性点的影响

合金元素对纯铁阳极极化曲线特性点的影响如图 5-6 所示。

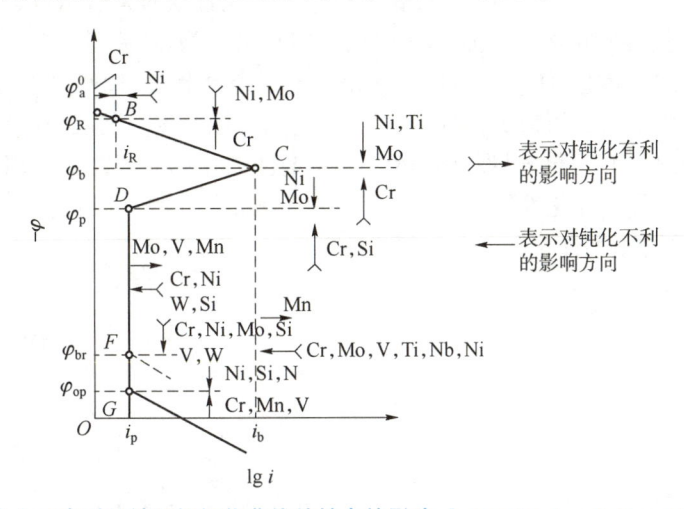

图 5-6 合金元素对纯铁阳极极化曲线特性点的影响 [$c(H_2SO_4)$ = 0.5 mol/L，室温]

（1）B 点对应活性溶解时的稳态电位、稳态电流密度（φ_R 和 i_R）。Cr 的热力学稳定性比铁低，Cr 加入 Fe 中使 φ_R 向负电位方向移动，使 i_R 增大；而 Ni 和 Mo 使 φ_R 向正电位方向移动，提高 Fe 的热力学稳定性，并使 i_R 向降低方向移动。所以，Ni 和 Mo 对增加 Fe 的耐蚀性有利。

（2）C 点对应临界钝化电位（致钝电位）φ_b 和临界钝化电流密度 i_b。合金元素 Cr 使 φ_b 向负电位方向移动，促使 Fe 钝化，提高耐蚀性；加入 Ni、Mo、Ti 使 φ_b 向正电位方向移动，不利于 Fe 钝化；Cr、Mo、V、Ti、Nb、Ni 使临界钝化电流密度 i_b 降低，有利于钝化；Mn 使 i_b 增大，不利于钝化。

(3) D 点对应钝化电位（维钝电位）φ_p 和钝化电流密度 i_p。Cr、Si 使 φ_p 向负电位方向移动，可使 Fe 容易进入稳定钝化区；而 Mo、Ni 则相反，使 φ_p 向正电位方向移动，缩小稳定钝化区。

(4) F 点对应点蚀电位 φ_{br}。合金元素 Cr、Ni、Mo、Si、V、W 使 φ_{br} 向正电位方向移动，增加 Fe 耐点蚀能力。

(5) G 点对应过钝化电位 φ_{op}。Ni、Si、N 可使 φ_{op} 向正电位方向移动，提高 Fe 的耐蚀性；而 Cr、Mn、V 则使 φ_{op} 向负电位方向移动，增加 Fe 的过钝化敏感性。

综上可知，各种合金元素对 Fe 的耐蚀性影响不能一概而论，实际应用时，需综合考虑。总体而言，Cr、Ni、Mo、Si 等合金元素对 Fe 的耐蚀性是有利的。

5.3.2.2 合金元素对 Fe 基合金耐蚀性的影响

Cr 是很容易钝化的金属，也是不锈钢的基本合金元素。

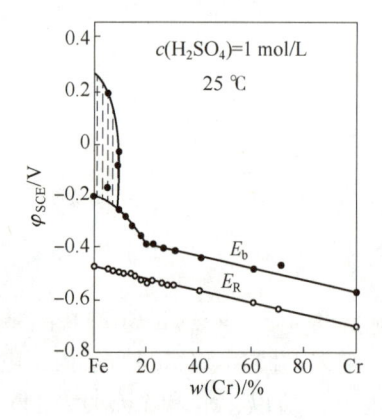

Fe-Cr 合金的稳态电位 φ_R 和临界钝化电位 φ_b 同 Cr 含量的关系如图 5-7 所示。由图可知，随着 Cr 含量增加，合金的 φ_R 和 φ_b 均逐渐向负方向移动，临界钝化电流密度 i_b 和钝化电流密度 i_p 逐渐降低，这说明 Fe-Cr 合金中 Cr 含量越高合金越易钝化，合金越耐腐蚀。

Ni 也是易钝化的金属，其钝化倾向比 Fe 大但不如 Cr，且 Ni 的热力学稳定性比 Fe 高。

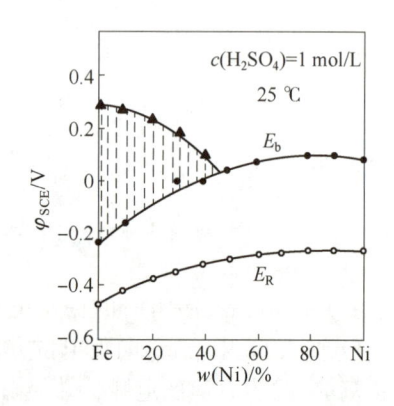

Fe-Ni 合金的稳态电位 φ_R 和临界钝化电位 φ_b 同 Ni 含量的关系如图 5-8 所示。当 Ni 质量分数小于 40% 时，随 Ni 含量增加，φ_b 向负方向移动；当 Ni 质量分数大于 40% 时，φ_b 稍向正方向移动。这恰好符合图 5-9 的试验结果：Fe-Ni 合金在 H_2SO_4、HCl 或 HNO_3 中的腐蚀速度都是随 Ni 含量增加而减少，直到达到纯 Ni 的腐蚀速度。这表明，Ni 在 Fe-Ni 合金中的作用，不是钝化作用，而是提高合金热力学稳定性的作用。因此，利用 Ni 在还原介质中的耐蚀性，与 Cr 的优良钝化性能相配合，使不锈钢既耐氧化性介质腐蚀，也对不太强的还原性介质具有一定的耐蚀性。

图 5-7 Fe-Cr 合金的稳态电位 φ_R 和临界钝化电位 φ_b 同 Cr 含量的关系

图 5-8 Fe-Ni 合金的稳态电位 φ_R 和临界钝化电位 φ_b 同 Ni 含量的关系

Mo 的加入能够促进 Fe-Cr 合金钝化，合金元素 Mo 使合金耐还原性介质腐蚀，尤其耐氯离子腐蚀（耐点蚀）。不同 Mo 含量的 Fe-18Cr 合金在 0.5 mol/L 的 H_2SO_4 溶液中的阳极极化曲线如图 5-10 所示。可以看出：随 Mo 含量增加，φ_R 向正电位方向移动，临界钝化电流密度 i_b 显著降低；阳极极化曲线上活性溶解区相应缩短，合金的钝化区范围扩大，提高了合金稳定性。合金元素 Mo 改善了耐点蚀性能，如图 5-11 所示。随着 Mo 含量增加，点蚀电位 φ_{br} 向正方向移动，合金耐点蚀性能显著提高。

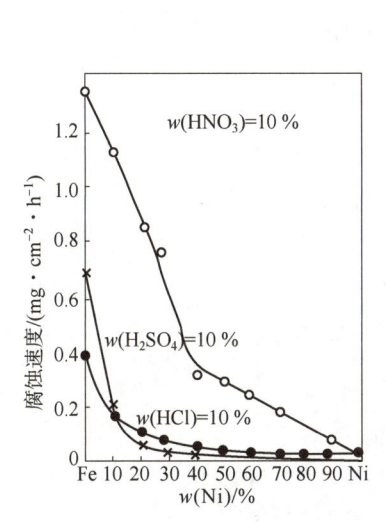

图 5-9 Fe-Ni 合金腐蚀速度与合金中镍含量的关系（25 ℃的硫酸、盐酸及硝酸）

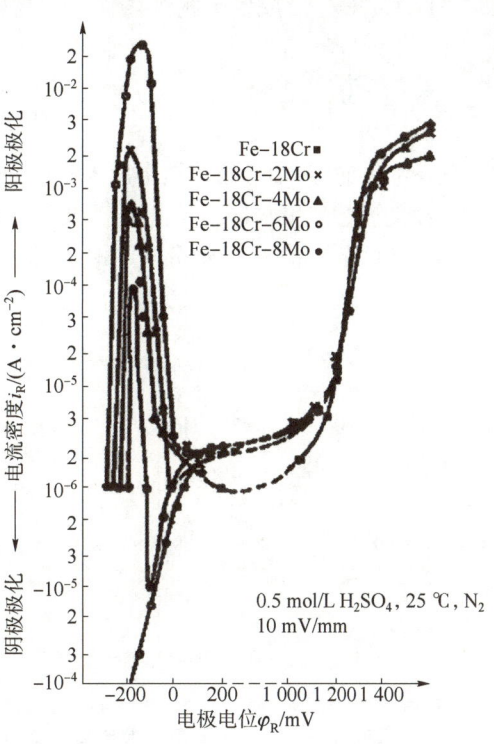

图 5-10 钼对 Fe-18Cr 合金阳极极化曲线的影响

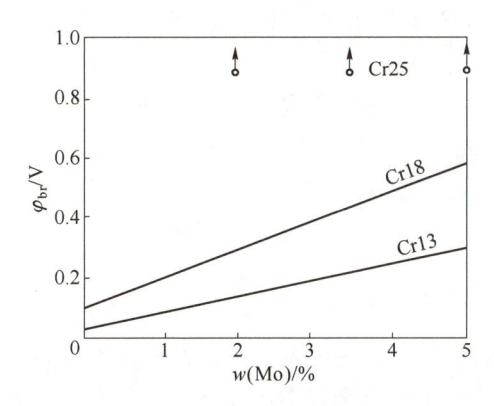

图 5-11 钼对高纯的铬不锈钢点蚀电位的影响（1 mol/L 的 NaCl 溶液，25 ℃）

5.4 耐蚀铸铁及其应用

普通铸铁是不耐腐蚀的。为提高铸铁的耐蚀性,在铸铁中加入各种元素,如 Si、Ni、Cr、Mo、Al、Cu 等,形成各类耐蚀铸铁,如高硅铸铁、镍铸铁、铬铸铁、铝铸铁等。

5.4.1 高硅铸铁

在 $w(C)$ 为 0.5%～1.1% 的铸铁中加入质量分数为 14%～18% 的 Si,可使其具有优良的耐酸性能,硅铸铁的腐蚀速度与硅含量的关系如图 5-12 所示。由图可知,当 $w(Si)=14.5\%$ 时,腐蚀速度有明显的降低,但 Si 质量分数一般不大于 18%,否则严重降低力学性能。

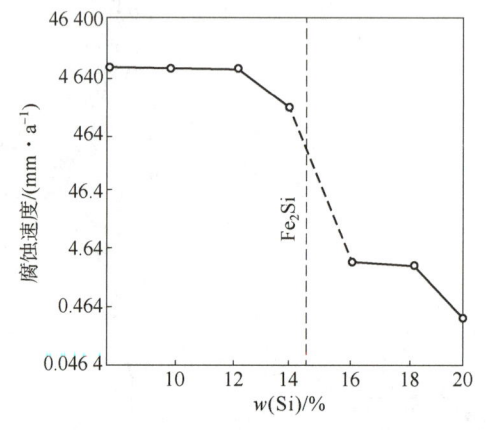

图 5-12 硅铸铁的腐蚀速度与硅含量的关系 [沸腾 $w(H_2SO_4)=35\%$]

$w(Si)>14\%$ 的合金铸铁称为高硅铸铁,它对各种无机酸包括 HCl 均有良好的耐蚀性能。$w(Si)>15\%$ 时会生成价稳定的 η 相（Fe_5Si_2）,所以多数耐蚀铸铁 Si 质量分数不大于 15%。高硅铸铁在 HCl 中的耐蚀性不如 H_2SO_4 和 HNO_3 中好,为此通常把 Si 质量分数提高到 18%,并加入质量分数为 3% 的 Mo。

高硅铸铁在 H_3PO_4 中耐蚀性良好,当温度低于 98 ℃时,各种浓度的 H_3PO_4 中的腐蚀速度一般不超过 0.1 mm/a,最高不超过 0.2 mm/a。

高硅铸铁不耐碱腐蚀。

5.4.2 镍铸铁

镍与硅一样,是促进铸铁石墨化的元素,但其作用仅为硅的 1/3。Ni 在铸铁中既不形成碳化物,也不固溶于渗碳体中,而是全部溶于基体中。依据 Ni 含量不同,可把镍铸铁分为低镍铸铁、中镍铸铁及高镍铸铁。

奥氏体高镍铸铁中 Ni 的质量分数为 14%～36%,并含有一定量的 Cr 或 Cu,铸态组织由片状或球状石墨和奥氏体所组成。奥氏体高镍铸铁以 Ni-Resist 耐蚀铸铁最著名,其化学成分和性能见表 5-2。

表 5-2　Ni-Resist 耐蚀铸铁的化学成分和性能

类型	化学成分(质量分数)/%						硬度/HB	抗拉强度/MPa	热膨胀系数(0~200℃)/(×10⁻⁶)	单位长度电阻/(μΩ·cm⁻¹)	磁性
	C	Si	Mn	Ni	Cu	Cr					
Ⅰ	<3.0	1.0~2.5	1.0~1.5	13.5~17.5	5.5~7.5	1.75~2.5	130~160	170~210	19.3	140	非
Ⅰa	<2.8	1.5~2.75	1.0~1.5	13.5~17.5	5.5~7.5	1.75~2.5	145~190	210~350	19.3	140	非
Ⅱ	<3.0	1.0~2.5	0.8~1.5	18.0~22.0	<0.5	1.75~2.5	130~160	170~210	18.7	170	非
Ⅱa	<2.8	1.5~2.75	0.8~1.5	18.0~22.0	<0.5	1.75~2.5	145~190	210~350	18.7	170	非
Ⅱb	<3.0	1.0~2.5	0.8~1.5	18.0~22.0	<0.5	3.0~6.0	170~250	170~310	18.7	—	磁
Ⅲ	<2.75	1.0~2.0	0.4~1.8	28.0~32.0	<0.5	2.5~3.5	120~150	170~240	9.4	—	磁
Ⅳ	<2.6	5.0~6.0	0.4~0.8	20.0~32.0	<0.5	4.5~5.5	150~180	170~240	14.0	160	少量
Ⅴ	<2.4	1.0~2.0	0.4~0.8	34.0~36.0	<0.5	<0.10	100~125	140~170	5.0	—	磁

高镍铸铁对各种无机和有机还原性稀酸，以及各类碱性溶液都有很高的耐蚀性。在高温高浓度的碱性溶液中，甚至在熔融的碱中都耐蚀，如图 5-13 所示。但在氧化性酸（如 HNO_3）中，其耐蚀性较差。

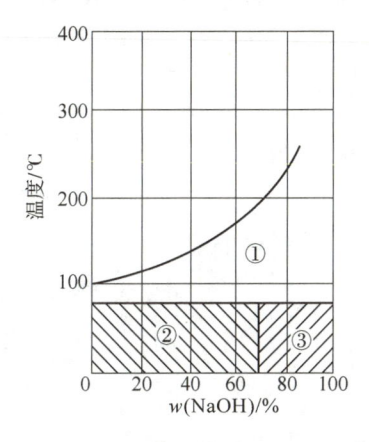

①—高镍铸铁（腐蚀速度≤3.15）；②—普通铸铁（腐蚀速度≤2.0）；③—普通铸铁（腐蚀速度≤3.15）。
图 5-13　各种铸铁在苛性碱中的耐蚀性[腐蚀速度/(×10⁻³ mm·a⁻¹)]

高镍铸铁对海洋大气、海水和中性盐类水溶液具有非常好的耐蚀性，所以，它是海水淡化装置中（海水泵等）的理想材料。

低镍铸铁[w(Ni)=2%~3%]具有较好的耐碱腐蚀性能，可用作浓缩烧碱的蒸煮锅等。

5.4.3 铬铸铁

铬铸铁分为低铬[$w(Cr)<1\%$]和高铬[$w(Cr)=12\%\sim35\%$]两类。前者主要适用于600 ℃以下的耐热铸件,并能改善铸铁对海水和低浓度酸的耐蚀能力,常用于地下管线。

高铬铸铁根据Cr含量不同,又可分为3类:$w(Cr)=12\%\sim20\%$的马氏体高铬铸铁,$w(Cr)=24\%\sim28\%$的奥氏体高铬铸铁,及$w(Cr)=30\%\sim35\%$的铁素体高铬铸铁。

高铬铸铁最适合用于氧化性腐蚀介质中受磨损或冲击的部件,如输送腐蚀性浆液的泵、管道、搅拌器等。高铬铸铁在中性或弱酸性盐水溶液中是耐蚀的(pH≥5时腐蚀速度<0.1 mm/a)。

主要耐热铸铁的化学成分与抗氧化温度如表5-3所示。中国铸铁化学成分及在部分化工介质中的腐蚀数据如表5-4及表5-5所示。

表5-3 主要耐热铸铁的化学成分与抗氧化温度

铸铁种类	牌号	C	Si	Mn	Cr	Ni	Al	P/S	抗氧化温度/℃
含铬耐热铸铁	BTCr-0.8	2.8~3.6	1.5~2.5	<1.0	0.5~1.1	—	—	0.3/0.12	<600
	BTCr-0.5	2.8~3.6	1.7~2.7	<1.0	1.2~1.9	—	—	0.3/0.12	<650
	16Cr	2.14	1.54	1.56	16.6	0.20	—	—	<950
	33Cr	1.28	1.17	0.75	33.03	0.24	—	—	<1 050
高硅耐热铸铁	RTSi5.5	2.2~3.0	5.0~6.0	<1.0	—	—	—	0.2/0.12	<850
高硅耐热球墨铸铁	RQTSi5.5	2.4~3.0	5.0~6.0	<0.7	—	—	—	0.2/0.03	<900
Stlal 铸铁	—	2.97	4.88	—	—	—	—	—	<850
含铝耐热铸铁	5Si-1Al	2.84	4.49	—	—	—	1.03	—	<900
Cralfer 耐热铸铁	6Al-1Cr	2.84	1.57	—	0.79	—	6.03	—	<1 000
Alsiron 耐热耐酸铸铁	4Al-5Si	2.43	5.51	—	—	—	3.75	—	<1 050
耐热铸铁	4Al-5Si-1Cr	2.45	5.91	—	0.98	—	4.13	—	<1 100

表5-4 中国铸铁化学成分

铸铁种类	牌号	C	Si	Mn	Cr	Cu	RE(加入量)	S	P
高硅铸铁	STSi15	0.5~0.8	14.4~16.0	0.3~0.8	—	—	—	≤0.07	≤0.10
稀土高硅球墨铸铁	SQTSi15	0.5~0.8	14.5~16.0	0.3~0.8	—	—	0.25	≤0.03	≤0.05
稀土中硅铸铁	STSi11	1.0~1.2	10.0~12.0	0.3~0.5	0.6~0.8	1.8~2.2	0.25	≤0.02	≤0.045

表 5-5　中国铸铁在部分化工介质中的腐蚀数据

铸铁种类	介质与浓度	温度/℃	时间/h	腐蚀速度/(mm·a^{-1})	主要合金元素（质量分数）
普通铸铁	碳酸氢铵溶液 $c(NH_3)$ = 10.15 mol/L $c(CO_2)$ = 3.95 mol/L	45 55 65	168	1.2 1.9 2.3	3.46% C 1.45% Si 0.73% Mn
铝铸铁	碳酸氢铵溶液 $c(NH_3)$ = 5.5~6.5 mol/L $c(CO_2)$ = 3.48 mol/L	常温 35 55	168	0.082 0.035 4 0.10	4.88% Al 6.82% Al
铝铸铁	（以下百分数均为质量分数） 40%~90%NaOH（蒸碱锅）	200~300 200~300（高速运转）	168	一年穿孔 15~20 d 穿孔	3.06% C 2.86% Si 0.99% Mn 5.5% Al
耐酸硅铸铁	30%硝酸	20	72	0.063 6	1.0%~1.2% C 10%~12% Si 0.35%~0.50% Mn 0.4%~0.6% Cr
耐酸硅铸铁	70%硝酸	20	72	0.028 5	
耐酸硅铸铁	50%硫酸	20	72	0.145 0	
耐酸硅铸铁	94%硫酸	110	72	0.012 7	
耐酸硅铸铁	46%硝酸+94%硫酸	110	72	0.107 0	
耐酸硅铸铁	9%~11%氟硅酸 （普钙氟硅酸贮槽）	38~40	120	1.374 8	
耐酸硅铸铁	9.26%硫酸+苯磺酸 （磺化锅）	160~205	106.5	0.031 6	
耐酸硅铸铁	60%~70%硫酸+饱和氯气 （氯气干燥塔、废硫酸贮槽）	常温	144	0.031 0	
稀土高硅球墨铸铁	10%硫酸	沸	68	0.20	0.5%~0.7% C 14.5%~16.5% Si 0.5%~0.8% Mn
稀土高硅球墨铸铁	30%硝酸	沸	68	0.17	
稀土高硅球墨铸铁	50%醋酸+1%乙醛	沸	68	0.03	
硅钼铜耐酸铸铁	46%硝酸	50	72	0.274 0	12.5%~13.5% Si 0.5%~0.8% Mn 3.5%~4.5% Mo 3.0%~4.0% Cu
硅钼铜耐酸铸铁	93%硫酸	110	72	0.059 6	
硅钼铜耐酸铸铁	46%硝酸:93%硫酸=1:2	110	72	0.309 0	
硅钼铜耐酸铸铁	44%~46%硝酸（硝酸贮槽）	常温	72	0.109	
硅钼铜耐酸铸铁	70%~73%硫酸	47	72	0.039 4	
硅钼铜耐酸铸铁	9.25%硫酸+苯磺酸	160~205	166	0.101 7	
硅钼铜耐酸铸铁	60%~70%硫酸+饱和蒸气	常温	114	0.017 04	

5.5 耐蚀低合金钢

耐蚀低合金钢是低合金钢的一个重要分支。合金元素的添加主要是为了改善钢在不同腐蚀环境中的耐蚀性,一般合金元素总质量分数不超过 5%。耐蚀低合金钢尚属发展中的钢种,较成熟的耐蚀低合金钢主要有:

(1) 耐大气腐蚀低合金钢;
(2) 耐海水腐蚀低合金钢;
(3) 耐硫酸露点腐蚀低合金钢;
(4) 耐硫化物腐蚀低合金钢;
(5) 其他耐蚀低合金钢,如耐高温、耐高压、耐氢钢及耐盐卤腐蚀的低合金钢等。

本节简要介绍 3 种耐蚀低合金钢的特点及应用。

5.5.1 耐大气腐蚀低合金钢

合金元素对钢的耐大气腐蚀作用主要是改变锈层的晶体结构,降低缺陷,提高锈层的致密程度和对钢的附着力。较有效的合金元素主要有 Cu、P、Cr、Ni 等,这些元素在钢表面富集并形成非晶态层,提高钢在大气环境中的耐蚀能力,图 5-14 为钢在大气环境中锈层结构示意图。

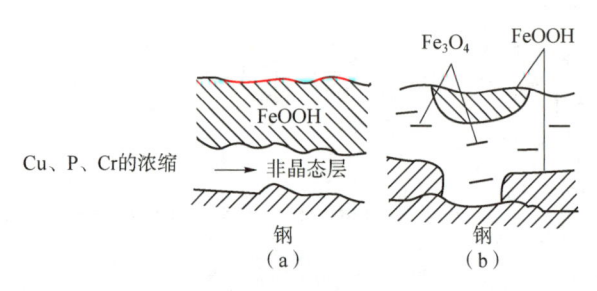

图 5-14 钢在大气环境中锈层结构示意图
(a) 耐大气腐蚀低合金钢;(b) 普通钢

Cu 是耐大气腐蚀低合金钢中最有效的元素,钢中的 Cu 质量分数一般为 0.2%~0.5%。含铜钢在海洋大气和工业大气中比在乡村大气中耐蚀效果更好。

P 在钢中通常被视为有害元素之一,但它在提高钢抗大气腐蚀方面具有特殊的效果。这可能是由于 P 对促使锈层非晶态转变具有独特的作用。一般认为,Cu、P 复合效果更好。美国钢铁公司研制的耐大气腐蚀低合金钢(Cor-Ten 钢)就是在 Cu、P 基础上加入 Ni、Cr 制成的,几乎得到全世界各国的普遍效仿。

一般 P 的质量分数为 0.06%~0.10%,过高会导致低温脆性。为了改善钢的焊接性,近年来国内外已趋向于降低 P 含量,并用其他元素代替高 P。

Cr 是提高低合金钢耐大气腐蚀性能的合金元素之一。一般 Cr 与 Cu 配合,效果尤为明显,如图 5-15 所示。据报道,当钢中 $w(Cr)=1\%$、$w(Cu)=0.5\%$ 时,其耐蚀性可提高 30%。Cr 的质量分数一般为 0.5%~3%,以 1%~2% 为宜。Cr 的作用是促进尖晶石型氧化物的生成,而 Cu 的作用则是促进尖晶石型氧化物非晶态化,二者共同作用使钢表面形成尖晶石型非晶态保护膜。

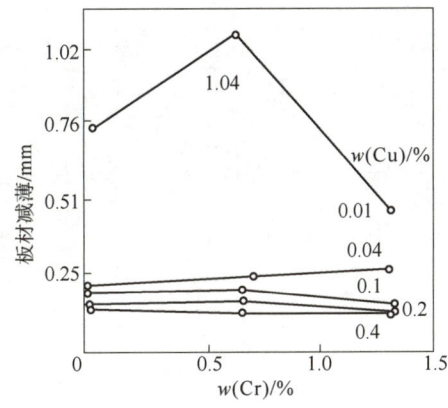

图 5-15 Cr 与 Cu 对钢耐大气腐蚀性能的影响（暴露试验时间 15.5 a）

Mo 能有效提高钢抗大气腐蚀的能力。当钢中加入质量分数为 0.4%~0.5% 的 Mo 时，在大气（尤其工业大气）环境下可使腐蚀速度降低 1/2 以上。日本研究者的试验表明，在 Cu-P 钢中加 Mo 比加 Cr 或 Ni 表现更为有益的效果。

一般认为，在 $w(\text{Ni})$ = 3.5% 左右时效果显著。当 $w(\text{Ni})$ < 1% 时，尤其当钢中含有 Cu 时，改善耐蚀的效果并不明显。

实践证明，含铜钢是耐大气腐蚀的优良钢种。铜与合金元素 P、Cr、Ni 相配合的复合效果最佳，Cor-Ten 钢是典型的代表，它是美国钢铁公司在 20 世纪 30 年代研究的成果。该钢为 Cu-P-Cr-Ni 系低合金钢，其耐蚀性为碳钢的 3~6 倍。经 15 年工业大气暴露试验，腐蚀速度仅为 0.002 5 mm/a，而低碳钢腐蚀速度为 0.5 mm/a。据报道，Cor-Ten 钢可以不加保护层裸露使用。表 5-6 为几个主要工业国家耐大气腐蚀低合金钢的化学成分。

表 5-6 几个主要工业国家耐大气腐蚀低合金钢的化学成分

国家	牌号或商品名	化学成分（质量分数）/%								
		C	Si	Mn	P	S	Cu	Ni	Cr	其他
美国	ASTMA242	≥0.22	—	≤1.25	—	≤0.05	—	—	—	—
	ASTMA440	≤0.28	0.30	≤1.10~1.60	酸性≤0.06 碱性≤0.04	≤0.05	—	—	—	—
	ASTMA441	≤0.22	≤0.30	≤1.25	≤0.04	≤0.05	≥0.20	—	—	V：≤0.02
	Cor-Ten	≤0.12	0.25~0.75	0.20~0.50	0.07~0.15	≤0.05	0.25~0.55	≤0.65	0.30~1.25	—
		0.01~0.19	0.30~0.50	0.90~1.25	≤0.04		0.25~0.40	—	0.20~0.65	V：0.02~0.10
	MannenR	≤0.12	0.20~0.90	0.15~1.00	≤0.12	≤0.15	≤0.50	≤1.00	0.40~1.00	Zr：0.2~0.65

续表

国家	牌号或商品名	化学成分（质量分数）/%							
		C	Si	Mn	P	S	Cu	Ni	Cr	其他
日本	Cup-Tan	≤0.12	0.60	0.60	0.06~0.12	<0.01	0.20~0.50	—	0.40~0.80	Mo：0.15~0.25
	River-Ten	<0.12	0.25~0.75	0.20~0.50	0.07~0.15	≤0.05	0.25~0.55	≤0.05	0.30~1.25	—
	Zir-Ten	≤0.01	0.35~0.65	0.40~0.80	0.06~0.12	≤0.04	0.25~0.55	—	0.30~0.80	Zr：≤0.015
	CRz	0.08~0.15	0.10~0.80	0.20~0.60	≤0.025	≤0.06	0.30~0.60	0.26~0.65	0.60~1.00	—
英国	BS968	≤0.23	0.102~0.35	1.30~1.80	≤0.05	≤0.05	≤0.06	≥0.05	≤0.80	
法国	AC54	≤0.20	≤0.30	≤0.60	—	—	≤0.45		≤0.45	
德国	S52Cr-Cu	≤0.20	≤0.30	≤0.80	≤0.05	≤0.01	≤0.40		≤0.40	
意大利	104	0.14~0.17	0.50~0.80	0.80~1.00	—	—	0.40~0.70	0.80~1.00		

我国耐大气腐蚀低合金钢是20世纪60年代开始研制的，一般不含铬镍，而是充分发挥我国矿产资源的特点，发展了铜系、磷钒系、磷稀土系与磷铌稀土系等耐大气腐蚀低合金钢。

武汉钢铁公司（武钢）首先研制出含铜系列的耐大气腐蚀低合金钢：16MnCu、09MnCuPTi等。除Cu系钢外，包头钢铁公司（包钢）、鞍山钢铁公司（鞍钢）等还研究了磷钒系的12MnPV钢、磷铌稀土系的10MnPNbRE等。表5-7列出了我国主要耐大气腐蚀低合金钢典型钢种。

表5-7 我国主要耐大气腐蚀低合金钢典型钢种

牌号	化学成分(质量分数)/%									强度级别 σ_s/MPa	研制单位
	C	Si	Mn	P	S	Cu	RE	V	其他		
16MnCu	0.12~0.20	0.20~0.60	1.20~1.60	≤0.05	≤0.05	0.20~0.40	—	—	—	330~350	武钢
10MnSiCu	≤0.12	0.80~1.10	1.30~1.65	≤0.045	≤0.05	0.15~0.30	—	—	—	≥350	武钢
09MnCuPTi	≤0.12	0.20~0.50	1.00~1.50	≤0 05~0.12	≤0.045	0.20~0.45	—	—	—	≥350	武钢
15MnVCu	0.12~0.18	0.20~0.60	1.00~1.60	≤0.05	≤0.05	0.20~0.40	—	0.04~0.12	—	340~420	武钢

续表

牌号	化学成分(质量分数)/%								强度级别 σ_s/MPa	研制单位
	C	Si	Mn	P	S	Cu	RE	V	其他		
10PCuRE	≤0.12	0.20~0.50	1.00~1.40	≤0.08~0.14	≤0.04	0.25~0.40	0.15	—	Al：0.03~0.07	350	上海钢研所上钢一厂
12MnPV	≤0.12	0.20~0.60	0.70~1.00	≤0.12	≤0.045	—	—	0.076	—	320	马钢
08MnPRE	0.08~0.12	0.20~0.45	0.60~1.20	≤0.08~0.15	≤0.04	—	0.10~0.20	—	—	360	鞍钢
10MnPNbRE	≤0.16	0.20~0.60	0.80~1.20	≤0.06~0.12	≤0.05	—	0.10~0.20	—	Nb：0.015~0.05	≥400	包钢

我国磷钒系耐大气腐蚀低合金钢钢在海洋大气中的耐蚀性比 Q235 钢提高 9%，磷铌稀土系在工业大气中相对 Q235 钢的耐蚀性为 138%。

5.5.2 耐海水腐蚀低合金钢

耐海水腐蚀低合金钢是海洋用钢（包括中、高合金钢）中所占比重最大的一类。由于海洋腐蚀的复杂性和环境条件难以模拟等特点，耐海水腐蚀低合金钢发展较晚。美国钢铁公司从 1946 年起研究了各种耐海水腐蚀低合金钢，经历长达 18 年的研究才推出了商品名为 Mariner 的耐海水腐蚀低合金钢（Fe-Ni-Cu-P）。它在海水飞溅带具有优良耐蚀性，但在全浸带的耐蚀性与碳钢相当，因为含 P 高，焊接性及低温韧性低，从而限制了它的应用。日本在 Mariner 钢基础上研制出 Mariloy 钢（新日铁）等系列耐海水腐蚀低合金钢。苏联用于造船的 CXJI-4 钢有较好的耐海水腐蚀性能，它属于 Fe-Cr-Ni-Si 系钢。

我国系统研究耐海水腐蚀低合金钢已有近 30 年的历史，现有 16 个钢种已进行了耐海水腐蚀的统一评定试验，并已投产使用。表 5-8 列出了我国统一评定的耐海水腐蚀低合金钢化学成分与性能。表 5-9~表 5-11 分别列出部分国家耐海水腐蚀低合金钢的化学成分、性能及主要用途，以及碳钢与耐海水腐蚀低合金钢在海洋环境下的腐蚀速度比较。由表可见，耐海水腐蚀低合金钢在全浸区的耐蚀性并不比碳钢提高多少，因此研究在全浸条件下耐蚀性高的海水用低合金钢仍是一个需要解决的课题。

表 5-8 我国统一评定的耐海水腐蚀低合金钢化学成分与性能

钢种	研制单位	化学成分（质量分数）/%								强度级别 σ_s/MPa	备注
		C	Si	Mn	P	S	Cu	RE	V	其他		
10MnPNbRE	包冶所	≤0.16	0.20~0.60	0.80~1.20	0.06~0.12	≤0.05	—	0.10~0.20	—	Nb：0.015~0.05	≥400	GB/T 1591-2018
09MnCuPTi	武钢	≤0.12	0.20~0.50	1.00~1.50	0.05~0.12	≤0.045	0.20~0.45	—	—	Ti：≤0.03	≥350	GB/T 1591-2018
10CrMoAl	上海钢研所上海三厂	0.07~0.12	0.20~0.50	0.35~0.60	≤0.45	≤0.045	—	—	—	Cr：0.08~1.20 Al：0.40~0.80 Mo：0.20~0.35	≥350	—
10NiCuAs	北京钢研总院韶钢	≤0.12	0.17~0.37	0.60	0.45	≤0.045	0.30~0.50	—	—	As：≤0.35	≥320	—
10NiCuP	北京钢研总院天津钢研所	≤0.12	0.17~0.37	0.60~0.90	0.08~0.15	≤0.04	≤0.30	—	—	Ni：0.40~0.65	≥360	—
08PVRE	鞍钢	≤0.12	0.17~0.37	0.50~0.80	0.08~0.12	≤0.045	—	0.20	≤10	—	≥350	—
10CrMoCuSi	上海钢研所上钢三厂	0.06~0.14	0.40~0.80	0.20~0.50	≤0.040	≤0.04	0.20~0.35	—	0.02~0.07	Cr：0.65~0.95	≥340	—
10NbPAl	包钢	≤0.16	0.30~0.60	0.80~1.20	0.06~0.12	≤0.05	—	—	—	Al：0.15~0.35	≥350	—
09CuWSn	武钢	≤0.12	0.17~0.37	0.50~0.80	≤0.40	≤0.04	0.20~0.50	—	—	W：0.10~0.30 Sn：0.20~0.40	≥380	—
10NbPAl	鞍钢	≤0.12	0.17~0.37	0.50~0.80	0.08~0.12	≤0.04	—	—	≤0.10	—	≥350	—
12NiCuWSn	武钢	≤0.14	0.30~0.55	0.50~0.80	0.04	≤0.04	0.20~0.50	—	—	W：0.10~0.30 Sn：0.20~0.40	≥400	—

续表

钢种	研制单位	化学成分（质量分数）/%								强度级别 σ_s/MPa	备注
		C	Si	Mn	P	S	Cu	RE	V	其他		
10CrPV	马钢	≤0.12	0.17~0.37	0.60~1.00	0.08~0.12	≤0.04	—	—	≤0.10	Cr：0.50~0.80	≥350	—
10Cr2MoAlRE	浙冶所 杭钢	≤0.12	0.17~0.37	0.50~0.80	≤0.04	≤0.04	—	≤0.20	—	Cr：1.8~2.4 Mo：0.30~0.50	≥400	
10CrPV	马钢	≤0.12	0.17~0.37	0.60~1.00	0.08~0.12	≤0.04	0.02~0.35	—	≤0.10	—	≥350	—
10NiCuP	北京钢研总院 天津钢院所	≤0.12	0.17~0.37	0.50~0.80	0.08~0.12 V	≤0.04	0.02~0.35	—	≤0.10	—	≥350	

注：表中除 10MnPNbRE、09MnCuPTi 已纳标外，其余成分供参考。

表 5-9 部分国家耐海水腐蚀低合金钢的化学成分

国家	牌号	化学成分（质量分数）/%								
		C	Si	Mn	P	S	Cu	Ni	Cr	Al	其他
美国	Mariner	≤0.22	≤0.10	0.6~0.9	0.08~0.15	≤0.04	≥0.50	0.40~0.65	—	—	—
法国	APS20A	0.10	—	0.40	—	—	—	—	4.0	0.90	—
	APS20M	0.10	—	0.40	—	—	—	—	4.0	0.90	Mo：0.15
	APS25	0.15	—	0.40	—	—	0.80	—	4.0	0.60	Mo：0.15
日本	MARILOYP50	≤0.14	≤0.10	≤0.15	≤0.03	≤0.03	≤0.15~0.40	—	0.30	—	—
	S50	≤0.14	≤0.55	≤1.50	≤0.03	≤0.03	—	—	0.80~1.3	—	Nb：≤0.01
	G50	≤0.14	≤0.10	≤1.50	≤0.03	≤0.03	0.15~0.40	—	0.80~1.3	—	Mo：≤0.03
	T50	≤0.10	≤0.10	≤0.90~1.50	≤0.03	≤0.03	0.15~0.40	—	1.70~2.20	—	Mo：≤0.03
	Nep-Ten50	≤0.13	—	—	0.08~0.15	—	0.60~1.5	—	0.50~3.0	0.60~1.50	
	Nep-Ten50	≤0.18	—	—	0.08~0.15	—	0.60~1.5	—	0.50~3.0	0.50~1.50	

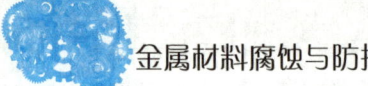

续表

国家	牌号	化学成分（质量分数）/%									
		C	Si	Mn	P	S	Cu	Ni	Cr	Al	其他
中国	10Cr2MoAlRE	0.06	0.39	0.65	0.017	0.008	—	0.42Mo	2.12	0.86	RE：0.06
	10MnPNbRE	≤0.20	0.54	1.19	0.076	0.019	—	0.032Nb	—	0.05	RE：0.008
	08PVRE	0.10	0.20~0.50	0.40~0.70	0.07~0.13	≤0.04	0.04~0.12 V	—	—	—	RE：0.10~0.20

表 5-10　部分国家耐海水腐蚀低合金钢的性能及主要用途

国家	牌号	性能			主要用途
		σ_s/MPa	σ_b/MPa	δ/%	
美国	Mariner	353	490	18	钢板桩
法国	APS20A	314	500	20	海水管道，防波堤护板
	APS20M	315	500	—	—
	APS25	600	800	—	—
日本	MARILOYP50	330	500	—	钢板桩，浮标
	S50	330	500	—	耐蚀构件
	G50	330	500	—	飞溅带、全浸带构件
	T50	240	490	—	油管
	Nep-Ten50	353	500~600	25	
	Nep-Ten50	392	600~700	22	
中国	10Cr2MoAlRE	—	—	—	海水冷聚器
	10MnPNbRE	400	520	—	钢板桩，船舶
	08PVRE	345	471	21	海洋大型工程，海水管线

表 5-11　碳钢与耐海水腐蚀低合金钢在海洋环境下的腐蚀速度比较

海洋环境	腐蚀速度/（mm·a^{-1}）	
	耐海水腐蚀低合金钢	碳钢
大气区	0.04~0.05	0.2~0.5
飞溅区	0.1~0.15	0.3~0.5
潮汐区	~0.1	~0.1
全浸区	0.15~0.2	0.2~0.25
海泥区	0.06	~0.1

我国各种耐海水腐蚀低合金钢的性能特点是含 Cu 与高 P 的钢间浸耐蚀性较好，含 Cr、Al 的钢全浸耐蚀性较好。

海洋环境是非常复杂的，其影响因素较多，因此讨论合金元素在耐海水腐蚀低合金钢中的作用时，必须结合海洋环境。目前比较一致的看法是合金元素富集在锈层中，降低锈层的氧化物晶体缺陷，改变其形态及分布，形成致密、黏附性牢的锈层，阻碍 Cl^-、O_2、H_2O 向钢表面扩散，从而提高耐海水腐蚀性能。综合有关研究结果，在浅海中全浸条件下，能提高钢的耐蚀性的合金元素有 Cr、Al、Si、P、Cu、Mn、Mo、Nb、V 等，其中，以前几种元素较为重要，尤以 Cr 的作用最为显著，当 Cr 与 Al 复合加入钢中或 Cr 与 Al、Mo、Si 共同加入钢中时，耐海水腐蚀性能更好。图 5-16 为 Cr、Al、Nb、V 合金元素对 $w(C)=0.1\%$ 的 Fe-C 钢浸于海水中腐蚀速度的影响。

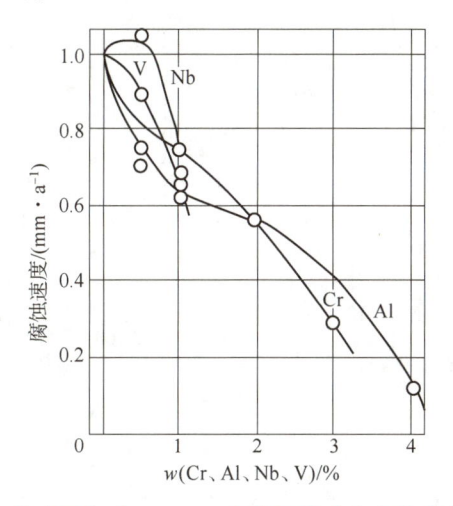

图 5-16　合金元素对 Fe-0.1C 钢浸于海水中腐蚀速度的影响
（试验 1 a，设 Fe-0.1C 合金的腐蚀速度 1.0 mm/a）

5.5.3　耐硫酸露点腐蚀低合金钢

在采用高硫重油或煤作为燃料的锅炉燃气中，常含有 SO_2 和 SO_3。在锅炉的低温部位（如省煤器、空气预热器、烟道等）由 SO_3 与水作用而凝结成 H_2SO_4 引起的腐蚀现象，称为硫酸露点腐蚀。燃气中 SO_3 含量超过 60 ppm，可以使环境的露点升高至 150~170 ℃。当金属部件表面温度低于露点时，SO_3 与水形成的硫酸就会凝集在其上面，造成锅炉系统严重腐蚀，如空气预热器的管壁穿孔腐蚀。我国许多锅炉已改烧重油，因此，研究、掌握锅炉低温部件的硫酸露点腐蚀规律，以寻求解决的途径是很必要的。

5.5.3.1　硫酸露点腐蚀

锅炉低温部件的硫酸露点腐蚀受燃气中 SO_3 含量、露点及金属表面温度的影响。

实践表明，燃气中含有几十 ppm 的 SO_3 就可以使露点显著升高（可达到 150 ℃左右）。当金属表面温度低于露点时，燃气中含有的 SO_3 和水蒸气就以 H_2SO_4 形式凝结在金属表面。燃气中的 SO_3 含量则主要取决于燃料中的含硫量及空气过剩系数。油中含硫量越高，空气过剩量越高，则生成的 SO_3 含量越多。

凝结的 H_2SO_4 浓度大小，主要取决于燃气中水分含量与金属表面温度，与金属表面温度之间的关系如图 5-17 所示。

由图 5-17 可看出，当锅炉低温部件金属表面温度为 60 ℃时，凝结的 H_2SO_4 的浓度约为 40%（质量分数）；当金属表面温度为 100 ℃时，H_2SO_4 的质量分数可在 70% 左右。图 5-18 表明，当钢的表面温度处于露点以下 20~60 ℃时，凝结的硫酸量及钢的腐蚀量均为最大值。

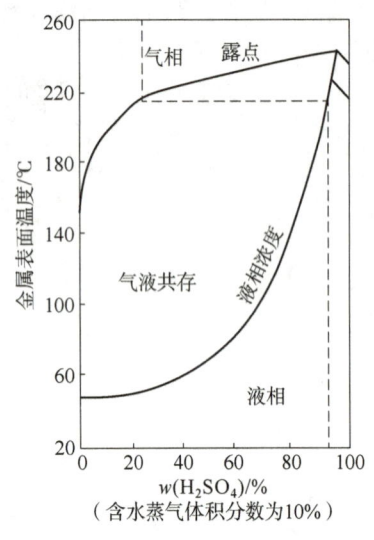

图 5-17 凝结的 H_2SO_4 浓度与金属表面温度之间的关系

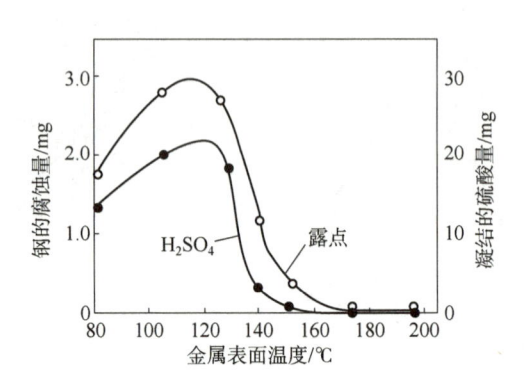

图 5-18 凝结的硫酸量、钢的腐蚀量与金属表面温度的关系

5.5.3.2 硫酸露点腐蚀的机理

关于硫酸露点腐蚀的机理，学者们总结出随着锅炉运行可分 3 个阶段：第一阶段即低温（≤80 ℃）、低浓度[$w(H_2SO_4)$≤60%]的硫酸活化腐蚀阶段，指锅炉开始运行或刚刚停止运行时所遭受的腐蚀条件及腐蚀状态，这一阶段时间短，对整个腐蚀过程影响不大；第二阶段即高温（约 160 ℃）、高浓度[$w(H_2SO_4)$>60%]腐蚀环境，此时金属部件处于电化学腐蚀的活化态，这一阶段一般指锅炉正常运行阶段，金属表面已达到设计的温度，遭受的腐蚀比第一阶段严重得多；第三阶段的温度、H_2SO_4 浓度与第二阶段相同，区别是环境中含有大量未燃烧的碳微粒，它促使大量 Fe^{3+}（氧化剂）产生，Fe^{3+} 参与阴极反应，促使含有 Cr 或 B 的铜、钢钝化，腐蚀速度明显降低，但对于非钝化钢，Fe^{3+} 参与阴极反应使腐蚀速度显著增加。

钢的硫酸露点腐蚀速度主要取决于第二和第三阶段，而钝化钢与非钝化钢主要区别是在腐蚀的第三阶段。

5.5.3.3 耐硫酸露点腐蚀钢

硫酸露点腐蚀是在高温、高 H_2SO_4 浓度下发生的，因此根据硫酸露点腐蚀特点对钢的化学成分要进行适当调整。

研究表明，降低硫酸露点腐蚀的最重要的合金元素仍然是铜、铬及硼。Cr 质量分数在 1%~1.5% 为宜。寺前章等研究指出，含铜钢中加入 Sb、Se、As 等元素，能提高钢的耐硫酸露点腐蚀性能，其中 As 的效果显著。

中国武钢试验表明，含铜钢中同时加入 W[$w(W)$<0.2%] 与 Sn[$w(Sn)$<1%] 对钢的耐硫酸露点腐蚀性能有良好作用。

中国和日本的耐硫酸露点腐蚀低合金钢的牌号与化学成分如表 5-12 所示。

表 5-12 中国和日本耐硫酸露点腐蚀钢的牌号与化学成分

牌号或商品名	国家与生产厂	化学成分（质量分数）/%								
		C	Si	Mn	P	S	Cu	Cr	Ni	其他
09CuWSn	中国武钢	≤0.12	0.17~0.39	0.35~0.65	≤0.040	≤0.040	0.2~0.5	—	—	W：0.1~0.3　Sn：0.2~0.4
CR1A	日本住友金属	≤0.13	0.20~0.80	≤1.40	≤0.025	0.013~0.030	0.25~0.35	1.00~1.50	—	—
TAICOR-S	日本神户制钢	≤0.15	≤0.50	≤1.00	≤0.040	0.015~0.040	0.15~0.50	0.90~1.50	—	Al：0.03~0.15
S-Ten-1	新日本制铁	≤0.14	≤0.55	≤0.70	≤0.025	≤0.025	0.25~0.50	—	—	Sb：≤0.15
NAC-1	日本钢管	≤0.15	≤0.40	≤0.50	≤0.030	≤0.030	0.26~0.60	0.30~0.90	0.25~0.50	Sn：0.04~0.35　Sb：0.02~0.35
River-Ten-41S	日本川崎制铁	≤0.15	≤0.40	0.20~0.50	0.020~0.060	≤0.040	0.20~0.50	0.20~0.60	≤0.50	Nb：≤0.04

5.6 不锈钢

不锈钢具有优良的耐蚀性能、力学性能以及工艺性能等，在石油、制药、化工、核能等现代工业中得到了广泛应用。

5.6.1 不锈钢的概念

$w(Cr)$>13% 的 Fe-Cr 合金，在大气条件下"不生锈"，称为"不锈钢"；在各种侵蚀性较强的介质中，耐蚀的 Fe-Cr 合金称为"耐酸钢"。通常把不锈钢和耐酸钢统称为不锈耐酸钢，简称不锈钢。

不锈钢的"不锈""耐蚀"都是相对的。不锈钢的耐蚀性能主要依靠它的自钝性，当钝化态受到破坏时，不锈钢就会遭受各种形式的腐蚀。

用于大气中的不锈钢，$w(Cr)$>12.5%（$n/8$ 定律）的 Fe-Cr 合金一般可自发钝化；而用于化学介质中的耐酸钢，其 Cr 的质量分数需达 17% 以上才可钝化。在某些侵蚀性较强的介质中，为使钢实现钝化或稳定钝化，需在 $w(Cr)$=18% 的 Fe-Cr 合金中加入提高合金热力学稳定性高的合金元素（如 Ni、Mo、Cu、Si、Pd 等）或提高 Cr 含量。

5.6.2 奥氏体不锈钢

18-8奥氏体不锈钢由于具有优于其他不锈钢的耐蚀性能及综合力学性能等特点，应用最广，约占奥氏体不锈钢的70%，占不锈钢的50%。为提高耐蚀性，在18-8奥氏体不锈钢中常加入Ti、Nb、Mo、Si、Pd等元素，使其发展成适应不同环境需要的各种不锈钢。图5-19是18-8奥氏体不锈钢的发展演变图。

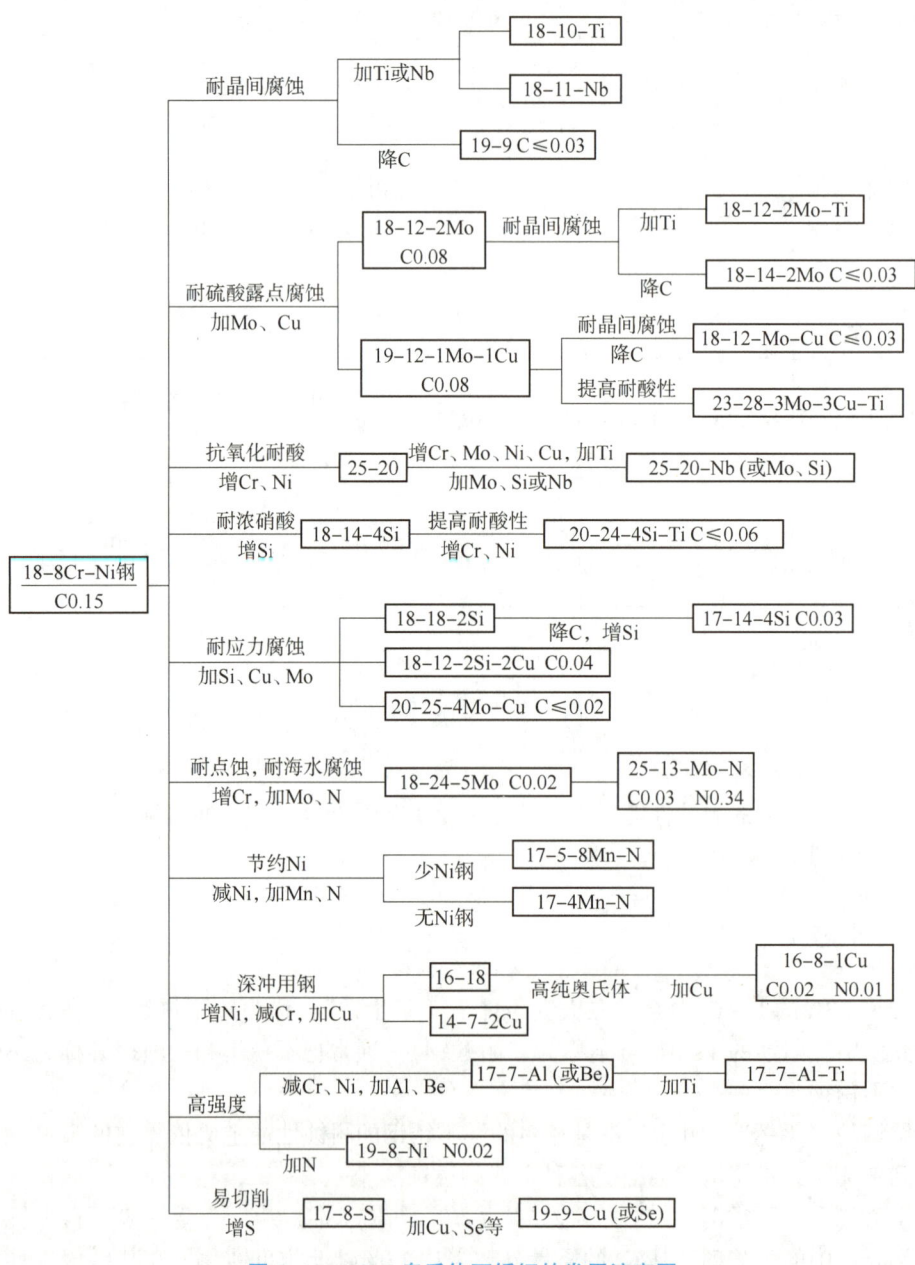

图 5-19　18-8奥氏体不锈钢的发展演变图

5.6.2.1 奥氏体不锈钢的耐蚀性

奥氏体不锈钢的耐蚀性主要取决于 Cr、Ni、Mo、Pd、Ti、C 等合金元素的含量。

一般不锈钢耐大气腐蚀（工业大气、海洋大气腐蚀），也耐土壤腐蚀，在水介质中，其耐蚀性与水中氯化物含量有关，耐氧化性酸腐蚀，如中等浓度的稀硝酸腐蚀；但不耐浓 HNO_3 腐蚀，原因是在浓 HNO_3 中发生过钝化溶解，钢中 Cr 以 Cr^{6+} 离子形式溶解。一般不锈钢只耐稀 H_2SO_4 腐蚀，钢中加入 Mo、Cu、Si 可降低其腐蚀速度。耐 H_2SO_4 腐蚀较好的奥氏体不锈钢是 0Cr23Ni28Mo3Cu3Ti 钢，但对腐蚀条件非常苛刻的热 H_2SO_4，则需采用镍基合金。

铬镍奥氏体不锈钢耐碱蚀性能非常好，其耐碱蚀性能随钢中镍含量升高而增加。铬镍奥氏体不锈钢最大缺点是在含氯化物溶液中不耐应力腐蚀断裂，易发生点蚀及缝隙腐蚀。

5.6.2.2 奥氏体不锈钢的应力腐蚀

奥氏体不锈钢的严重缺点之一就是具有应力腐蚀断裂敏感性。这使它在某些介质中，在拉应力作用下，会在几乎看不到任何破损痕迹的情况下突然断裂，造成严重事故及巨大经济损失。因此，研究奥氏体不锈钢的应力腐蚀断裂问题，有着非常重要的意义。

能够引起奥氏体不锈钢应力腐蚀断裂的介质环境是很多的，具有工业意义的主要有：

（1）约 80 ℃ 以上的高浓度氯化物水溶液；

（2）硫化物溶液（连多硫酸及含 H_2S 水溶液）；

（3）浓热碱溶液；

（4）高温高压水（150~350 ℃）。

本节主要介绍奥氏体不锈钢在热的高浓度氯化物水溶液中的应力腐蚀断裂的影响因素及其机理。

1) 环境因素

（1）氯化物。一般认为酸性氯化物水溶液均能引起奥氏体不锈钢应力腐蚀断裂，其影响程度排序为 $Mg^{2+}>Fe^{2+}>Ca^{2+}>Li^+>Na^+$。其中，$MgCl_2$ 溶液腐蚀最严重（通常采用饱和的 $MgCl_2$ 沸腾水溶液来检验奥氏体不锈钢的应力腐蚀断裂敏感性）。

（2）氯化物浓度和温度。氯脆多发生在 50~300 ℃。在同一温度下，随氯化物浓度增加，氯脆敏感性增大（见图 5-20）。

（3）pH 值。一般而言，pH 值越低，应力腐蚀断裂时间越短（见图 5-21）。

（4）电位。奥氏体不锈钢应力腐蚀断裂通常发生在 3 个过渡电位区。因此，采用外加电位方式可抑制应力腐蚀断裂敏感性，如图 5-22 所示。由图可见，阳极极化加速应力腐蚀断裂，阴极极化抑制应力腐蚀断裂。存在一个临界应力腐蚀断裂电位值，当电位低于临界值时，不产生应力腐蚀断裂。应当指出，应力腐蚀断裂临界电位值不是一个定值，它与成分、介质浓度、温度等因素有关。

（5）力学因素。一般规律是应力越大，应力腐蚀断裂时间越短。冷加工变形量增加，应力腐蚀断裂敏感性增加。

2) 化学成分

钢的化学成分对应力腐蚀断裂性能的影响依试验介质不同而异。合金元素对奥氏体不锈钢在氯化物中应力腐蚀断裂的影响，已得到广泛的研究，尤其在沸腾 $MgCl_2$ 溶液中。

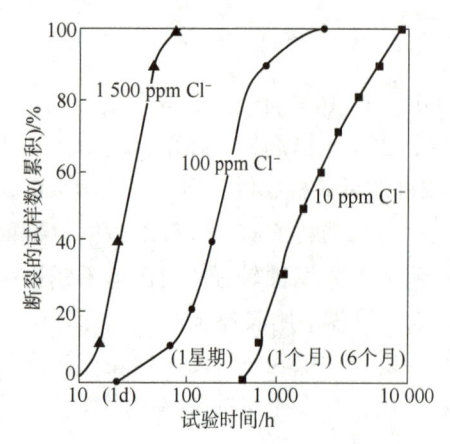

图 5-20 氯化物浓度、时间对 304 不锈钢应力腐蚀断裂敏感性的影响（温度 100 ℃，Wick 试验的浓缩条件）

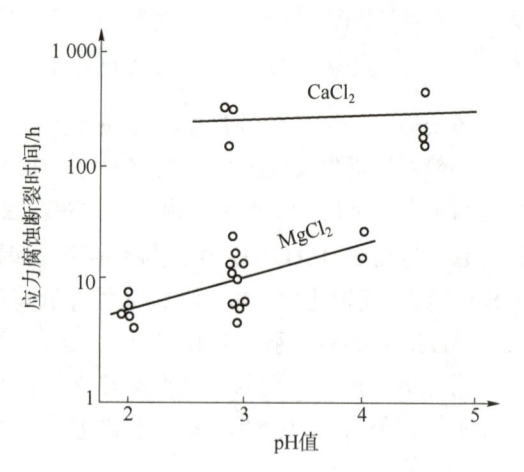

图 5-21 pH 值对 0Cr18Ni10 不锈钢应力腐蚀断裂时间的影响（在 125 ℃沸腾 $MgCl_2$ 和 $CaCl_2$ 中）

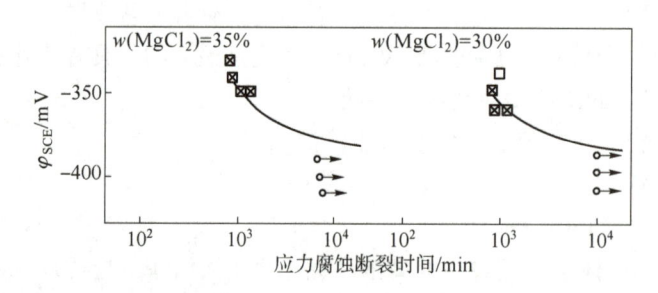

□—不均匀的全面腐蚀；⊠—应力腐蚀断裂；→—无局部腐蚀。

图 5-22 外加电位对固溶态 0Cr18Ni10 钢 [$w(C) = 0.15\%$] 在 80 ℃的 $MgCl_2$ 溶液中应力腐蚀断裂的影响（应力 250 MPa）

（1）镍。在 Fe-Cr 合金中加入少量 Ni，增加应力腐蚀断裂敏感性，当 $w(Ni) = 5\% \sim 10\%$ 时，应力腐蚀断裂敏感性最大；当 $w(Ni) = 10\% \sim 12\%$ 时，应力腐蚀断裂敏感性降低；当 $w(Ni) > 40\%$ 时，基本上不发生应力腐蚀断裂。研究认为，Ni 含量增加，提高了合金的位错能，易形成网状位错，因而降低了穿晶断裂的敏感性。

（2）硅。大量研究证明，加入质量分数为 $2\% \sim 4\%$ 的 Si 能显著降低奥氏体不锈钢的应力腐蚀断裂敏感性，这与钢中析出 δ 铁素体有关。但高硅使 C 在奥氏体中的溶解度降低，从而导致晶界上析出的碳化物增多，易产生由晶间腐蚀引起的应力腐蚀断裂。

（3）碳。在高浓度 $MgCl_2$ 溶液中，当 $w(C) < 0.08\%$ 时，该 C 含量对奥氏体不锈钢耐应力腐蚀断裂是有利的。碳会增加堆垛位错能，使奥氏体不锈钢易形成网状位错结构，降低穿晶断裂的敏感性。当 $w(Ni) > 0.08\%$ 时，在敏化温度受热时，晶界析出的碳化物增加晶间断裂的敏感性。

（4）氮、磷。研究表明，氮、磷对奥氏体不锈钢的应力腐蚀断裂都是有害的。有人认为，其有害作用是使钢易形成层状位错结构，增加了应力腐蚀断裂敏感性。

3）奥氏体不锈钢应力腐蚀断裂机理

奥氏体不锈钢在热氯化物水溶液中的应力腐蚀断裂一般都是穿晶断裂。多数研究者认

为，其断裂机制为膜破裂机制，又称滑移-溶解-断裂机制。

奥氏体不锈钢具有面心立方结构，滑移主要限于（111）面，所以在应力作用下易产生层状位错。位错易在基体与膜的界面塞积，在位错塞积的顶端造成很大的应力集中，致使表面膜破裂，裸露的新鲜金属表面（滑移台阶）与表面膜间构成膜孔电池，发生瞬时溶解。当滑移台阶生成速度、滑移台阶溶解速度及表面膜修复（再钝化）速度适宜时，就会产生应力腐蚀断裂。又由于热的高浓度 $MgCl_2$ 阻止再钝化，裂纹尖端快速溶解，而裂纹两侧仍保持钝化态，裂纹迅速扩展，裂纹尖端溶液的急剧酸化（自催化作用）进一步加剧了裂纹扩展直至断裂。

5.6.3 铁素体不锈钢

高铬铁素体不锈钢虽发展较早，屈服强度比奥氏体不锈钢高，成本较低，但由于脆性较大，特别是焊后脆性，以及加工性差等缺点，它的应用受到很大限制。

按含铬量不同，铁素体不锈钢可分 Cr13、Cr16~19 和 Cr25~28 及超纯高铬铁素体不锈钢。

铁素体不锈钢随 Cr 含量增加，耐蚀性显著地增加。

（1）Cr13 铁素体不锈钢。它在大气、蒸馏水、天然淡水中一般是稳定的，但在含有 Cl^- 的水中易产生局部腐蚀，在过热蒸气介质中具有非常高的稳定性，在稀硝酸中是稳定的，在还原性酸中耐蚀性差。其常作为耐热钢，用于汽车排气阀等。

（2）Cr16~19 铁素体不锈钢。这类钢焊接性比 Cr13 铁素体不锈钢差，但在氧化性环境中，耐蚀性尚好，在非氧化性酸中耐蚀性很差。Cr17 铁素体不锈钢在高温质量分数不超过 60% 的 HNO_3 中稳定，因此，广泛用于生产硝酸工业中，如制造吸收塔、热交换器等。

（3）Cr25~28 铁素体不锈钢。它是铁素体不锈钢中耐酸腐蚀和耐热性最好的钢。耐 HNO_3 腐蚀，甚至在 H_2SO_4 中含有 Fe^{3+}、Cu^{2+} 等离子时，也具有较高的稳定性；但在含有 Cl^- 的介质中耐蚀性明显下降，不耐烧碱溶液腐蚀。

铁素体不锈钢比奥氏体不锈钢耐氯化物应力腐蚀断裂，这是由于铁素体不锈钢是体心立方结构，（112）、（110）、（123）晶面都容易产生滑移，形成网状位错结构。由于其产生交叉滑移，没有粗大的滑移台阶，因而降低了应力腐蚀断裂敏感性。

铁素体不锈钢也能产生应力腐蚀，其应力腐蚀断裂一般起源于晶间腐蚀、点蚀或杂质。如 Cr17 铁素体不锈钢中的杂质 C、N，能使其在敏化温度以及高温水溶液条件下，产生晶间应力腐蚀断裂。这是由在晶界上析出 Cr 的碳化物、氮化物引起的，可通过加入 Ti、Nb 提高耐应力腐蚀断裂能力。

此外，冷变形可使铁素体不锈钢应力腐蚀断裂敏感性增加。

5.6.4 奥氏体-铁素体双相不锈钢

20 世纪 30 年代，人们发现，在奥氏体不锈钢焊缝组织中含有少量 α 相铁素体时，可以防止焊缝断裂，改善耐晶间腐蚀性能。20 世纪 50 年代，人们又发现，奥氏体不锈钢中含有较多的 α 相铁素体时，在氯化物溶液中不发生应力腐蚀断裂。在此研究基础上，开始生产耐应力腐蚀断裂不锈钢，又称 γ+α 双相不锈钢，如瑞典生产的 3RE60 钢［00Cr18Ni5Mo3Si2,

$w(C) \leqslant 0.03\%$]等,并得到迅速的发展。其优点是兼有铁素体和奥氏体不锈钢的性能:具有良好的耐蚀性,如对晶间腐蚀不敏感,耐点蚀、缝隙腐蚀及优良的耐应力腐蚀断裂性能;良好的焊接性、韧性等。其缺点是冷热加工性较差,不能在脆性敏感区(350~850 ℃)长期使用,因为会产生 475 ℃脆性。

由于双相不锈钢比奥氏体不锈钢具有优良的抗应力腐蚀断裂性能,且价格便宜,因而近年来得到广泛的应用。表 5-13 列出了国内外几种典型的双相不锈钢的化学成分。

表 5-13 国内外几种典型的双相不锈钢的化学成分

类型	名称	国家	C	Si	Mn	Cr	Ni	Mo	N	Nb	Ti
Cr18	3RE60	瑞典	≤0.03	1.7	≤2.0	18.5	4.7	2.7	—	—	—
	18-5	中国	≤0.03	1.5~2.0	1.0~2.0	18~19	4.5~5.5	2.5~3.0	—	—	—
	18-5-Nb	中国	≤0.03	1.7	1.0~2.0	18~19	5.5~6.5	2.5~3.0	—	0.2	—
Cr21	SAF2205	瑞典	≤0.03	≤08	≤2.0	22	5.5	3.0	0.14	—	—
	0Cr21Ni5Ti	中国	≤0.08	≤0.8	≤0.8	20~22	4.8~5.8	—	—	—	0.3~0.6
	0Cr21Ni6Mo2Ti	中国	≤0.08	≤0.8	≤0.8	20~22	5.5~6.5	1.8~2.5	—	—	0.2~0.4
Cr25	00Cr25Ni5Ti	中国	≤0.03	≤1.0	≤1.0	25~26	5.5~7.0	—	—	—	0.2~0.4
	00Cr26Ni6Mo2Ti	中国	≤0.08	≤1.0	≤1.5	25~27	6.5~7.5	1.5~2.0	—	—	0.3~0.5
	SUS329J1	日本	≤0.08	≤1.0	≤1.5	23~28	3.0~6.0	1.0~3.0	—	—	—
	IN744	美国	≤0.06	0.3~0.6	0.3~0.5	25~27	6~7	—	—	—	≥5C

由表可看出,各国现有的 Cr-Ni 双相不锈钢的成分范围一般为 Cr18-28、Ni2-10,同时加入 Mn、Si 等元素。此外,还有 Cr-Mn-Ni-N 等系双相不锈钢。双相不锈钢大致可分 3 类:Cr18、Cr21 和 Cr25。

(1) Cr18 双相不锈钢。典型代表是瑞典生产的 3RE60 钢,由于钢中含 Mo、Si 等元素,长期加热也引起 475 ℃脆性或 σ 脆化。这类钢中的铁素体与奥氏体的比例与加热温度有关,在正常固溶退火状态下,3RE60 钢中的 γ:α 约为 1:1。

3RE60 钢在 H_2SO_4、H_3PO_4 及草酸等溶液中,其耐全面腐蚀性能优于或相当于 316L 钢。耐氯化物溶液的应力腐蚀断裂远优于 18-8 或 18-12-2 奥氏体不锈钢,但在高浓度沸腾 $MgCl_2$ 溶液中,应力腐蚀断裂敏感性也较高。

(2) Cr21 双相不锈钢。典型钢种是瑞典的 SAF2205 钢,与 3RE60 钢相比,其具有更好的耐蚀性,耐点蚀性能更为突出。在 H_2S 介质中也具有良好的耐应力腐蚀断裂性能。

(3) Cr25 双相不锈钢。其占双相不锈钢总量 50%以上,应用较广泛。含 Mo、N 的双相不锈钢耐全面腐蚀,尤其耐点蚀、缝隙腐蚀及应力腐蚀断裂,又具有良好的工艺性能。

奥氏体-铁素体双相不锈钢耐应力腐蚀断裂性能较高，一般认为与钢中奥氏体和铁素体两相相对含量有关。铃木等的试验结果表明，在氯化物溶液中，耐应力腐蚀断裂，以含40%~50%铁素体的双相不锈钢为最好。但在高应力下，双相不锈钢与普通奥氏体不锈钢相当，如图5-23所示。

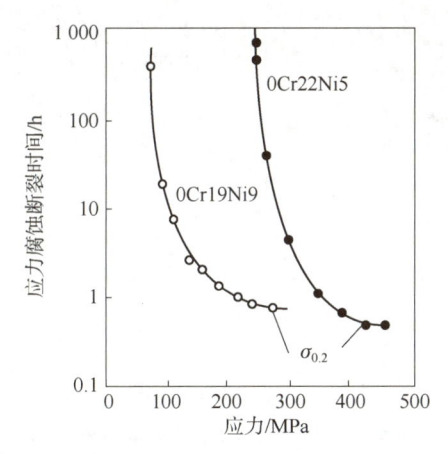

图5-23　0Cr22Ni5双相不锈钢和0Cr19Ni9奥氏体不锈钢（304）耐应力腐蚀断裂性能比较［在$w(MgCl_2)$= 42%的沸腾溶液中］

双相不锈钢耐应力腐蚀断裂可得到如下解释：
（1）裂纹起源于奥氏体裂纹，一旦扩展到铁素体时，在低应力下，铁素体内难以产生滑移，裂纹中止，只有在高应力下，裂纹才能扩展；
（2）铁素体电极电位比奥氏体电极电位负，对奥氏体起到阴极保护作用；
（3）双相不锈钢一般屈服强度较高，使其在腐蚀介质中的许用应力相应提高。

5.7　镍及镍基耐蚀合金

镍的主要用途是作为不锈钢、耐蚀合金及高温合金的添加元素或基体。由于镍资源短缺、成本高，其应用受到一定限制。

5.7.1　镍的耐蚀性

镍的标准电极电位$\varphi^{\ominus}_{Ni/Ni^{2+}}$ = -0.25 V，从热力学角度看，它在稀非氧化性酸中，可发生析氢反应，但实际上其析氢速度极其缓慢。因此，镍耐还原性介质腐蚀，但不耐HNO_3腐蚀。镍最主要的特点是耐碱腐蚀，镍对NaOH和KOH在几乎所有的浓度和温度下都耐腐蚀，如图5-24所示。镍在熔融的碱中也耐蚀，故镍多用在制碱业上。

镍耐碱脆断裂的性能较好，但在高温（300~500℃）、高浓度（质量分数为75%~98%）的苛性碱中，未经退火的镍容易产生应力腐蚀断裂。

镍在干燥和潮湿的大气中都非常耐蚀，但镍对硫化物不耐蚀，当碱中含有硫化物，尤其含有H_2S、Na_2S时，高温会加速镍腐蚀，也会发生应力腐蚀断裂。

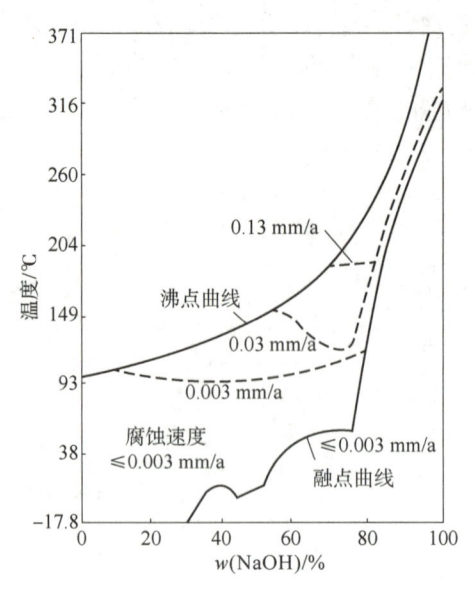

图 5-24 镍在 NaOH 溶液中的腐蚀图

5.7.2 镍基耐蚀合金

国外最早生产和应用的镍基耐蚀合金是 Ni-Cu 合金，后来发展了 Ni-Mo、Ni-Cr 等系列耐蚀合金。工业上常用的主要有 Ni-Cu、Ni-Cr、Ni-Mo(W) 及 Ni-Cr-Mo(W)、Ni-Cr-Mo-Cu 镍基耐蚀合金。

(1) Ni-Cu 耐蚀合金。典型的有 Ni70Cu28（Monel）合金，它兼有镍的钝化性和铜的贵金属性。Ni-Cu 合金对卤素元素，中性水溶液，一定浓度、温度的苛性碱溶液，以及中等温度的稀 HCl、H_2SO_4、H_3PO_4 都耐蚀。Ni-Cu 合金常用来制造与海水接触的零件、矿山水泵及食品、制药业等方面使用的设备。

(2) Ni-Cr 耐蚀合金。典型的有 0Cr15Ni75Fe（Inconel600），其多作为高强度耐热材料，特点是既耐还原性介质腐蚀，又在氧化性介质中具有高稳定性，是能抗热 $MgCl_2$ 腐蚀的少数几种材料之一。它无应力腐蚀断裂倾向，故常用于制作核动力工程的蒸发器管束，但在高温高压纯水中对晶间应力腐蚀断裂是极敏感的。

(3) Ni-Mo(W) 及 Ni-Cr-Mo(W) 耐蚀合金。它是高耐蚀的镍基合金，在 HCl 等还原性介质中有极好的耐蚀性，但当酸中有氧或氧化剂时，耐蚀性显著下降。典型的有 0Ni65Mo28Fe5V（Hastelloy B）、Ni60Mo19Fe20（Hastelloy A）、00Ni70Mo28（Hastelloy B-2）、Ni60Cr16Mo16W4（Hastelloy C）及 0Cr7Ni25Mo16（Hastelloy N）等系列。Hastelloy C 在室温耐所有浓度的 HCl 及 HF 腐蚀，在王水中，也具有一定耐蚀性。Hastelloy N 是一种耐高温氟化物熔盐腐蚀、高强度、抗辐照、易焊接、可变形的低铬的 Ni-Cr-Mo 合金。

(4) Ni-Cr-Mo-Cu 耐蚀合金。它是为满足耐 HNO_3、H_2SO_4 及混合酸的腐蚀发展起来的钢种。典型的有 0Cr21Ni68Mo5Cu3（Illium-R），后来又相继发展了核燃料溶解器用的 0Cr25Ni50Mo6Cu1Ti1Fe（BMI-HAPO-20）等系列合金。

5.8 铝及铝基耐蚀合金

铝合金由于具有高比强度、塑性及导电性，并具有良好的耐蚀性，因此多用于航天和航空工业。铝材在民用、建筑业方面也得到了广泛的应用。

5.8.1 铝的耐蚀性

铝具有优良的导热及导电性能，强度较低（σ_b 为 88~120 MPa），塑性很好，是应用最广的轻金属之一。

铝的平衡电极电位较负，$\varphi_{Al/Al^{3+}}^{\ominus}=-1.663\ V$，但其自钝性仅次于钛。铝通常处于钝化态，它在水、大部分的中性溶液及大气中都具有足够的稳定性。例如，在中性的 NaCl 溶液中，铝的电位为 -0.7~-0.5 V，比铝平衡电极电位高约 1 V。

铝合金有两性特征，它既能溶解在非氧化性的强酸中，又能溶解于碱性溶液中。铝在强酸中腐蚀生成 Al^{3+}，在碱性溶液中生成 AlO_2^-。

铝耐硫和硫化物腐蚀，在通 SO_2、H_2S 和空气的蒸馏水中，铝的腐蚀速度比铁、铜小得多。

氯化物和其他卤化物能破坏铝的保护膜。

铝的电位非常负，与正电性金属接触发生电偶腐蚀，最危险的是铝与铜及铜合金接触。铝在中性溶液中的腐蚀基本上是氧去极化的阴极过程，随着铝中析氢过电位低的贵金属组元的增加，氢去极化作用增强。

铝的耐蚀性基本上取决于在给定环境中铝表面膜的稳定性。例如，在干燥大气中，表面生成 15~20 nm 的非晶态氧化膜，此膜与基体结合牢固，成为 Al 不受腐蚀的屏障；在潮湿大气中，表面能生成 $Al_2O_3 \cdot nH_2O$ 氧化膜，膜的厚度随温度、空气湿度的增加而增加，其保护性降低。

5.8.2 铝基耐蚀合金

一般来说铝比铝合金耐蚀，单相组织的合金比多相合金更耐蚀。铝合金的耐蚀性与合金中各相的电极电位有很大关系，一般基体相为阴极相，第二相为阳极相时，合金有较高的耐蚀性。铝合金的耐蚀性与合金元素有关，能强化铝合金的耐蚀性的元素有 Cu、Mg、Zn、Mn、Si 等，其中以 Cu 的强化效果为最大，Sis 损害不大，Zn 影响较小，Mg 和 Mn 是无害的，因此耐蚀铝合金主要用 Mg、Mn 来合金化。铝合金耐应力腐蚀断裂性能与力学因素有关，对应力腐蚀断裂最敏感的加载方向是短横向，其次是长横向，而沿纵向加载的耐应力腐蚀断裂能力较强。耐蚀铝合金主要有 Al-Mn、Al-Mg、Al-Cu-Mg、Al-Mg-Si 及 Al-Mg-Li-Zr-Be 系合金等。

Al-Mn、Al-Mg 系合金耐蚀性好，但 Al-Mg 系合金中 $w(Mg)>3\%$ 时，有晶间腐蚀、剥层腐蚀和应力腐蚀断裂倾向，当 $w(Mg)>6\%$ 时，耐蚀性进一步下降。

Al-Cu-Mg、Al-Cu-Mg-Li、Al-Zn-Mg 及 Al-Mg-Si 系合金除有不同程度的晶间腐蚀倾向外，还有应力腐蚀断裂倾向。

Al-Mg-Li-Zr-Be 系合金的典型代表是 01420 合金。它是苏联于 20 世纪 60 年代研制的中强超轻合金，除具有优良的焊接性能外，与 Al-Li-Mn、Al-Li-Zr 系合金相比，还具有优良的耐蚀性。

5.8.2.1 铝合金的点蚀

点蚀是铝合金最常出现的腐蚀形态之一。在大气、淡水、海水和其他一些中性水溶液中都会发生点蚀。如 2000、7000、6000 系列合金在大气中产生点蚀并不严重，而在水中点蚀相当严重，甚至导致穿孔。

一般引起铝合金点蚀的条件如下：
(1) 水中含有能抑制全面腐蚀的离子，如 SO_4^{2-}、SiO_3^{2-} 或 PO_4^{3-} 等；
(2) 水中含有能破坏钝化膜的离子，如 Cl^- 及其他卤素离子；
(3) 水中含有能促进阴极反应的氧化剂，如 Cu^{2+} 等。

为防止铝及铝合金的点蚀，应尽可能控制环境中的氧化剂，去除溶解氧、氧化性离子或 Cl^-；使用耐点蚀性好的 Al-Mn、Al-Mg 系合金；采用包覆 Al 或 Al-Mg 合金层的措施。

5.8.2.2 铝合金的晶间腐蚀

能产生晶间腐蚀的铝合金主要有 Al-Cu、Al-Cu-Mg、Al-Zn-Mg 系合金及 $w(Mg)>3\%$ 的 Al-Mg 系合金，引起晶间腐蚀的主要原因是不适当的热处理。Al-Cu、Al-Cu-Mg 系合金热处理后，在晶界上连续析出富 Cu 的 $CuAl_2$ 阴极相，晶界上产生贫 Cu 区，$CuAl_2$ 与晶界贫 Cu 区组成腐蚀电池，引起晶间腐蚀。Al-Zn-Mg 及 $w(Mg)>3\%$ 的 Al-Mg 系合金，由于晶界析出阳极相 $MgZn_2$ 或 Mg_5Al_8，在腐蚀介质中，析出相溶解，造成晶间腐蚀。

一般通过适当热处理消除晶界上有害的析出相，或采用包镀等方法来防止晶间腐蚀。

5.8.2.3 铝合金的应力腐蚀断裂

在航空、航天、化工、造船等工业使用的铝合金都曾存在应力腐蚀断裂问题。Al 及低强度铝合金一般无应力腐蚀断裂倾向。易产生应力腐蚀断裂敏感的主要是高强铝合金，如 Al-Cu、Al-Cu-Mg（2000 系列）及 $w(Mg)>5\%$ 的 Al-Mg 系合金，含过多 Si 的 Al-Si-Mn（6000 系列）、Al-Zn-Mg（7000 系列）、Al-Mg-Mn（5000 系列）及 Al-Zn-Mg-Cu（7000 系列）等强度较高的铝合金。

铝合金的应力腐蚀断裂属于晶间断裂，这一特征表明铝合金的应力腐蚀断裂与晶间腐蚀有关。

铝合金在大气中，尤其是在海洋大气和海水中常发现应力腐蚀断裂。在不含 Cl^- 的高温水和蒸汽中也会发生应力腐蚀断裂。

合金成分对铝合金应力腐蚀断裂的影响比较复杂。三元或三元以上的铝合金耐应力腐蚀断裂能力不仅与合金元素添加量有关，而且同它们的比值有关。如 Al-Zn-Mg 系合金中加入一定量的 Cu 时，对合金的应力腐蚀断裂性能影响不同，如图 5-25 所示。这主

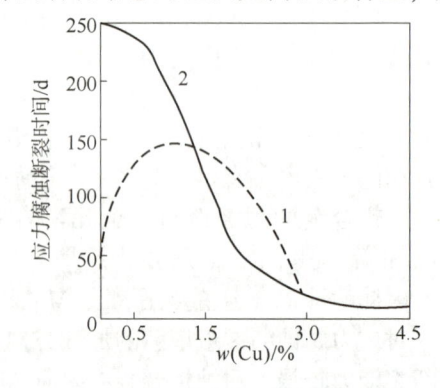

1—6Zn+2Mg；2—4Zn+1.5Mg。

图 5-25 Al-Zn-Mg-Cu 合金中铜含量对抗应力腐蚀断裂性能的影响 [拉应力试样全浸在 $w(NaCl)=3\%$、$w(H_2O_2)=0.1\%$ 的溶液中，30 ℃]

要是由合金中 Zn、Mg 含量来确定的，例如，Al-6Zn-2Mg 合金中加入质量分数为 1% 的 Cu 时合金的抗应力腐蚀断裂性能最佳，而当 Al-4Zn-1.5Mg 合金中加入 Cu 时，随着 Cu 含量增加合金抗应力腐蚀断裂性能降低，合金中 Zn、Mg 比值对应力腐蚀断裂性能也有较大的影响。

电位对应力腐蚀断裂的影响，只中性介质中明显。在中性溶液中，阴极极化可以抑制应力腐蚀断裂，阳极极化则增大裂纹扩展速度；在强碱性溶液中，电位的变化对应力腐蚀断裂影响不大。防止或消除铝合金应力腐蚀断裂的主要措施是：进行适宜的热处理，采取合金化方式，如高强度 Al 合金中加入微量 Mo、Zr、V、Cr、Mn 等可不同程度的改善应力腐蚀断裂性能（有人指出，Al-Mg 系铝合金中加入质量分数为 0.3% 的 Bi 效果更好）；消除残余应力、采取包镀技术及包铝；电化学保护等。

5.8.2.4　铝合金的剥层腐蚀

铝合金的剥层腐蚀（剥蚀）是形变铝合金一种特殊腐蚀形式，其腐蚀层像云母似的一层一层地剥离下来。容易产生剥层腐蚀的金属有 Al-Cu-Mg、Al-Mg、Al-Mg-Si 和 Al-Zn-Mg 系合金。剥层腐蚀多见于挤压材，挤压材表面发生再结晶的一层不受腐蚀，而在此层之下的金属易发生剥层腐蚀。一般认为它是由沿加工方向伸长了 Al-Fe-Mn 系化合物引起的腐蚀，与晶界腐蚀无关。

采用牺牲阳极的阴极保护可防止铝合金剥层腐蚀。

5.9　钛及钛基耐蚀合金

钛及其耐蚀合金主要特点是高比强度、高耐蚀性，一般用于航天、航空、导弹、火箭及核反应堆工程等尖端领域，以及用作医用人体植入材料，近年来在化工、石油等民用工业中也得到了广泛的应用。

5.9.1　钛的耐蚀性

5.9.1.1　钛的电化学性质

钛是热力学上很活泼的金属，其平衡电极电位为 -1.630 V。但在许多介质中，钛极耐蚀，这是由于它具有很强的自钝性。例如，在 25 ℃ 海水中，其自腐蚀电位约为 +0.09 V，比 Cu 在同一介质中的自腐蚀电位还高。钛的钝化膜具有非常好的自愈能力。钛在水溶液中的再钝化过程不到 0.1 s，在 0.05 mol/L 的 H_2SO_4 溶液中，一天可形成 13 nm 厚的膜，10 天可达 33 nm。一般来说，表面膜越厚，耐蚀性越好，钛不仅可在含氧的溶液中保持稳定的钝性，而且在含有 Cl^- 的溶液中也保持钝性。

5.9.1.2　钛在氧化性和中性介质中的耐蚀性

钛在沸点以下各浓度的 HNO_3 溶液中均具有优异的耐蚀性，工业纯钛和钛合金在沸腾 HNO_3 溶液中的腐蚀速度如图 5-26 所示。钛在 HNO_3 溶液中的腐蚀产物 Ti^{4+} 作为氧化剂，具有缓蚀作用。在发烟硝酸溶液中，当 NO_2 含量较高（质量分数大于 2%）、含水量不足时，钛与发烟硝酸溶液会由于剧烈反应放热而引起爆炸。钛一般不用于质量分数为80%以上的高温HNO_3溶液中。

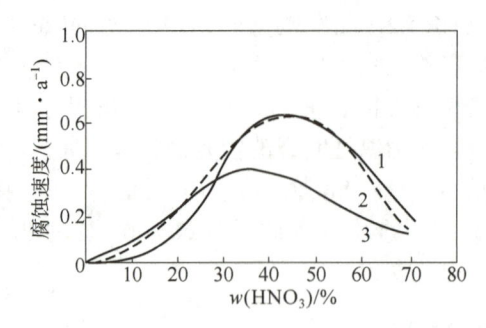

1—Ti-0.2Pd；2—工业纯钛；3—Ti-0.3Mo-0.8Ni。

图 5-26　工业纯钛和钛合金在沸腾 HNO_3 溶液中的腐蚀速度（24 h×20 d）

钛在质量分数为10%~98%的H_2SO_4溶液中不耐蚀，只能用于室温、质量分数为5%的溶氧H_2SO_4中，当H_2SO_4溶液中存在少量的氧化剂和重金属离子（如Fe^{3+}、Ti^{4+}、CrO_4^{2-}等）时，能显著提高钛的耐蚀性。钛在HCl溶液中具有中等耐蚀性。一般认为工业纯钛可用于室温、质量分数为7.5%，60 ℃、质量分数为3%，100 ℃、质量分数为0.5%的HCl溶液中。Cl_2、HNO_3、铬酸盐、Fe^{3+}、Cu^{2+}、Ti^{4+}、少量贵金属离子以及空气等都能促进钛在HCl溶液中的钝化，因此扩大了钛在HCl溶液中的应用范围。

钛可用于35 ℃、质量分数为30%，60 ℃、质量分数为10%，100 ℃、质量分数为3%以下的H_3PO_4溶液中。介质中含有的Fe^{3+}、Hg^{2+}以及HNO_3等氧化剂，可提高钛在H_3PO_4溶液中的耐蚀性。

钛在无机酸中的腐蚀速度如表 5-14 所示。钛对绝大多数碱液耐蚀。钛在室温下各种浓度的$Ba(OH)_2$、$Ca(OH)_2$、$Mg(OH)_2$、KOH 和 NaOH 溶液中完全耐蚀，但不能用于沸腾的 NaOH 和 KOH 溶液中。钛在碱溶液中的腐蚀速度如表 5-15 所示。

表 5-14　钛在无机酸中的腐蚀速度

介质	浓度(质量分数)/%	温度/℃	腐蚀速度/(mm·a^{-1})	介质	浓度(质量分数)/%	温度/℃	腐蚀速度/(mm·a^{-1})
HNO_3	5	35	0.002	H_2SO_4（自然通气）	1	室温	0.002 5
		100	0.015			60	0.008
	10	35	0.004		2	沸腾	9
		60	0.012			60	0.008
		100	0.023		3	室温	0.005
	20	35	0.004 5			60	0.013
		60	0.017		4	60	1.7
		100	0.003 8		5	室温	0.002 5~0.2
		290	0.36			60	4.8

续表

介质	浓度(质量分数)/%	温度/℃	腐蚀速度/(mm·a⁻¹)	介质	浓度(质量分数)/%	温度/℃	腐蚀速度/(mm·a⁻¹)
HCl（通空气）	0.5	35	0.001	HCl+HNO₃（王水）	1.3	室温	0
		100	0.009			80	0.86
	1	35	0.003	HCl（氯饱和）	3	190	0.025
		60	0.004		5	190	0.025
		100	0.46		10	190	28.4
	2	60	0.016	H₂SO₄（氯饱和）	62	室温	0.0015
		100	6.9		10	190	0.05
	5	35	0.09		20	190	0.33
		60	1.07	HCl（通氯气）	1	35	0.003
	7.5	35	0.28			沸腾	0.0025~2.0
	10	35	1.07		3	35	0.13
		60	0.8				
	15	35	2.4				
	20	35	4.4				
	37	35	15				

表 5-15 钛在碱溶液中的腐蚀速度

介质	浓度(质量分数)/%	温度/℃	腐蚀速度/(mm·a⁻¹)	介质	浓度(质量分数)/%	温度/℃	腐蚀速度/(mm·a⁻¹)
NH₄OH	28	室温	0.0025	NaOH	28	室温	0.0025
Ba(OH)₂	饱和	室温	0		40	80	0.13
Ca(OH)₂	饱和	室温	0		50	38~57	0.00025~0.013
Mg(OH)₂	饱和	室温	0		50	60	0.013
KOH	10	沸腾	0		73	130	0.18
	25	沸腾	0.13		50~73	190	1.09
	50	沸腾	0		饱和	室温	0
	50	室温	0.010	10%NaOH+15%NaCl	—	82	0
13%KOH+13%KCl	—	沸腾	2.7	50%NaOH+游离氯	—	88	0.023
	—	29	0	60%NaOH+15%NaClO+微氧	—	129	0
NaOH	10	沸腾	0.02				

注：表中介质百分数为质量分数。

钛在大多数无机盐中都很耐蚀，钛在无机盐溶液中的腐蚀速度如表 5-16 所示。

表 5-16　钛在无机盐溶液中的腐蚀速度

介质	浓度(质量分数)/%	温度/℃	腐蚀速度/(mm·a⁻¹)	介质	浓度(质量分数)/%	温度/℃	腐蚀速度/(mm·a⁻¹)
硝酸铝	饱和	室温	0.015	碳酸钙	饱和	沸腾	0
硫酸铝	6.5	71	0.005	次氯酸钙	6	100	0.001 3
硫酸铝	饱和	室温	0	硫酸钙	饱和	60	0
硝酸氢铵	50	100	0	硝酸钼	饱和	室温	0
碳酸铵	50	沸腾	0	硫酸钼	50	沸腾	0
氯酸铵	30	50	0.002 5	氰化铜	饱和	室温	0
硝酸铵	28	沸腾	0	硫酸铁	10	室温	0
高氯酸铵	20	85	0	硫酸亚铁	饱和	室温	0
磷酸铵	10	室温	0	硫酸镁	饱和	室温	0
硫酸铵	10	100	0	氰化汞	饱和	室温	0
硫酸铵	10	沸腾	0	硝酸镍	50	室温	0
碳酸钡	饱和	室温	0	氨基磺酸镍	50	沸腾	<0.012
硝酸钡	10	室温	0	溴化钾	饱和	室温	0
重铬酸钾	饱和	室温	0	氯化钠	饱和	室温	0
铁氰化钾	饱和	室温	0	重铬酸钠	饱和	室温	0
碘化钾	饱和	室温	0	硝酸钠	饱和	室温	0
高锰酸钾	饱和	室温	0	亚硝酸钠	饱和	室温	0
硫酸钾	10	室温	0	磷酸钠	饱和	室温	0
硝酸银	50	室温	0	硅酸钠	25	沸腾	0
硫酸氢钠	10	65	1.82	硫酸钠	20	沸腾	0
硫酸氢钠	10	沸腾	20.3	硫化钠	10	沸腾	0.025
亚硫酸氢钠	25	沸腾	0	亚硫酸钠	饱和	沸腾	0
碳酸钠	25	沸腾	0	硫酸锌	饱和	室温	0
氯酸钠	饱和	室温	0				

钛在自来水、河水中，即使温度高达 300 ℃也具有优异的耐蚀性；在 120 ℃的海水中，也有很高的耐蚀性。

钛对所有的有机酸均具有优异的耐蚀性。

钛在干氯气中能发生剧烈反应生成 $TiCl_4$，并有着火危险，但在湿氯中具有很好的耐蚀性。一般认为，钛钝化所需最低含水量为 0.01%~0.05%。

不难看出，钛是化学工业中很有前途的耐蚀材料。

5.9.1.3 钛的局部腐蚀

与不锈钢、镍基合金、铜合金和铝合金等相比，钛具有较高的抗局部腐蚀性能，抗点蚀性能极佳，对晶间腐蚀、应力腐蚀断裂、腐蚀疲劳等均不敏感，仅在极个别的介质中才可能发生。但钛和其他钝化金属一样较易产生缝隙腐蚀，在极少数情况下，也能发生选择性腐蚀和接触腐蚀。

（1）点蚀。氯化物溶液是使不锈钢产生点蚀的主要介质，而钛在氯化物介质中的点蚀电位都很高，如表 5-17 所示。钛抗点蚀性能比不锈钢好得多，一般在温度低于 80 ℃时不会产生点蚀。

表 5-17 钛的点蚀电位

介质	浓度/(mol·L^{-1})	温度/℃	点蚀电位(SCE)/V	介质	浓度/(mol·L^{-1})	温度/℃	点蚀电位(SCE)/V
氯化钠	0.5	30	9.0~10.5	溴化钾	1.0	室温	0.91
	1.0	25	9.0		3.0	25	1.0~1.25①
	1.0~4.0	25	10.0~15.0①		0.6	29	0.9
氯化钾	0.1	室温	9.0	氢溴酸	0.6	25	0.9
	0.6	25	9.0	磷化钾	1.0	室温	1.78
	1.0	室温	7.2		3.0	25	2.0①
盐酸	1.0	室温	8.7		0.6	25	1.8
	5.0	室温	9.0	氢碘酸	0.6	25	1.6

注：①为初始电位，其他为稳态或点蚀停止电位。

（2）缝隙腐蚀。钛抗缝隙腐蚀能力比不锈钢、镍等都好，钛对缝隙腐蚀的敏感性随氯化物溶液的温度、浓度的增加而提高。一般认为，在温度低于 120 ℃的氯化物溶液中很难产生缝隙腐蚀，溶液 pH 值越高，钛的缝隙腐蚀的孕育期就越长，当 pH>13.2 时，钛一般不产生缝隙腐蚀。

（3）焊区腐蚀。焊区腐蚀是钛及钛合金一种重要的腐蚀形式。研究表明，杂质铁和铬在焊区分布的变化是引起焊区腐蚀的主要原因。在氯化氢气体、高温柠檬酸溶液和含硼氟酸根的镀 Cr 溶液中，均发现钛焊区腐蚀，其原因是钛中 TiFe 相以及焊缝中偏析的 β 相在某些介质中优先被腐蚀。为使焊区不产生 TiFe 相，应将 β 相及 TiFe 相的形成元素 Fe、Cr、Ni 的总质量分数控制在 0.05%以下。

5.9.2 钛基耐蚀合金

钛合金的种类很多，但耐蚀钛合金品种不多，商品化的更少。研制耐蚀钛合金，目的在于改进钛在还原性介质中的耐蚀性，提高抗缝隙腐蚀等局部腐蚀能力。钛合金作为耐蚀结构材料出现于 20 世纪 50 年代，美、日及苏联等国对耐蚀钛合金方面的研究较多。我国从 20 世纪 70 年代开展了耐蚀钛合金的研究，现已有 Ti-32Mo、Ti-15Mo-0.2Pd、Ti-0.2Pd、Ti-

0.3Mo-0.8Ni 等耐蚀钛合金应用到生产中。

钛合金一般按室温组织分为 α、α+β 及 β 钛合金。耐蚀钛合金主要是 α 和 β 钛合金。

α 钛合金退火后的室温组织几乎全部是具有密排六方点阵的 α 相（单相组织），这类合金焊接性能好。一般来说，α 钛合金对氢化物型氢脆比较敏感，近 α 合金对应力腐蚀断裂也较敏感。

β 钛合金退火后的室温组织几乎全部为体心立方点阵的 β 相。β 钛合金抗氢化物型氢脆敏感性低，对应力腐蚀断裂较敏感，此外，α+β 钛合金对氢化物型氢脆和应力腐蚀断裂都敏感。表 5-18 列出了钛和钛合金产生应力腐蚀断裂的环境，表 5-19 列出了按组织分类的耐蚀钛合金，表 5-20 列出了按合金系分类的耐蚀钛合金。

表 5-18 钛和钛合金产生应力腐蚀断裂的环境

材料	环境
钛和钛合金	Cl$^-$水溶液、固体氯化物（>290 ℃）、甲醇、发烟硝酸、盐酸、海水、硝酸、三氯乙烯、有机酸、熔盐、与镉接触、液体 N$_2$O$_4$、四氯化碳、氢气、溴蒸气等

表 5-19 按组织分类的耐蚀钛合金

α 钛合金	β 钛合金	α+β 钛合金
Ti-0.2Pd	Ti-32Mo	Ti-2Cu
Ti-2Ni	Ti-32Mo-25Nb	Ti-15Mo
Ti-5Ta	Ti-15Mo-5Zr	
Ti-0.3Mo-0.8Ni	Ti-15Mo-0.2Pd	
Ti-(2.7~3.3)Ni-(0.9~1.1)Mo	Ti-11.5Mo-6Zr-4.5Sn	
Ti-6Al-2Nb-1Ta-0.8Mo	Ti-4Mo-1Nb-1Zr	

表 5-20 按合金系分类的耐蚀钛合金

合金系	基本合金	其他成分合金
钛钯合金	Ti-0.2Pd	Ti-0.3Pd，Ti-0.15Pd
钛钼合金	Ti-32Mo	Ti-15Mo，Ti-(30~40)Mo
钛钽合金	Ti-5Ta	Ti-20Ta
钛镍合金	Ti-2Ni	Ti-1.5Ni
钛铜合金	Ti-2Cu	Ti-1.5Cu，Ti-5.0Cu
钛钼锆合金	Ti-15Mo-5Zr	Ti-32Mo-2Zr
钛钼钯合金	Ti-15Mo-0.2Pd	Ti-(15~20)Mo-0.2Pd，Ti-32Mo-0.2Pd
钛钼镍合金	Ti-0.3Mo-0.8Ni	Ti-(0.9~1.1)Mo-(2.7~3.3)Ni，Ti-0.3Mo-3Ni，Ti-(0.1~0.8)Mo-(0.5~2.0)Ni

续表

合金系	基本合金	其他成分合金
钛钼铌（钒）合金	Ti-32Mo-2.5Nb	Ti-(20~25)Mo-20Nb
		Ti-25Mo-15V
		Ti-27Mo-17V
钛钼铌锆合金	Ti-28Mo-7Nb-7Zr	Ti-4Mo-1Nb-Zr

5.9.2.1 钛钯合金

常用的钛钯合金一般 $w(Pd)=0.15\%\sim0.2\%$。钛钯合金在高温、高浓度氯化物溶液中非常耐蚀，不产生缝隙腐蚀，也不容易产生氢脆，钛钯合金极耐氧化性酸腐蚀，也耐弱还原性酸的腐蚀，但不耐强还原性酸腐蚀。钯是析氢过电位低的贵金属元素，少量钯[$w(Pd)=0.1\%\sim0.5\%$]加入钛中能促进阳极极化。研究表明，钛钯合金在酸溶液中，钯以 Ti_2Pd 相溶解，然后钯离子析出沉积在合金表面上，从而使钛钯合金耐蚀。

钛钯合金在沸腾的质量分数为 5% 的 H_2SO_4 溶液中约比钛的耐蚀性提高 500 倍，在沸腾的质量分数为 5% 的 HCl 溶液中耐蚀性提高 1 500 倍。钛钯合金在国外是使用最多的耐蚀钛合金，由于钯比较昂贵，在我国尚未广泛使用。

5.9.2.2 钛钼镍合金

Ti-0.3Mo-0.8Ni 合金是美国 20 世纪 70 年代研制的耐蚀钛合金，被称为 Ti-code12 合金。在钛易发生缝隙腐蚀的环境中，国外大量使用 Ti-code12 合金，典型设备包括生产氯化锌的换热器、生产溴的脱膜机和处理稀 HCl 蒸气的换热器。Ti-Code12 合金对高温低 pH 值的氯化物溶液和弱还原性酸具有与 Ti-0.2Pd 相近的良好耐缝隙腐蚀性能，因此我国用来取代 Ti-0.2Pd 合金。其在中性盐水中可用到 260 ℃，在 pH=2 的酸性盐水中可用到 170 ℃；在 H_2SO_4、HCl 溶液中 Ti-code12 合金耐全面腐蚀性能优于钛，但低于钛钯合金，而在王水和 HNO_3 溶液中的耐蚀性优于钛钯合金；在碱性溶液中，耐蚀性与钛相当，接近钛钯合金。Ti-code12 合金对氯化物、湿氯气、次氯酸盐和海水均具有优异的耐蚀性。

5.9.2.3 钛钼合金

钛钼合金主要有 Ti-15Mo 和 Ti-32Mo 两种类型。钛中加入足够量的 Mo 后，可以提高在 H_2SO_4、HCl 等还原性酸中的耐蚀性，Ti-32Mo 合金是目前在还原性介质中耐蚀性最好的钛钼合金，可以在较高温度、中等浓度的 H_2SO_4、HCl 溶液中使用。Mo 在含氯离子的介质中具有很高的钝化能力，因此钛钼合金中 Mo 含量越高，它们在非氧化性介质中越稳定，该合金在热而浓的非氧化性酸中仍具有高稳定性。

5.10 镁及镁基耐蚀合金

镁是地壳中储藏量较多的金属元素之一，仅次于铝和铁，居第三位。

镁是密度最小的金属之一（密度为 1.73 g/cm³）。镁合金的主要特点是比强度、比刚度高，并具有很高的抗振能力，是航空、航天、导弹、仪表、光学仪器及无线电业的重要结构材料之一，目前镁合金是最具活性的保护屏材料。

5.10.1 镁的电化学特性及耐蚀性

镁的平衡电位非常负，$\varphi^{\ominus}_{Mg/Mg^{2+}} = -2.36$ V。其腐蚀电位依介质而异，一般在 -1.64 ~ $+0.5$ V，在自然环境中的腐蚀电位为 -1.5 ~ -1.3 V。镁的电位虽然很负，但镁极易钝化，其钝化性能仅次于铝，但由于其氧化膜比较疏松，所以镁合金耐蚀性较差。

镁的稳定电位约为 -1.45 V（0.5 mol/L 的 NaCl 溶液中），故在各种 pH 值下都能发生析氢腐蚀。在酸性、中性或弱碱性溶液中，镁被腐蚀而生成 Mg^{2+}。镁在 pH 值为 11~12 或 pH 值更大的碱性区，由于生成稳定的 $Mg(OH)_2$ 膜而钝化，因而其是耐蚀的。镁在含有 F^- 的溶液中也比较稳定，这是因为在含有 F^- 的溶液中能生成一层不溶的 MgF_2 膜。镁在铬酸和铬酸盐中也较为稳定。

镁在大气条件下和中性溶液中的腐蚀过程略有不同，后者的腐蚀几乎是纯氢去极化的腐蚀过程，而前者，在薄水膜情况下，阴极以氢去极化为主，但金属表面的水膜越薄，或者空气中的相对湿度越低，氧去极化的作用越显著。

镁在高温空气条件下极易氧化，其氧化动力学曲线是直线规律，说明氧化镁在高温下无保护作用。

镁的另一个特点是具有较大的负差异效应，即在一些介质中，如质量分数为 3% 的 NaCl、质量分数为 3% 的 $MgCl_2$ 介质中，当镁同其他阴极性金属接触时，镁的局部电池作用得到加强，即镁的析氢腐蚀速度增大。镁的负差效应说明，当它接触阴极性金属或镁中含有阴极性组元时，会强烈加速腐蚀。例如，镁中即使含有极少量的析氢过电位低的金属（Fe、Ni、Co、Cu 等），它也将变得完全不耐蚀，如图 5-27 所示。

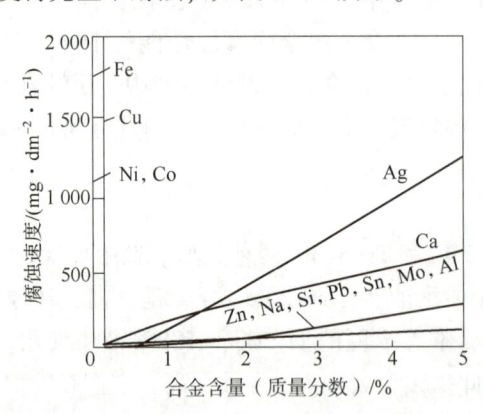

图 5-27 合金元素对镁在质量分数为 3% 的 NaCl 溶液中腐蚀速度的影响

5.10.2 影响镁和镁合金耐蚀性的因素

镁和镁合金的耐蚀性与其纯度、杂质、合金元素种类以及热处理工艺有关。

(1) 杂质对镁耐蚀性的影响。

镁中一般含 Fe、Ni、Al、Ca、K、Si 等杂质，其中析氢过电位低的杂质如 Fe、Ni、Co、Cu 的存在，会强烈加速镁在氢去极化过程中的腐蚀。纯度为 99.9% 的工业纯镁在 0.5 mol/L 的 NaCl 溶液中的腐蚀速度比纯度为 99.99% 的高纯镁大两个数量级。因此，为了提高镁的耐蚀性，一般限定镁中杂质含量，如 $w(Fe)=0.017\%$，$w(Cu)=0.1\%$、$w(Ni)=0.005\%$ 等。

(2) 热处理对镁合金耐蚀性的影响。

热处理对镁合金耐蚀性的影响主要是析出相的影响。凡是导致析出金属间化合物的热处理，通常都会降低镁合金的耐蚀性。例如，Mg-1.8Nd-4.53Ag-4.8Pb-3.83Y 固溶体型合金，固溶态比铸态具有较高的耐蚀性，但时效处理后，由于析出弥散的阴极相而使合金耐蚀性变得比铸态还低。经过固溶处理、第二相不能完全溶解的合金，如 Mg-5.39Sn-8.5Li-5.0La 合金，固溶处理反而使第二相更加分散，其耐蚀性较铸态的耐蚀性低；如再进行时效处理，耐蚀性将进一步降低。

5.10.3 镁基合金耐蚀合金化原则

为获得耐蚀性高的镁合金，其合金化原则可归纳如下。

(1) 加入同镁有包晶反应的合金元素：Mn、Zr、Ti，其加入量应不超过固溶极限。

(2) 当必须选择同镁有共晶反应的合金元素，而且相图上同金属间化合物相毗邻的固溶体相区有较宽的固溶范围时，如 Mg-Zn、Mg-Al、Mg-In、Mg-Sn、Mg-Nd 等合金系，应偏重于选择具有最大固溶的第二组元金属，与固溶体相区毗邻的化合物以稳定性高者为好，共晶点尽可能远离相图中镁一端。

(3) 通过热处理提高耐蚀性。例如，通过热处理把金属间化合物溶入固体中，以减小活性阴极或易腐蚀的第二相的面积，从而减小合金的腐蚀活性（Mg-Al 系合金例外）。

(4) 制造高耐蚀合金时，宜选用高纯镁（杂质≤0.01%）。加入的合金元素也应尽可能少含杂质，而 Zr、Ta、Mn 则属于能减少有害杂质影响的合金元素。

5.10.4 镁合金的应力腐蚀及防止方法

5.10.4.1 镁合金的应力腐蚀

镁合金的应力腐蚀断裂和其他合金一样，应力越高，应力腐蚀断裂时间越短。一般认为镁合金应力腐蚀断裂是电化学-力学过程。就是说，电化学腐蚀加上应力的作用导致裂纹形核，裂纹的发展主要由力学因素引起，直至断裂。

焊后未消除应力的可变形 Mg-Al 系和 Mg-Zn 系合金易遭受应力腐蚀断裂，如 Mg-6.5Al-1Zn 合金。铸造合金很少产生应力腐蚀断裂。能使镁合金产生应力腐蚀断裂的环境是大气和水。当水中通入氧（空气）时，会加速镁合金的应力腐蚀断裂，某些阴离子也会加速镁合金应力腐蚀断裂（并不仅限于 Cl^-），试验确定镁合金在 0.1 mol/L 的中性盐类溶液中的应力腐蚀断裂敏感性按下列顺序递减：

$$Na_2SO_4 > NaNO_3 > Na_2CO_3 > NaCl > CH_3COONa$$

镁合金中杂质 Fe 和 Cu 都增加合金的应力腐蚀断裂敏感性。试验结果表明，合金元素铝是镁合金产生应力腐蚀断裂敏感性的最重要因素。例如，Mg-6Al-1Zn 合金应力腐蚀断裂敏感性较 Mg-3Al-1Zn 合金高，而不含铝的镁合金在多数介质中都没有应力腐蚀断裂敏感性。Mg-Al 系合金中加入 Mn 或 Zn 可减小应力腐蚀断裂敏感性。

热处理影响镁合金应力腐蚀断裂敏感性。例如，冷轧的 Mg-6Al-1Zn-0.2Mn 合金在 80% σ_s 应力下，在海滨大气中试验，仅 58 天就产生应力腐蚀断裂，而经 177 ℃ 退火后，超过 400 天仍不产生应力腐蚀断裂。

热处理也可影响镁合金的应力腐蚀断裂途径，镁合金的应力腐蚀断裂一般是穿晶断裂，但经炉冷的合金，如 Mg-6Al-1Zn 合金，容易产生晶间断裂，这可能与晶界析出 $Mg_{17}Al_{12}$ 相有关。而经固溶处理的合金产生穿晶断裂，认为与晶内析出 FeAl 相有关。

5.10.4.2　防止镁合金应力腐蚀断裂的方法

防止镁合金应力腐蚀断裂的方法有以下几种。
（1）合理设计结构以减少应力。
（2）采用低温退火消除应力，如 Mg-6.5Al-1Zn-0.2Mn 合金采用 125 ℃、8 h 退火，可避免强度降低。
（3）选用耐应力腐蚀断裂的镁合金。如 Mg-Al 系合金中加入 Mn、Zn 元素，或者消除镁合金中的有害杂质 Fe、Cu 等元素，都可有效地减少应力腐蚀断裂敏感性；另外，采用无 Al 的 Mg 合金可完全消除应力腐蚀断裂敏感性。
（4）采用阳极性金属做包镀层，如用 Mg-Mn 系合金做 Mg-Al-Zn 系合金包镀层。
（5）采用有机涂料保护。
（6）对镁合金表面进行阳极氧化处理。

习题

1. 用合金化方式提高金属（合金）耐蚀性有哪些途径？
2. 判断 1Cr18Ni9Ti 和 Cr17Ni14Mo2 哪种钢耐点蚀性好，为什么？
3. 用晶体结构的特点分析奥氏体不锈钢和铁素体不锈钢在氯化物溶液中发生应力腐蚀断裂的差异。
4. 铝和铝合金的耐蚀特点是什么？铝合金常见的腐蚀形式有几种？
5. 什么叫剥层腐蚀？哪类铝合金在什么条件下易产生剥层腐蚀？防止剥层腐蚀的措施有哪些？
6. 钛及钛合金的耐蚀特点是什么？
7. 简要分析硫酸露点腐蚀机理。

第 6 章 电化学腐蚀防护

课程思政

电化学腐蚀防护有效防护港口桥梁腐蚀——在港口环境中，桥梁结构容易受到海水等腐蚀性介质的侵蚀，从而影响其结构稳定性和使用寿命。中国的港口城市面临着快速的城市化和经济发展，港口桥梁的安全性和可靠性成为至关重要的问题。为了有效防止桥梁结构的电化学腐蚀，中国的桥梁工程领域采用了电化学腐蚀防护技术——利用电流控制和阴极保护原理，通过在桥梁结构表面施加外加电流，使金属表面成为阴极，从而减缓腐蚀反应的发生。通常，这种防护系统由电极、电源和监测设备组成。电极安装在桥梁表面，通过外部电源提供稳定的电流，形成保护电流场，降低了金属表面的腐蚀速度。监测设备可以实时监测桥梁结构的腐蚀状况，确保防护系统的有效运行。中国的桥梁工程师和研究人员不断优化电化学腐蚀防护技术，以适应不同港口环境和桥梁类型的需求。电化学腐蚀防护的应用有效地延长了港口桥梁的使用寿命，减少了维护成本，同时保障了港口交通的安全和畅通。向同学们介绍电化学腐蚀防护在港口桥梁上的应用，并让同学们知道选取合理防腐手段的重要性，从而更加认真地去学习金属腐蚀与防护这门课程。

电化学腐蚀防护又称电化学保护，是指通过施加外电动势将被保护金属的电位移向免蚀区或钝化区，以减小或防止金属腐蚀的方法。这是一项经济而有效的防护措施，目前已广泛应用于舰船、海洋工程、石油及化工等部门。电化学保护按作用原理可分为阴极保护和阳极保护。

6.1 阴极保护

将被保护金属设备作为阴极，进行外加阴极极化，以降低或防止金属设备腐蚀的方法称为阴极保护。阴极保护可以通过外加电流法和牺牲阳极法两种途径来实现。

(1) 外加电流法。将被保护金属设备与直流电源的负极相连，使之成为阴极，阳极为一个不溶性的辅助电极，利用外加阴极电流进行阴极极化，二者组成宏观电池，从而实现阴极保护。这种方法称为外加电流法阴极保护，如图 6-1 所示。

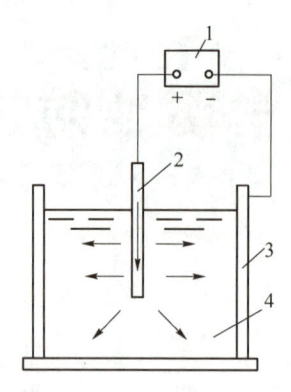

1—直流电源；2—辅助阳极；3—被保护金属设备；4—腐蚀介质。
图 6-1　外加电流法阴极保护示意图（箭头表示电流方向）

(2) 牺牲阳极法。在被保护金属设备上连接一个电位更负的金属或合金作为阳极，依靠它不断溶解所产生的阴极电流对金属进行阴极极化。这种方法称为牺牲阳极法阴极保护。

6.1.1　阴极保护基本原理

两种方法实现的阴极保护，其基本原理是相同的。现以金属 Fe 为例说明外加电流法阴极保护的实质。由 Fe-H$_2$O 体系的电位-pH 图（图 6-2）看出，将处于腐蚀区的金属（图中 A 点，其电位 φ_A）进行阴极极化，使其电位向负电位方向移至 Fe 的稳定区（图中 B 点，其电位 φ_B），则金属 Fe 可由腐蚀态进入热力学稳定状态，金属 Fe 的溶解被抑制，从而得到保护；或者将处于过钝化区的金属（图中 D 点，其电位为 φ_D）进行阴极极化，使其电位向负电位方向移至钝化区，则金属可由过钝化态进入钝化态而得到保护。

阴极保护基本原理亦可用腐蚀极化图进行解释。图 6-3 为被保护的金属通电流后的腐蚀极化图，由图可看出，没有进行保护时，腐蚀金属微电池的阳极极化曲线 $\varphi_a T$ 与阴极极化曲线 $\varphi_c D$ 相交于 B 点（忽略溶液电阻）。此点对应的电位为金属的自腐蚀电位 φ_{corr}，对应的电流密度为金属的自腐蚀电流密度 i_{corr}，在自腐蚀电流密度 i_{corr} 作用下，微阳极不断溶解。当对该金属体系进行阴极保护，通入外加阴极电流使金属极化至 φ_1 时，阴极电流密度为 i_c，其中一部分是外加的，用 i_c^{ex} 表示，另一部分是微阳极电流密度 i_a。因此，阴极电流密度可用下式表示：

$$i_c = i_a + i_c^{ex} \tag{6-1}$$

式中：i_c^{ex}——外加阴极电流密度；
　　　i_a——被保护金属的微阳极电流密度；
　　　i_c——被保护金属的阴极电流密度。

此时微阳极电流密度 i_a 比其自腐蚀电流密度 i_{corr} 小，说明金属的腐蚀速度降低，阴极由此得到了部分保护。差值（$i_{corr}-i_a$）表示阴极极化后金属腐蚀微电池作用减小，称腐蚀电流减小值为保护效应。当外加阴极极化电流密度继续增大时,金属体系的电位将变负。当金属阴极极化电位达到微电池的阳极起始电位 φ_a 时,阳极腐蚀电流密度为0,即外加阴极电流密度 i_c^{ex} 等于 i_c,$i_a = i_c - i_c^{ex} = 0$,此时金属得到完全保护,金属的腐蚀停止,金属表面只发生阴极还原反应。金属的阳极初始电位 φ_a 称为最小保护电位,当阴极极化使电位更负时,阴极上可能析氢,产生氢脆的危险,还将使表面的涂层损坏,且增加电能消耗。在达到完全保护时,与最小保护电位相对应的、所需的电流密度称为最小保护电流密度。如超过该值,不仅消耗电能,而且使保护作用降低,即发生"过保护"现象。

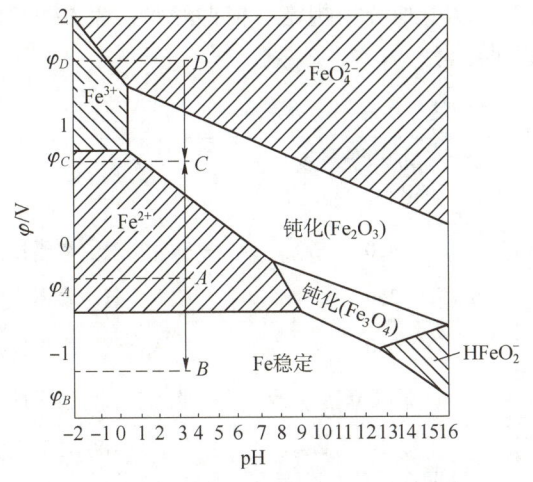

图 6-2 Fe-H₂O 体系的电位-pH 图

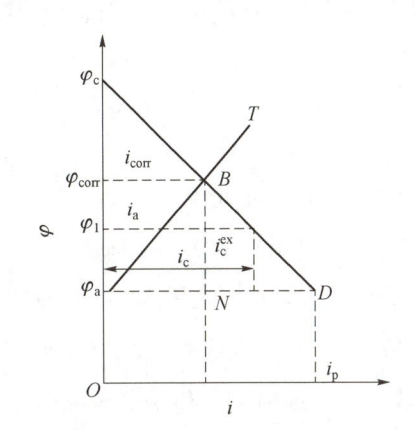

图 6-3 被保护的金属通电流后的腐蚀极化图

6.1.2 阴极保护的基本参数

在阴极保护中,判断金属是否达到完全保护,通常用最小保护电位和最小保护电流密度这两个基本参数。

(1) 最小保护电位。从图 6-3 可看出,要使金属达到完全保护,必须使阴极极化电位达到其腐蚀微电池的阳极初始电位 φ_a,即最小保护电位。

最小保护电位的数值与金属的种类、介质的条件(成分、浓度等)有关,一般根据经验数据或通过试验来确定。表 6-1 列出了不同金属在海水和土壤中进行阴极保护时采用的保护电位值。近年来我国制定了阴极保护国家标准,标准规定钢质船舶在海水中的保护电位范围为 -0.95~-0.75 V。

表 6-1 阴极保护时采用的保护电位值

金属或合金		参比电极/V		
		Cu/饱和 CuSO₄	Ag/AgCl	Zn
钢铁	含氧环境	-0.85	-0.80	+0.25
	缺氧环境	-0.95	-0.90	+0.15

续表

金属或合金	参比电极/V		
	Cu/饱和 CuSO$_4$	Ag/AgCl	Zn
铜合金	−0.64~−0.5	−0.60~−0.45	+0.45~+0.6
铝及铝合金	−1.20~−0.95	−1.15~−0.90	+0.10~+0.15
铅	+0.60	−0.55	+0.50

注：此表数据取自英国标准研究所1973年制定的阴极保护规范。

（2）最小保护电流密度。最小保护电流密度很难统一规定。根据经验，表6-2列举了钢铁在不同介质中的最小保护电流密度，以供参考。

表6-2 钢铁在不同介质中的最小保护电流密度

金属	介质	最小保护电流密度/(A·m^{-2})	试验条件
铁	HCl[c(HCl)=1 mol/L]	920	吹入空气，缓慢搅拌
铁	HCl[c(HCl)=0.1 mol/L]	350	吹入空气，缓慢搅拌
铁	H$_2$SO$_4$[c(H$_2$SO$_4$)=0.325 mol/L]	310	吹入空气，缓慢搅拌
钢、铸铁	H$_2$SO$_4$[c(H$_2$SO$_4$)=0.005 mol/L]	6~220	吹入空气，缓慢搅拌
铁	NaOH[c(NaOH)=5 mol/L]	2	100 ℃
铁	NaOH[c(NaOH)=10 mol/L]	4	100 ℃
钢	NaOH[w(NaOH)=30%]	3	100 ℃左右
钢	NaOH[w(NaOH)=60%]	15	100 ℃左右
铁	c(NaCl)=5 mol/L 的 NaCl 和饱和 CaCl$_2$	1~3	静止，18 ℃
碳钢	饱和 NaCl 溶液，固体食盐和石膏的质量分数约20%的水溶液	0.15~0.2	55~125 ℃
铁	KOH[c(KOH)=5 mol/L]	3	100 ℃
铁	KOH[c(KOH)=10 mol/L]	3	100 ℃
碳钢	联碱结晶液（氨盐水）NH$_3$[c(NH$_3$)=3.2 mol/L] NH$_3$[c(NH$_3$)=1.44 mol/L]	0.6	裸钢
碳钢	Cl$^-$[c(Cl$^-$)=5 mol/L]	0.125~0.19	表面有环氧树脂涂层
碳钢	氨水混合液	0.03	47 ℃
钢	质量分数75%的工业磷酸	0.043	24 ℃
		1.0	85 ℃

续表

金属	介质	最小保护电流密度/（A·m^{-2}）	试验条件
钢	质量分数85%的试剂磷酸	0.52	48 ℃
钢	质量分数40%的试剂磷酸	1.9	48 ℃
	质量分数20%的试剂磷酸	1.1	48 ℃
钢	海水	0.15~0.17	海水冷却器
		0.065~0.86	有潮汛
		0.022~0.032	静止
		0.001~0.01	静止表面新涂乙烯漆
		0.15~0.25	泵体
		0.5~0.8	泵的叶轮
钢	土壤	0.0166	有破坏的沥青覆盖层
		0.001~0.003	有较好的沥青玻璃布覆盖层
钢	河水	0.05~0.1	室温，静止
钢	混凝土	0.055~0.27	潮湿

6.1.3 牺牲阳极法阴极保护

牺牲阳极法阴极保护是较古老的电化学保护法，即把被保护金属设备（阴极）和比它更活泼的金属（阳极）相连接，在电解质溶液中构成宏观电池，依靠活泼阳极金属不断溶解产生的阴极电流对金属进行阴极极化。这种方法称为牺牲阳极法阴极保护。早在1824年，英国的戴维（Davy）就提出用锌块来保护船舶，以后逐步推广到保护港湾设施、地下管道和化工机械设备等方面。近年来，随着海上油田的开发，牺牲阳极法阴极保护已用于保护采油平台和海底管线。据日本中川防蚀公司安装的海上平台阴极保护系统统计，90%以上平台及所有的海底输油管线都采用牺牲阳极法阴极保护。

6.1.4 阴极保护采用的阳极材料

两种阴极保护法都要选择阳极材料，但两种方法所选用的阳极材料及其作用是完全不同的。

6.1.4.1 外加电流法阴极保护所采用的阳极材料

在外加电流法阴极保护中，与直流电源正极相连的电极称为辅助阳极。它的作用是使外加电流从阳极经过介质流到被保护的金属设备上构成回路。辅助阳极的电化学性能、力学性能以及阳极的形状分布等均对阴极保护的效果有重要的影响。因此，要求阳极材料应满足以下要求：

（1）具有良好的导电性和较小的表面输出电阻；

（2）在高电流密度下阳极极化小，即在一定的电压下，单位面积上能通过较大的电流；

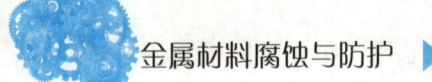

(3) 具有较低的溶解速度，耐蚀性好，使用寿命长；
(4) 具有一定的机械强度，耐磨、耐冲击等；
(5) 价格便宜，容易制作。

一般采用的阳极材料有石墨、高硅铸铁、铅银[w(Ag)=1%~3%]合金、铂及镀铂的钛电极等。

6.1.4.2 牺牲阳极法阴极保护所采用的阳极材料

此法所用阳极材料必须满足以下条件：

(1) 电位足够负，可供应充足的电子，使被保护金属设备发生阴极极化，但是电位又不宜太负，以免在阴极区发生析氢反应引起氢脆；
(2) 理论输出电量高，即单位质量阳极金属溶解时产生的电量多，一般电流效率为80%~90%（电流效率是有效电量与理论发生电量的百分比）；
(3) 阳极的极化率要小，容易活化，输出电流稳定；
(4) 阳极的自腐蚀电流小，金属溶解所产生的电量应大部分用于阴极保护；
(5) 价格便宜，易加工，无公害。

根据以上条件，此法采用的阳极材料主要有锌合金、镁合金和铝合金3种。它们的基本性能列于表6-3中。3种合金的典型代表有 Zn-(0.3~0.6)Al-0.1Cd、Mg-6Al-3Zn、Al-2.5Zn-0.02In-0.01Cd、Al-5Zn-0.5Sn-0.1Cd。

表6-3 锌合金、镁合金和铝合金的基本性能

阳极材料	密度/(g·cm^{-3})	理论电化当量/(g·A^{-1}·h^{-1})	理论发生电量/(A·h·g^{-1})	电位(SCE)/V	电流效率/%
锌合金	7.8	1.225	0.82	−1.1~−1.0	~90
镁合金	1.47	0.453	2.21	~1.5	~50
铝合金	2.77	0.337	2.97	−1.1~−0.95	~80

注：表中密度和理论电化当量是纯基体金属的值。

海底管线和海洋平台立柱以往都采用锌合金牺牲阳极，近年来有逐渐被铝合金牺牲阳极取代的趋势。以日本中川防蚀公司安装的近200座海上平台阴极保护系统为例，采用铝合金牺牲阳极的占95%以上。

在我国，应用最普遍的铝合金牺牲阳极是 Al-Zn-In 系合金，加入微量的铟可明显改善铝的活性，但加入过量铟将使铝合金的电流效率下降，点蚀电位变负。

表6-4、表6-5分别列出 Al-Zn-In 系合金化学成分、电化学性能。

表6-4 Al-Zn-In 系合金化学成分

合金种类	化学成分（质量分数）/%							
	Zn	In	Cd	Sn	Mg	St	Fe	Cu	Al
Al-Zn-In-Cd	2.5~4.5	0.018~0.050	0.005~0.020	—	—	≤0.13	≤0.16	≤0.02	余量
Al-Zn-In-Sn	2.2~5.2	0.020~0.045	—	0.018~0.035	—	≤0.13	≤0.16	≤0.02	余量

续表

合金种类	化学成分（质量分数）/%							
	Zn	In	Cd	Sn	Mg	St	Fe	Cu	Al
Al-Zn-In-St	5.2~7.5	0.025~0.035	—	—	—	0.10~0.15	≤0.16	≤0.02	余量
Al-Zn-In-Sn-Mg	2.5~4.0	0.020~0.050	—	0.025~0.075	0.50~1.00	≤0.13	≤0.16	≤0.02	余量

注：引自 GB/T 4948—2002《铝-锌-铟系合金牺牲阳极》。

表 6-5　Al-Zn-In 系合金电化学性能

项目	稳态电位（SCE）/V	工作电位（SCE）/V	实际发生电量/(A·h·kg^{-1})	电流效率/%	溶解状况
性能	-1.20~-1.18	-1.12~-1.05	≥2 400	≥85	腐蚀产物容易脱落，表面溶解均匀

注：引自 GB/T 4948—2002《铝-锌-铟系合金牺牲阳极》。

6.2　阳极保护

将被保护金属设备与外加直流电源的正极相连，使之成为阳极，进行阳极极化，从而使被保护金属设备腐蚀速度降到最小，这种方法称为阳极保护，如图 6-4 所示。阳极保护是一门较新的防护技术，1958 年才正式应用于工业生产上，用来防止碱性纸浆蒸煮锅的腐蚀。近年来阳极保护技术已用到制造硫酸、磷酸及有机酸等设备上，收到较好的效果。

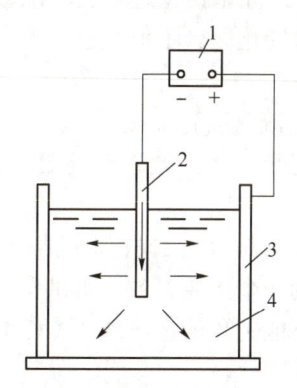

1—直流电源；2—辅助阴极；3—被保护金属设备；4—腐蚀介质。
图 6-4　阳极保护示意图

6.2.1　阳极保护基本原理

由图 6-5 看出，将处于腐蚀区的金属（如图中的 A 点，其电位为 φ_A）进行阳极极化，使其电位向正电位方向移至钝化区（如图中 C 点，其电位为 φ_C），则金属可由腐蚀态（活化态）进入钝化态，使金属腐蚀速度降低而得到保护。阳极保护基本原理，就是将金属进行阳极极化，使其进入钝化区而得到保护。

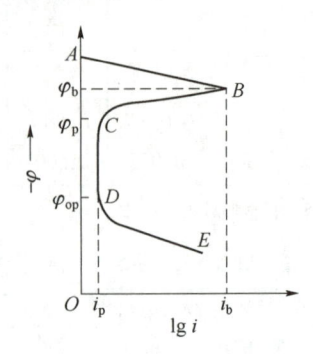

图 6-5 阳极保护基本原理

6.2.2 阳极保护的主要参数

阳极保护的关键是被保护金属设备与环境能建立可钝化体系，因此首先要测定被保护金属设备在给定环境中的阳极极化曲线，看其是否具有图 6-5 所示的明显钝化特征，然后根据所测曲线确定 3 个基本参数。

（1）临界钝化电流密度 i_b（致钝电流密度）。金属在介质中能进入钝化态的临界电流密度。一般来说越小越好，如果 i_b 过大，建立钝化态时需要大的整流器，从而增加了设备投资费用。另外，还增加了致钝过程中金属的阳极溶解。

（2）钝化区电位范围（$\varphi_p \sim \varphi_{op}$）。阳极保护时应该维持的安全电位范围。钝化区电位范围越宽越好，一般不能小于 50 mV。如果钝化区电位范围太窄，则外界条件稍有变化，金属就很容易从钝化区进入活化区或过钝化区，不但起不到保护作用，反而在通电情况下，会加速金属设备的腐蚀。

（3）钝化电流密度 i_p（维钝电流密度）。i_p 表示金属在钝化态下的电流密度。钝化电流密度越低，金属设备的腐蚀速度越小，防蚀效果越显著，耗电越小，因此 i_p 的大小决定阳极保护有无实际应用价值。

影响钝化区电位范围的主要因素是金属材料和腐蚀介质的性质。表 6-6 为部分金属材料在某些介质中实施阳极保护时的 3 个主要参数，可供参考。

阳极保护发展较晚，而且对不能钝化的金属或含 Cl^- 介质中不能使用，因此应用阳极保护还是有限的。

阳极保护特别适用于不锈钢，主要应用于处理硫酸、发烟硫酸和磷酸的设备。对钛来说，阳极保护也具有重要意义，这是由于该金属有优良的钝化性能。

阳极保护也可用来防止碳钢在多种盐溶液中的腐蚀，尤其可用于硝酸盐和硫酸盐溶液。采用阳极保护来防止液态肥料的腐蚀更具有特殊的意义，图 6-6 为阳极保护在运输肥料的铁路槽车上的应用实例示意图。

此外，阳极保护可用来防止碳钢在碱溶液中的应力腐蚀断裂，例如对使用碱性的纤维蒸煮锅所进行的阳极保护。

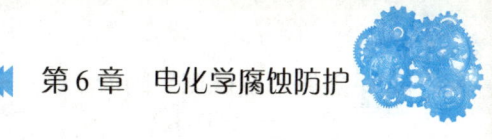

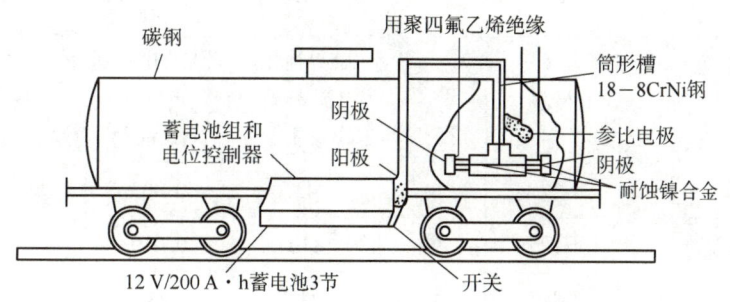

图 6-6　阳极保护在运输肥料的铁路槽车上的应用实例示意图

6.2.3　阳极保护采用的阴极材料

阳极保护对采用阴极材料的要求如下：
（1）阴极不极化；
（2）有一定的机械强度；
（3）来源广泛，价格便宜，容易加工。

对浓硫酸介质，可采用铂或镀铂电极、高硅铸铁等；对稀硫酸介质，可用铝青铜、石墨等。在碱性溶液中，可用普通碳钢；在盐溶液中，可用高镍铬合金或普通碳钢。

一般来说，阳极保护时，电流分散能力要优于阴极保护。部分金属材料在某些介质中实施阳极保护时的 3 个主要参数如表 6-6 所示。

表 6-6　部分金属材料在某些介质中实施阳极保护时的 3 个主要参数

介质	材料	温度/℃	临界钝化电流密度/(A·m^{-2})	钝化电流密度/(A·m^{-2})	钝化区电位/mV
105% H$_2$SO$_4$	碳钢	27	62	0.31	>+100
96%~100% H$_2$SO$_4$	碳钢	93	6.2	0.46	>+600
96%~100% H$_2$SO$_4$	碳钢	279	930	3.1	>+800
96% H$_2$SO$_4$	碳钢	49	1.55	0.77	>+800
89% H$_2$SO$_4$	碳钢	27	155	0.155	>+400
67% H$_2$SO$_4$	碳钢	27	930	1.55	+1 000~+1 600
50% H$_2$SO$_4$	碳钢	27	2 325	31	+600~+1 400
96% H$_2$SO$_4$ 被 Cl$_2$ 饱和	碳钢	50	2~3	1.5	>+800
90% H$_2$SO$_4$ 被 Cl$_2$ 饱和	碳钢	50	5	0.5~1	>+800
76% H$_2$SO$_4$ 被 Cl$_2$ 饱和	碳钢	50	20~50	<0.1	+800~+1 800
67% H$_2$SO$_4$	不锈钢	24	6	0.001	+30~+800

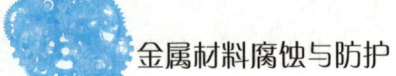

续表

介质	材料	温度/℃	临界钝化电流密度/(A·m^{-2})	钝化电流密度/(A·m^{-2})	钝化区电位/mV
67% H$_2$SO$_4$	不锈钢	66	43	0.003	+30~+800
67% H$_2$SO$_4$	不锈钢	93	110	0.009	+100~+600
75% H$_3$PO$_4$	碳钢	27	232	23	+600~+1 400
85% H$_3$PO$_4$	不锈钢	135	46.5	3.1	+200~+700
115% H$_3$PO$_4$	不锈钢	93	1.9	0.001 3	+20~+950
115% H$_3$PO$_4$	不锈钢	177	2.7	0.38	+20~+900
20% HNO$_3$	碳钢	20	10 000	0.07	+900~+1 300
30% HNO$_3$	碳钢	25	8 000	0.2	+1 000~+1 400
40% HNO$_3$	碳钢	30	3 000	0.26	+700~+1 300
50% HNO$_3$	碳钢	30	1 500	0.03	+900~+1 200
80% HNO$_3$	不锈钢	24	0.01	0.001	—
80% HNO$_3$	不锈钢	82	0.48	0.004 5	—
37%甲酸	不锈钢	沸腾	100	0.1~0.2	+100~+500[①]
37%甲酸	铬锰氮钼钢	沸腾	15	0.1~0.2	+100~+500[①]
30%草酸	不锈钢	沸腾	100	0.1~0.2	+100~+500[①]
30%草酸	铬锰氮钼钢	沸腾	15	0.1~0.2	+100~+500[①]
70%醋酸	不锈钢	沸腾	10	0.1~0.2	+100~+500[①]
30%乳酸	不锈钢	沸腾	15	0.1~0.2	+100~+500[①]
20% NaOH	不锈钢	24	47	0.1	+50~+350
25% NH$_4$OH	碳钢	室温	2.65	<0.3	−800~+400
碳化液：$c(NH_3)=5$ mol/L；$c(CO_2)=3.17$ mol/L	碳钢	40	200	0.5~1	−300~+900
60% NH$_4$NO$_3$	碳钢	25	40	0.002	+100~+900
80% NH$_4$NO$_3$	碳钢	120~130	500	0.004~0.02	+200~+800
LiOH（pH=9.5）	不锈钢	24	0.2	0.000 2	+20~+250
LiOH（pH=9.5）	不锈钢	260	1.05	0.12	+20~+180

注：①系指对于铂电极电位，其余均为对饱和甘汞电极电位；
表中百分数均为质量分数。

习题

1. 解释下列词语：电化学保护、阳极保护、阴极保护、最小保护电位、最小保护电流密度、牺牲阳极法阴极保护。

2. 结合18-8不锈钢的阳极极化曲线（0.5 mol/L 的 H_2SO_4 溶液），说明阳极保护3个主要参数的意义。

3. 两种阴极保护所采用的阳极材料有何不同？简要说明其作用。

4. 为了海洋船壳防腐蚀，用一个从钢船壳伸出镀铂钛的装置，它的作用是什么？它应与蓄电池哪一极相连？钢壳与蓄电池哪一极相连？请说明保护原理。

5. 放在水中的铁棒经如下处理后，腐蚀速度如何变化？简要说明道理。

（1）水中加入少量 NaCl；

（2）水中加入铬酸盐；

（3）水中加入少量 Cu^{2+}；

（4）通阳极电流；

（5）通阴极电流。

第 7 章　金属的缓蚀

> **课程思政**
>
> 　　金属的缓蚀在石油工业中的应用——在石油工业中，金属结构长期受二氧化碳的腐蚀影响，容易造成设施的损害和危险。为应对这一挑战，中共二十大提倡创新发展，积极探索金属缓蚀技术在石油工业中的应用。通过优化缓蚀剂的成分和添加方式，有效降低了金属结构的腐蚀速度，提高了石油工业设施的使用寿命。与此同时，中共二十大强调绿色发展，注重生态环境的保护。在研究金属的缓蚀方面，选择环境友好型的缓蚀剂，减少了对大气生态系统的不良影响。这不仅体现了绿色发展理念在石油领域的具体应用，还实现了经济建设与环境保护的双赢局面。因此，对于不同的地区管道以及管道的内外壁，工程师们采取了不同的防腐措施，延长了管道寿命，保障了石油工程的平稳。向同学们介绍金属缓蚀剂在我国的重要地位，使他们对缓蚀剂有更深入的了解。

　　金属腐蚀是一种公害，人们一直不断地研究和使用各种防护方法以避免或减轻金属腐蚀，其中之一是在腐蚀介质中添加某些少量的化学药品，这些少量的化学药品可以显著地阻止或减缓金属的腐蚀速度。这些少量的添加物质即缓蚀剂（Corrosion Inhibitor）。这种方法应用范围广，与其他防护方法相比有以下特点：

（1）不改变金属构件的性质和生产工艺；

（2）用量少，一般添加的质量分数在 0.1%~1% 可起到防蚀作用；

（3）方法简单，无须特殊的附加设备。

　　因此，在各种防护方法中，缓蚀剂是工艺简便、成本低廉、适用性强的一种方法，已广泛应用于石油和天然气的开采炼制、机械、化工、能源等行业。不过，缓蚀剂只适用于腐蚀介质有限的系统，对于钻井平台、码头等防止海水腐蚀和桥梁防止大气腐蚀等开放系统是比较困难的。

7.1 缓蚀剂的概述

缓蚀剂又称腐蚀抑制剂或阻抑剂。美国试验与材料协会的 ASTM-G15~76《关于腐蚀和腐蚀试验术语的标准定义》中的定义：缓蚀剂是一种当它以适当的浓度和形式存在于环境（介质）中时，可以防止或减缓腐蚀的化学物质或复合物质。

采用缓蚀剂保护时，其保护效率用缓蚀效率或抑制效率（Z）来表示。

缓蚀剂的缓蚀效率（简称缓蚀率）定义如下：

$$Z=\frac{v_0-v}{v_0}\times100\% \qquad (7-1)$$

式中：v_0——未加缓蚀剂时金属的腐蚀速度；

v——加缓蚀剂时金属的腐蚀速度。

v_0、v 可用任何通用单位，如 $g/(m^2 \cdot h)$、$mg/(dm^2 \cdot d)$、mm/a 等。

缓蚀剂的缓蚀率 Z 越大，对体系的腐蚀抑制作用越大，其缓蚀效果除与缓蚀剂种类、浓度有关外，还与被保护体系的材料、介质、温度等有关。一般缓蚀率 Z 能达到 90% 以上的缓蚀剂即为良好的缓蚀剂，Z 如能达到 100% 意味着全保护即无腐蚀。

缓蚀率的测量方法主要有质量法及电化学方法两种。

质量法是最直接、最简便的方法。它是通过精确称量金属试样在浸入腐蚀介质（有缓蚀剂、无缓蚀剂）前后的质量变化来确定腐蚀速度的方法。严格地说，此法只适用于均匀腐蚀。

电化学法是实验室测量金属腐蚀速度的方法。通过对腐蚀电极在腐蚀、缓蚀体系的"极化"测量，根据获得的极化曲线，利用电化学理论计算出自腐蚀电流密度 i_{corr} 和缓蚀率。

7.2 缓蚀剂的分类

缓蚀剂的应用广泛、种类繁多，迄今为止尚无统一分类方法，下面介绍几种常见的分类方法。

7.2.1 按缓蚀剂的作用机理分类

根据缓蚀剂在电化学腐蚀过程中，主要抑制阳极反应还是抑制阴极反应，或者两者同时得到抑制，可将缓蚀剂分为以下 3 类。

（1）阳极型缓蚀剂，又称阳极抑制型缓蚀剂。阳极型缓蚀剂大部分是氧化剂，如过氧化氢、重铬酸盐、铬酸盐、亚硝酸钠、硅酸盐等，这类缓蚀剂常用于中性介质中，如供水设备、冷却装置、水冷系统等。它们能阻滞阳极过程，增加阳极极化，如图 7-1（a）所示。由图可看出，加入阳极型缓蚀剂后，腐蚀电位向正电位方向移动，阳极的极化率增加，腐蚀电流密度由 i_1 减小到 i_2。

阳极型缓蚀剂是应用广泛的一类缓蚀剂。如用量不足，其又是一种危险型缓蚀剂，因为用量不足，不能使金属表面形成完整的钝化膜，部分金属以阳极形式露出，形成大阴极小阳

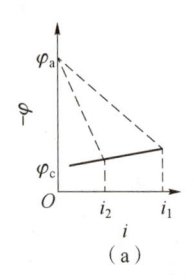

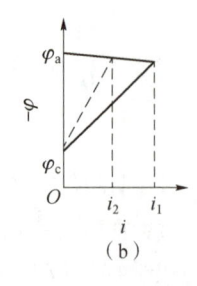

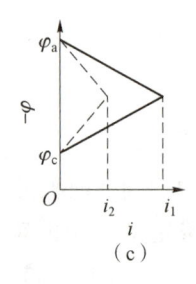

图 7-1 缓蚀剂的作用原理

(a) 阳极型缓蚀剂；(b) 阴极型缓蚀剂；(c) 混合型缓蚀剂

极的腐蚀电池，由此引起金属的点蚀。

(2) 阴极型缓蚀剂，又称阴极抑制型缓蚀剂。这类缓蚀剂能抑制阴极过程，增加阴极极化，从而使腐蚀电位向负电位方向移动，如图 7-1 (b) 所示。例如，在酸性溶液中加入 As、Sb、Hg 盐类，在阴极上析出 As、Sb、Hg，可以提高阴极过电位，或者使活性阴极面积减少，从而控制腐蚀速度。图 7-2 表明了 As 的添加大大降低了钢在 H_2SO_4 溶液中的腐蚀速度。这类缓蚀剂在用量不足时，不会加速腐蚀，故称为安全型缓蚀剂。

(3) 混合型缓蚀剂，又称混合抑制型缓蚀剂。混合型缓蚀剂既能阻滞阳极过程，又能阻滞阴极过程。这种缓蚀剂对 φ_{corr} 的影响较小。例如含 N、含 S 及含 N、S 的有机化合物、琼脂、生物碱等，它们对阴极过程和阳极过程同时起抑制作用，如图 7-1 (c) 所示。从图中可见，虽然腐蚀电位变化不大，但腐蚀电流密度却显著降低。这类缓蚀剂又可分为 3 类：

① 含 N 的有机化合物，如胺类和有机胺的亚硝酸盐等；
② 含 S 的有机化合物，如硫醇、硫醚、环状含硫化合物等；
③ 含 N、S 的有机化合物，如硫脲及其衍生物等。

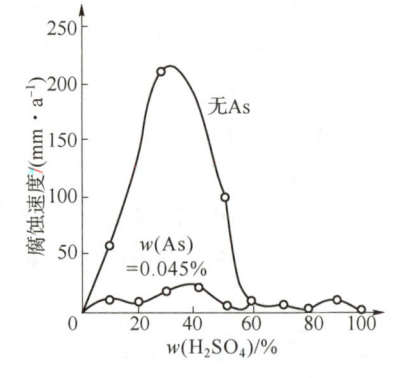

图 7-2 As 对钢在 H_2SO_4 溶液中的腐蚀速度的影响

7.2.2 按缓蚀剂的性质分类

按缓蚀剂的性质分类，缓蚀剂可分为以下 3 类。

(1) 氧化型缓蚀剂。如果在中性介质中添加适当的氧化性物质，它们在金属表面少量还原便能修补原来的覆盖膜，起到保护或缓蚀作用，这种氧化性物质可称为氧化型缓蚀剂。电化学测量表明，这种物质极易促进腐蚀金属的阳极钝化，因此也可称为钝化型缓蚀剂或钝化剂。在中性介质中，钢铁材料常用的缓蚀剂如 $NaCrO_4$、$NaNO_2$、Na_2MoO_4 等都属于这种类型。这类缓蚀剂同样是危险型缓蚀剂，使用时应特别注意。

(2) 沉淀型缓蚀剂。这类缓蚀剂本身并无氧化性，但它们能与金属的腐蚀产物（Fe^{2+}、Fe^{3+}）或共轭阴极反应的产物（一般是 OH^-）生成沉淀，因此也能有效地修补覆盖膜的缺陷。这类物质常称为沉淀型缓蚀剂。沉淀型覆盖膜一般比钝化膜厚，致密性和附着力都比钝化膜差。例如，水处理技术常用的硅酸盐（水解产生 SiO_2 胶凝物）、锌盐（与 OH^- 产生沉淀)、磷酸盐类（形成 FePO$_4$），显然它们必须有 O$_2$、NO$_2$ 或 CrO$_2^{2-}$ 等存在时才起作用。

氧化型和沉淀型两类缓蚀剂也常称为覆盖膜型缓蚀剂。它们在中性介质中很有效，但不适用于酸性介质。

(3) 吸附型缓蚀剂。这类缓蚀剂易在金属表面形成吸附膜，从而改变金属表面性质，阻滞腐蚀过程。根据吸附机理，缓蚀剂又可分为物理吸附型（如胺类、硫醇和硫脲等）和化学吸附型（如吡啶衍生物、苯胺衍生物、环状亚胺等）两类。一般钢铁在酸中常用的缓蚀剂有硫脲、喹啉、炔醇等衍生物，铜在中性介质中常用的缓蚀剂有苯并三氮唑等。

7.2.3　按缓蚀剂的化学成分分类

按缓蚀剂的化学成分分类，缓蚀剂可分为以下两类。

(1) 无机缓蚀剂。无机缓蚀剂可以使金属表面发生化学变化，形成钝化膜，阻滞阳极溶解过程，如聚磷酸盐、铬酸盐、硅酸盐等。

(2) 有机缓蚀剂。有机缓蚀剂在金属表面发生物理或化学吸附，从而阻滞腐蚀性介质接近表面，如含 N 有机化合物、含 S 有机化合物以及氨基、醛基、咪唑化合物等。

此外，还可以按缓蚀剂使用时的相态、用途分类。按使用时的相态，缓蚀剂可分为气相缓蚀剂、液相缓蚀剂和固相缓蚀剂；按用途，缓蚀剂可分为冷却水缓蚀剂、锅炉缓蚀剂、石油化工缓蚀剂、酸洗缓蚀剂、油井缓蚀剂。

7.3　缓蚀剂的应用

7.3.1　石油工业中的应用

在石油工业中，各种金属设备被广泛地用在采油、采气、贮存、输送和提炼过程中，经常处于高温、高压及各种腐蚀性介质（氧化氢、硫化氢、碳酸气、氧、有机酸、水蒸气及酸化过程加入的无机酸等）的苛刻条件下，遭受异常强烈的腐蚀和磨损腐蚀。为防止或减缓这种腐蚀，选择缓蚀剂时，应根据金属设备使用的环境来确定。

(1) 油井缓蚀剂。采油过程中，除利用地下能量的一次采油法外，还要采用由外部向油层中加入能量的二次采油法。酸化处理工艺是油井常用的增产措施，国外主要用盐酸加氢氟酸。盐酸质量分数高达 28%，虽然可增加采油收得率，但对采油设施的腐蚀也是相当严重的。油井酸化缓蚀剂早期采用无机化合物，目前已被有机化合物代替，常用的有机化合物有甲醛、咪唑及其衍生物、季铵盐类等。我国使用的油井酸化缓蚀剂有华中科技大学的"7461"、大庆油田与长春应用化学研究所的"TC-03"等。

(2) 油罐用缓蚀剂。油罐用缓蚀剂按用途不同分为 3 类。为防止油罐底部沉积水腐蚀用的水溶性缓蚀剂，常用的无机缓蚀剂有亚硝酸盐，当水中含有硫化合物时可以用有机缓蚀剂苯甲酸铵；为防止与油层接触的金属腐蚀的油缓蚀剂，一般可使用酰基肌氨酸及其衍生物；为防止油罐上部与空气接触的金属腐蚀采用气相缓蚀剂，常用的有亚硝酸二环己胺。

(3)输油管缓蚀剂。目前广泛使用的输油管缓蚀剂有机化合物有喹啉、环己胺、吗啉及二乙胺等。

7.3.2 工业循环冷却水中的应用

工业用水量最大的是冷却水，占工业用水量的60%~65%，而在化工、炼油、钢铁等工业则占80%以上。因此，节约工业用水的关键是合理使用冷却水。在工业生产中常用的循环冷却水系统，它又分为敞开式和密闭式两种。

（1）敞开式循环冷却水系统：把热交换的水引入冷却塔冷却后再返回循环系统。这种冷却水由于与空气充分接触，水中含氧量很高，具有较强的腐蚀性。而且，由于冷却水经多次循环，水中的重碳酸钙和硫酸钙等无机盐逐渐浓缩，再加上水中微生物的生长，水质不断变坏。这种冷却水系统经常采用重铬酸盐，它是最有效的阳极型缓蚀剂。单独使用时需要高浓度，即300~500 ppm。当水中含有Cu^{2+}等金属离子时，添加聚磷酸盐效果更好。通常聚磷酸盐和重铬酸盐混合使用对敞开式循环冷却水系统是最佳的复合缓蚀剂，其浓度以30 ppm为宜，如图7-3所示。

（2）密闭式循环冷却水系统：如内燃机等的冷却水系统。这类系统比敞开式系统的腐蚀环境更为苛刻，采用的缓蚀剂有聚磷酸盐、锌盐、硅酸盐等。NH_4NO_2的缓蚀效果如表7-1所示。由表看出，NH_4NO_2的浓度达到120 ppm时，具有较好的缓蚀效果，缓蚀率可达98.4%。水中Cl^-、SO_4^{2-}浓度较高时，使用亚硝酸盐缓蚀剂易产生点蚀，因为亚硝酸盐是阳极型缓蚀剂。

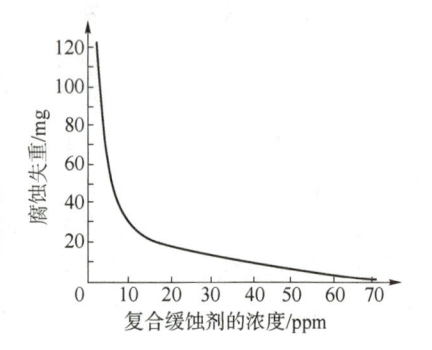

图7-3 聚磷酸盐和重铬酸盐复合缓蚀剂的浓度与缓蚀效果的关系
（材质：SS-41钢；水质：NaCl 100 mg，$CaCl_2 \cdot H_2O$ 40 mg，Na_2SO_4 15 mg，H_2O 100 mL；温度：30 ℃；浸泡时间：24 h；样品转速：240 r/min）

表7-1 NH_4NO_2的缓蚀效果

NH_4NO_2浓度/ppm	腐蚀速度/(mg·dm^{-2}·d^{-1})	缓蚀率/%	NH_4NO_2浓度/ppm	腐蚀速度/(mg·dm^{-2}·d^{-1})	缓蚀率/%
0	23.80	—	60	1.57	93.4
20	20.30	14.7	120	0.38	98.4
40	7.20	70.0	180	0.38	98.4

注：使用条件为SS-41钢，$w(NaCl)=0.1\%$的NaCl水溶液，静置8 d。

锌盐是在循环冷却水系统中使用较多的复合缓蚀剂。锌离子在阴极区与OH^-生成$Zn(OH)_2$沉积在金属表面，故锌盐是沉淀型缓蚀剂。锌盐也属于有毒物质，用量应限制在排污要求范围内，其常用浓度为3~5 ppm。

7.3.3 大气缓蚀剂

大气腐蚀是金属腐蚀最广泛的一种腐蚀。大气腐蚀的因素是多方面的，如湿度、氧气、大气成分及大气腐蚀产物等。因此，在使用大气缓蚀剂时，既要考虑不同环境因素，也要考虑使用范围。

这类缓蚀剂按其使用性质，大体上可分为油溶性缓蚀剂、水溶性缓蚀剂和挥发性的气相缓蚀剂 3 类。

（1）油溶性缓蚀剂。这类缓蚀剂能溶于油，即通常所说的防锈油，在制品表面形成油膜，缓蚀剂分子容易吸附于金属表面，阻滞因环境介质渗入金属表面而发生的腐蚀过程。一般认为，油溶性缓蚀剂中，分子量大的较好，但也有一定限度，如过大，则在油中的溶解度减少。各类油溶性缓蚀剂对金属的适应性能如表 7-2 所示。

表 7-2 各类油溶性缓蚀剂对金属的适应性能

序号	油溶性缓蚀剂的种类	对金属的适应性	性能
1	羧酸类	适用于黑色金属	高分子长链羧酸类，具有防潮性能，复合使用效果好
2	磺酸类	黑色金属较好，对有色金属不稳定，低分子磺酸盐能使铁表面生成锈斑，相对分子质量在 400 以上，防锈性能较好	有良好的防潮和抗盐雾性
3	酯类	与胺并用对黑色金属有效，个别对铸铁有效	作为助溶剂与其他缓蚀剂并用，有防潮作用
4	胺类及含氮化合物	适用于黑色和有色金属，对铸铁也有效	耐盐雾、二氧化硫、湿热等性能
5	磷酸盐或硫代磷酸盐	大多数适合黑色金属，一般与其他添加剂并用	抑制油品氧化过程所生成的有机酸，大多数作为辅助添加剂或润滑的缓蚀剂

（2）水溶性缓蚀剂。这类缓蚀剂是指以水为溶剂的缓蚀剂，可方便地用于机械加工过程的工序间防锈。大多数的无机盐是优良的缓蚀剂，如亚硝酸钠、硼酸钠、硅酸钠等。它们的优点是节约能源（不用石油产品），防锈膜去除简单、安全，价格便宜。

（3）气相缓蚀剂。简称 VPI，这种缓蚀剂具有足够高的蒸气压，即在常温能很快充满周围的大气中，吸附在金属表面而阻滞环境大气对金属的腐蚀过程，因此蒸气压是 VPI 的主要特征之一。气相缓蚀剂种类很多，常用的有 6 类：有机酸类、胺类、硝基及其化合物、杂环化合物、胺有机酸的复合物和无机酸的胺盐。对钢有效的气相缓蚀剂有尿素加亚硝酸钠、苯甲酸胺加亚硝酸钠等。对铜、铝、镍、锌有效的气相缓蚀剂有肉桂酸胍、铬酸胍、碳酸胍等。

气相缓蚀剂主要应用于气密空间，其主要使用方法如下：

金属材料腐蚀与防护

（1）把气相缓蚀剂粉末撒在被防护金属设备上，或装入纸袋、纱布袋中，或压成丸子放置于被防护金属设备、仪器的四周；

（2）将气相缓蚀剂浸涂在纸上，经干燥后用来包装金属构件、仪器等；

（3）将工件浸于含气相缓蚀剂的液体中，然后放入塑料袋中包装；

（4）将气相缓蚀剂溶于油中配制成气相防锈油；

（5）气相防锈塑料是将气相缓蚀剂与覆盖膜一起涂在基膜上（基膜是聚乙烯，双层），用热压法压成包装袋薄膜，可以包装各种金属件或成品。

习题

1. 解释下列词语：缓蚀剂、缓蚀率。
2. 何谓危险型缓蚀剂、安全型缓蚀剂？
3. 按缓蚀剂的作用机理，缓蚀剂可分为几种类型？简要说明缓蚀的电化学原理。
4. 工业循环冷却水经常采用的缓蚀剂有哪些？各属于哪种类型缓蚀剂？举例说明其缓蚀作用。

第8章 表面防护涂层

> **课程思政**
>
> 表面防护涂层使港珠澳大桥使用寿命更长久——港珠澳大桥作为中国境内一座连接香港、广东珠海和澳门的桥隧工程，在我国具有很重要的地位。由于大桥位于亚热带海域，其具有气温高、湿度大、海水含盐度高的特点，桥梁会因海水、海风、盐雾、高温、干湿循环等众多恶劣环境的影响而遭受腐蚀。因此，建造大桥不仅需要耐腐蚀的钢材，更重要的是采用先进的防腐技术提高桥体耐蚀性，工程师们针对不同的部位运用了不同的防护涂层保障其性能。同时，为了保护生态环境，防护涂层在保证防腐效果基础上，又有现代防腐涂料的绿色环保特色。因此，采用缓蚀剂可以有效地保护金属结构，延缓金属的腐蚀过程，延长其使用寿命。通过对港珠澳大桥防腐技术的介绍，让同学们懂得腐蚀与防护技术的重要性，激发同学们的爱国热情和学好这门课的信心。

什么是涂层？目前还没有一个明确、统一的定义。涂层、镀层、覆盖层、膜是一个概念还是有所不同，或者彼此间有什么关系，仍然没有一个明确、统一的说法。近年来，表面工程和技术获得迅猛发展，若要深入研究涂层技术原理及应用，则必须对涂层有一个明确的定义。

从广义上来说，涂层可定义为用物理的、化学的或者其他方法，在金属或非金属基体表面附着的一层具有一定厚度、不同于基体材料且具有一定的强化、防护或特殊功能的覆盖层。

上述涂层定义涉及下列应搞清楚的问题。

(1) 涂层应有"一定厚度"，这个厚度是多少？
(2) 涂层是"不同于基体材料"的一个覆盖层，应是一种什么材料？
(3) 涂层是怎样形成的，即涂层形成机制如何？
(4) 涂层是如何"附着"在基体上，即涂层与基体的结合机制如何？
(5) 涂层要有的"一定功能"是什么功能？
(6) 涂层与表面改性是什么关系？

从狭义上来说，涂层可定义为用物理的、化学的或者其他方法，在金属或非金属基体表面附着的一层具有一定厚度（一般大于 10 μm）、不同于基体材料且具有一定的强化、防护或特殊功能的覆盖层。

可以看出，广义涂层定义与狭义涂层定义的区别在于对覆盖层厚度的限定。通常的看法是极薄的"涂层"称为"膜"。例如，物理气相沉积（PVD）、化学气相沉积（CVD）在基体表面形成的"涂层"，因太薄（一般为数十微米），称之为膜。但是也不尽然，例如，铝及铝合金化学处理得到的"氧化膜"仅 $0.3 \sim 4 \ \mu m$，而硬质阳极"氧化膜"厚度为 $60 \sim 250 \ \mu m$，这里厚度为 $250 \ \mu m$ 的覆盖层仍称之为"膜"。因此，仅根据覆盖层厚度区分"涂层"与"膜"也是大致的分法。

基于涂层的防腐性能，将涂层分为电镀涂层（含电泳）、氧化涂层、化学转化涂层、热浸镀涂层、热喷涂层、涂料及塑料涂层、扩散涂层。本章主要介绍几种典型的表面防护涂层。

8.1 热浸镀锌涂层

8.1.1 热浸镀锌涂层性能

（1）与基体结合强度高。在热浸镀锌过程中，熔融锌可以充分浸入经过良好处理的基体表面，形成铁锌合金层覆盖于整个工件表面，且此合金层有一定韧性，可耐较大摩擦及冲击，与基体有良好的结合。

（2）耐蚀性好。锌的腐蚀产物为 ZnO、$Zn(OH)_2$ 和 $ZnCO_3$。当此腐蚀产物转化为不溶性的 ZnO 和 $Zn(OH)_2$ 膜（此膜厚度为 $0.01 \ mm$）时，比锌层（锌的钝化膜）有着更好的化学稳定性，尤其在大气、水、土壤及混凝土中耐蚀性好。

（3）阴极保护作用。由于锌的电极电位（$-0.76 \ V$）比铁的电极电位（$-0.44 \ V$）更负，在有电解质溶液条件下，基体（铁）与涂层（锌）组成原电池，锌为阳极，铁为阴极，涂层（锌）不断溶解，而基体（铁）得到保护。

8.1.2 热浸镀锌涂层的形成及结构

通常认为热浸镀锌时，锌层形成过程如下：
固体铁熔解于熔融锌中→铁与锌反应生成铁锌合金→在铁锌合金层上形成纯锌层。

8.1.2.1 热浸镀锌 Zn-Fe 合金状态图

热浸镀锌时 Zn-Fe 二元合金状态图如图 8-1 所示。由图可见，此时存在 ζ、δ_1、L、η、Γ、δ 相。

（1）ζ 相位于纯锌层与 δ_1 相之间，含锌量为 $93.8\% \sim 94\%$（质量分数，下同），化学成分为 $FeZn_{13}$，性脆，具有单斜晶格。

（2）δ_1 相含锌量为 $88.5\% \sim 93.0\%$，化学成分相当于 $FeZn_7$，为六方晶格。

（3）η 相是铁在锌中的固溶体，含铁量不大于 0.003%，几乎是纯锌，塑性好，为密排六方晶格。

（4）Γ 相直接附着在钢基体上，含铁量为 $22.96\% \sim 27.76\%$，化学成分为 Fe_5Zn_6，性脆

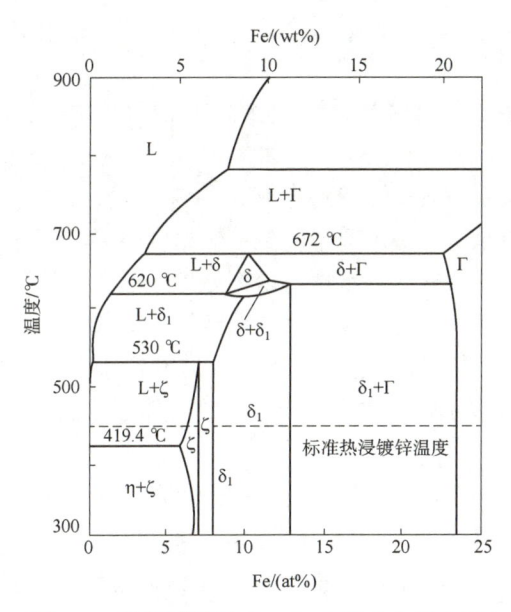

图 8-1 热浸镀锌时 Zn-Fe 二元合金状态图

且硬,具有体心立方晶格。

普通低合金钢在标准热浸镀锌温度(450~470 ℃)时,可能仅形成 ζ、$δ_1$、η、Γ 这 4 个相组织。

8.1.2.2 热浸镀锌涂层形成过程及结构

当经过熔剂处理的工件进入熔融锌槽(或称镀锌槽)时,工件表面的熔剂离开基体,使钢铁基体与熔锌反应,铁被溶解形成锌在 α-铁中的固溶体。二者相互扩散,生成铁锌合金层。工件离开镀锌槽时,带出纯的熔融锌,覆盖在合金层上,形成纯锌层。图 8-2 为钢铁基体热浸镀锌涂层显微结构。

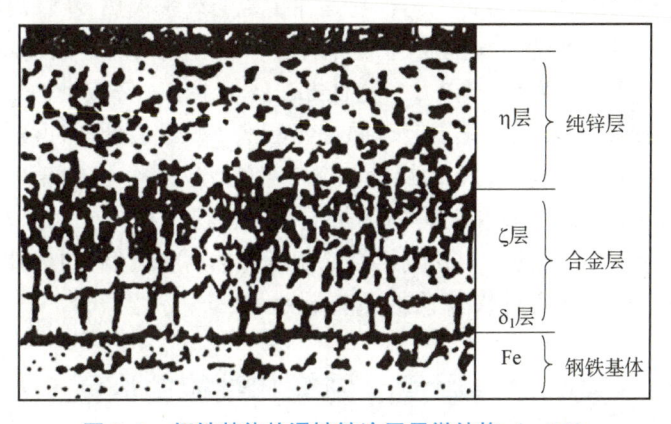

图 8-2 钢铁基体热浸镀锌涂层显微结构(×400)

在钢铁基体上的是 $δ_1$ 层,$δ_1$ 层上面是 ζ 层,它们组成靠近基体的致密合金层,最外层是 η 层,即纯锌层。合金层的硬度:$δ_1$ 相为 244HV,ζ 相为 179HV,钢铁基体为 150HV,纯锌层为 70HV。因此,合金层耐摩擦且不易剥落。

8.1.2.3 热浸镀锌涂层制备工艺

热浸镀锌工艺可分为批量式热浸镀锌与连续式热浸镀锌两类。连续式热浸镀锌适用于大批量生产。各种热浸镀锌工艺如下。

(1) 冷轧→退火→还原→热浸镀锌→卷取。

(2) 冷轧→氧化→还原退火→调节温度到镀锌温度→热浸镀锌→冷却→矫直。

(3) 冷轧→退火→酸洗→碱洗→水洗→熔剂处理→干燥→热浸镀锌→卷取。

(4) 冷轧→退火→碱洗→酸洗→预热→热浸镀锌→冷却。

第(1)种是批量式热浸镀锌工艺。每个过程的操作用手工或机械手在大容器中进行，镀锌槽长度最大可达 20 m 以上。这种工艺属于保护气体还原法，在一些大构件（如铁塔件、桥梁件）上应用较广泛。

第(2)种是连续式热浸镀锌工艺。工件在氧化炉中由煤气火焰加热（氧化除油），加热温度为 400~450 ℃，工件表面形成均匀氧化层。经氧化后，工件进入还原炉，还原气体为 N_2（75%）及 H_2（25%），将工件表面氧化铁还原成海绵状纯铁。工件在还原的同时退火，退火温度根据需要可在 700~800 ℃ 进行再结晶退火，也可在 900 ℃ 以上进行常化退火。经退火后，工件再在还原气氛中冷却到 480 ℃，并在不与空气接触的条件下直接进入热浸镀锌槽。锌液温度为 450~460 ℃，锌液中含 0.10%~0.15% 的铝，目的是限制 Zn-Fe 合金层的增长。锌层厚度可用气体喷射法控制。镀锌工件再自然冷却（或再强制冷却到 40 ℃ 以下），这种方法亦称为森吉米尔法。这种方法的缺点是工件的氧化层在还原炉中很难还原，从而影响镀锌层的结合强度。为此提出改进方法，即将上述独立的氧化炉、还原炉及冷却段连接起来，构成一个整体。氧化炉改为微氧化炉（预热炉），对工件采取高温快速加热，最高温度达 1 300 ℃，一般温度为 1 150~1 250 ℃。其作用是一方面令工件表面油污等挥发，另一方面在尽量减小工件表面氧化情况下，将工件预热到 550~650 ℃。这样工件表面氧化物少，还原容易，且保护气中 H_2 含量降低（一般为 15%~30% 或更低），从而减少工作中的危险性。

第(3)种也是连续式热浸镀锌工艺，它是在传统的单张板热浸镀锌技术上（脱脂酸洗法）发展起来的。工件经酸洗、碱洗后进入熔剂槽。溶液为质量分数约 40% 的氯化锌和氯化铵混合水溶液，工作温度为 50~70 ℃，这种方法属于干法，锌液中加 0.15% 的铝。

第(4)种也是连续式热浸镀锌工艺。原板经酸洗、碱洗后两次冲洗烘干，进入用煤气火焰直接加热的预热炉，通过控制炉内煤气和空气燃烧比例，令其在煤气过剩和氧气不足状态下不完全燃烧，目的是减少氧化。炉内加热温度：已退火板为 510 ℃ 左右，未退火板为 1 000~1 300 ℃。进行快速加热，以达到再结晶温度，然后在低氢（15% 以下）保护气氛下冷却至略高于镀锌温度，在密封状态下进入锌液热浸。

8.1.3 影响热浸镀锌涂层厚度、结构和性能的因素

8.1.3.1 浸镀时间

在标准热浸镀锌温度（450 ℃）下，浸镀时间越长，涂层越厚。但不同基体材料，情况有所不同。对于一般碳钢，当浸镀时间超过某个限度时，涂层不再变厚，呈二次曲线变化，

如图 8-3 曲线 1 所示。对含硅量高的结构钢或高强度钢，其变化呈直线关系，如图 8-3 中曲线 2 和 3 所示。涂层厚度用附着量表示，附着量越大，涂层越厚。

在浸镀过程中，合金层厚度与浸镀时间呈抛物线规律变化。热浸镀锌过程中，受扩散过程控制，即反应速度（或铁的损失量）与浸镀时间呈抛物线变化，如图 8-4 所示。由于锌液温度不同，曲线规律也不同。

8.1.3.2 锌液温度

当锌液温度在 490~530 ℃ 时，铁的损失量与浸镀时间呈直线关系（不含 490 ℃）。δ_1 层铁含量随温度上升而急剧增加（因扩散速度加大），而 ζ 层变薄并开始出现空穴。当锌液温度在 430~490 ℃ 时，铁的损失量按抛物线规律随浸镀时间变化。在此温度范围内，生成的合金层致密且连续。因此，一般热浸镀锌温度控制在 450 ℃ 左右。当锌液温度在 530 ℃ 以上时（最高到 580 ℃），反应又恢复到抛物线规律。但温度越高，锌与铁的结合能力越大，合金反应越快，锌液流动性加大，故此时的涂层是厚合金层+薄纯锌层组织。由于厚合金层外表粗糙，故涂层外表亦粗糙。

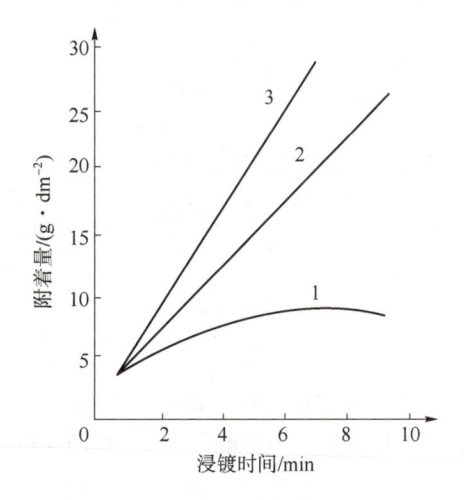

1—碳钢（400 MPa）；2—结构钢（500 MPa）；
3—高强度钢（600 MPa）。

图 8-3　附着量与浸镀时间关系

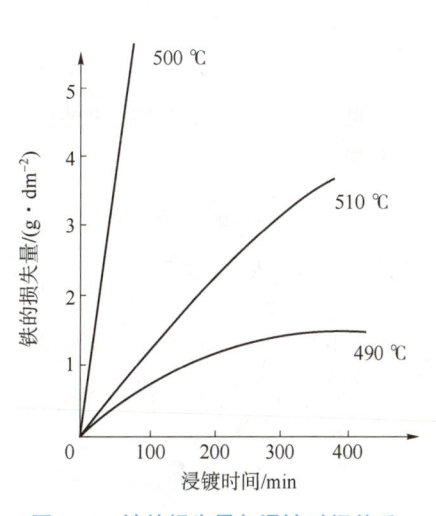

图 8-4　铁的损失量与浸镀时间关系

8.1.3.3 钢铁基体成分

钢铁基体中的化学成分对热浸镀锌质量影响很大，尤其是硅影响更大。硅对铁和锌液反应的影响比较复杂，公认的看法是钢铁基体中含有过多的硅，对热浸镀锌是不利的。铁和硅的亲和力要大于浸镀金属（锌），因此易生成 FeSi 相，并以极小惰性粒子通过合金层到达涂层，同时易使合金层不连续，上述缺点可通过提高热浸温度（530 ℃ 以上）克服。

8.1.3.4 工件提出速度

工件从锌液中提出速度不影响合金层厚度，只影响外层纯锌层厚度。一般是提出速度越快，纯锌层越厚；反之越薄。如果速度太快，则纯锌层外观不良。

8.1.4 热浸镀锌涂层钢材的应用

根据热浸镀锌涂层的性质，其工程应用主要在下述几方面。

8.1.4.1 热浸镀锌板、带

（1）交通运输业高速公路护栏、汽车车体、运输机械面板、底板。
（2）机械制造业仪表箱、开关箱壳体，各种机器、家用电器、通风机壳体。
（3）建筑业各种内外壁材料、屋顶板、百叶窗、排水道等。
（4）各种水桶、烟囱、槽、箱、柜等器具。

8.1.4.2 热浸镀锌钢管、型钢

（1）石油、化工油井管、油井套管、油加热器、冷凝器管、输油管及架设栈桥的钢管桩。
（2）一般配管，如水管、煤气管、蒸气与空气用管、电线套管、农田喷灌管等。
（3）建筑业脚手架、建筑构件、电视塔、桥梁结构。
（4）电力输电塔。

8.1.4.3 热浸镀锌钢丝

（1）一般民用、结扎、捆绑、牵拉用。
（2）通信与电力工程电话、电板、有线广播及铁道闭塞信号架空线，铠装电线和电缆，高压输电导线。

8.1.4.4 热浸镀锌钢件

（1）水暖及一般五金件。
（2）电信构件、灯塔。

总之，由于锌的腐蚀速度比钢低得多，热浸镀锌涂层受损时，还能向基体金属提供牺牲保护。热浸镀锌涂层加上涂装无维修寿命，在乡村和轻度大气条件下可使用25~40年。

8.2 热喷涂铝或锌涂层

8.2.1 热喷涂铝或锌涂层性能

8.2.1.1 耐蚀性

热喷涂铝或锌涂层有优良的耐大气、海水腐蚀能力。铝尤其是对氧的亲和力极强，在大气中常温下易与氧反应形成致密坚固的氧化膜（Al_2O_3），这种膜保护铝不继续氧化，所以耐蚀性很强。

由于铝或锌电极电位比铁低，当铝或锌涂在正电性更高的钢铁表面时，在有电解质溶液存在条件下，基体与铝或锌涂层形成一个原电池，铝或锌涂层为阳极，钢铁基体为阴极。阳极慢慢溶解（腐蚀），而钢铁基体却不腐蚀，即铝或锌涂层成为牺牲阳极材料，对钢铁基体进行阴极保护。

8.2.1.2 耐高温氧化

钢铁基体表面的热喷涂铝涂层经过扩散渗铝工艺的处理，在钢铁表面发生铝原子和铁原子的相互扩散，形成能抗高温氧化的铝铁合金层，可在 900 ℃高温下使用。

热喷涂铝涂层若加涂高分子材料作为封闭剂，则其耐蚀性将大大提高。表 8-1 为金属涂层防腐工程案例。

表 8-1 金属涂层防腐工程案例

序号	工程名称	喷涂金属	工程量/m²	年份及施工单位
1	上海苏州河河口转动式钢闸门及转轴	稀土 Ce-Al 合金	~1 000	2004，上海迪普
2	上海杨浦大桥	锌铝伪合金（v/v=50/50）	41 000	2005，润鑫化工
3	上海徐浦大桥	锌铝伪合金（v/v=50/50）	29 500	2006，润鑫化工
4	上海轨道交通 11 号线	锌铝伪合金（v/v=50/50）	6 500	2007，润鑫化工
5	天津海河赤峰桥	锌铝伪合金（v/v=50/50）	22 000	2007，润鑫化工
6	重庆长江鱼嘴大桥	锌铝伪合金（v/v=50/50）	244 000	2008，润鑫化工
7	上海崇明新建水闸闸门	锌铝伪合金（v/v=50/50）	1 200	2008，润鑫化工
8	杭州湾跨海大桥海中观光塔	锌铝伪合金（v/v=50/50）	100 000	2008，象山防腐
9	京沪高铁配套沪青平公路改建	纯铝	7 000	2009，润鑫化工
10	上海漕宝路改建工程	纯铝	9 500	2009，润鑫化工
11	上海外白渡桥防撞装置防腐	锌铝伪合金（v/v=50/50）	5 100	2009，润鑫化工
12	广西柳州欧维姆锚具防腐	锌铝伪合金（v/v=50/50）	5 000	2010，柳州 OVM 锚具和润鑫化工
13	上海长江隧桥泛光灯平台	纯铝	5 200	2010，润鑫化工
14	青岛海湾大桥 3 座航道桥钢箱梁	锌铝伪合金（v/v=50/50）	320 000	2011，大正防水防腐
15	天津开发区海河桥	锌铝伪合金（v/v=50/50）	170 000	2011，润鑫化工

8.2.2 热喷涂铝或锌涂层的形成及结构

8.2.2.1 热喷涂铝或锌涂层的形成

1）金属线材火焰喷涂

如图 8-5 所示，以氧-乙炔火焰为热源，将金属线材加热至熔融或塑性态，在高速气流

（压缩空气）作用下，将雾化的金属颗粒以高速打击到工件表面，不断沉积成涂层。塑性态金属颗粒打击到基体表面会变形。

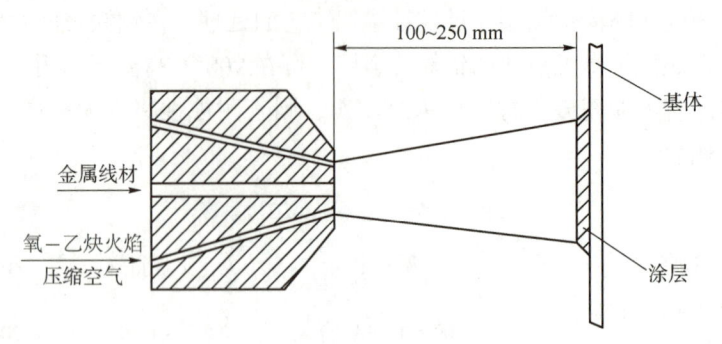

图 8-5　金属线材火焰喷涂示意图

2）电弧喷涂

如图 8-6 所示，在喷枪中，两条金属丝作为通电两极，夹角 $\theta = 30 \sim 60$ ℃，接触后形成电弧，将丝熔化。由中间管子中吹出的高压气流（压缩空气）将熔融金属雾化并喷射于工件上形成涂层。

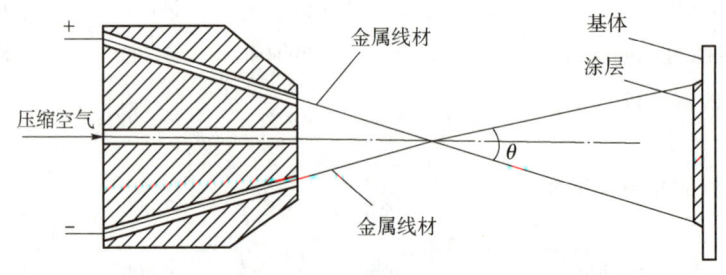

图 8-6　电弧喷涂示意图

8.2.2.2　热喷涂铝或锌涂层结构

热喷涂铝或锌涂层结构均为典型的层状结构。这是由于塑性态金属颗粒不断打击到工件表面成为片状，无数片状颗粒沉积靠"抛锚效应"相互勾拉，形成层状结构的涂层。

铝或锌涂层孔隙率，金属线材火焰喷涂一般为 3%～8%，而电弧喷涂为 3% 以下。

金属线材火焰喷涂铝或锌涂层与电弧喷涂铝或锌涂层结合强度及喷涂效率如表 8-2 所示。由表可见，电弧喷涂涂层结合强度及喷涂效率均比金属线材火焰喷涂要高得多。

表 8-2　金属线材火焰喷涂铝或锌涂层与电弧喷涂铝或锌涂层结合强度及喷涂效率

喷涂材料	喷涂方法	结合强度/MPa	喷涂效率/%
Al	电弧喷涂	16.48/18.62	8
	金属线材火焰喷涂	10.99/9.31	5
Zn	电弧喷涂	13.24/7.84	34
	金属线材火焰喷涂	7.26/7.84	14
Cr13	电弧喷涂	31.36	15
	金属线材火焰喷涂	20.97	5

续表

喷涂材料	喷涂方法	结合强度/MPa	喷涂效率/%
含碳 0.1%碳钢	电弧喷涂	39.89	14
	金属线材火焰喷涂	16.07	5
18-8 不锈钢	电弧喷涂	31.36	15
	金属线材火焰喷涂	17.35	5

8.2.3　热喷涂铝或锌涂层的制备工艺

8.2.3.1　金属线材火焰喷涂铝或锌涂层制备工艺

1）金属线材火焰喷涂系统

金属线材火焰喷涂系统如图 8-7 所示，主要组成的说明如下。

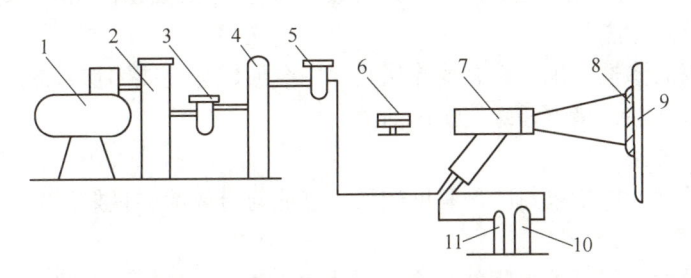

1—空压机；2—冷凝器；3—油水分离器；4—贮气罐；5—空气滤清器；6—盘丝架；
7—喷涂枪；8—涂层；9—工件；10—乙炔瓶；11—氧气瓶。

图 8-7　金属线材火焰喷涂系统

（1）空压机主要要求是压力及排气量。

对金属线材火焰喷涂枪，要求空气压力为 0.4~0.6 MPa，排气量为 1.2 m³/min。这个排气量是一把喷涂枪的排气量，若是两把火焰喷涂枪，或是电弧喷涂，或是喷砂与喷涂同时进行，则空压机压力和排气量分别为 0.7~0.8 MPa 及 6 m³/min 以上为宜。

（2）油水分离器、冷凝器、贮气罐、空气滤清器的主要要求如下。

油水分离器、冷凝器：将压缩空气中油雾、水蒸气（温度较高）冷却并去掉油和水，获得干燥、干净、温度较低的空气。

贮气罐：储存空气，耐压为 10 atm（1 atm＝101 325 Pa），同时可起冷凝作用。

空气滤清器：将空气进一步过滤并吸潮，使之更干净、干燥。

经冷凝器和贮气罐初步净化的空气进入空气滤清器后，体积再次膨胀，流速下降。经多层填料（如活性炭）过滤及吸附，杂质沉入底部排出，干净的空气从上部排出。

（3）氧气瓶：压力为 15 MPa，容器容积一般为 40 L，可存 6 m³ 氧气。

（4）乙炔瓶：压力为 1.5 MPa，瓶内乙炔溶解在含丙酮的多孔物质（活性炭）中。将乙炔以 1.47 MPa 压力压进，使用时溶解在丙酮中使乙炔分解供使用。

特别要提出，乙炔瓶上必须安装回火防止器。水封式回火防止器要直立安装，且每把喷涂枪必须有独立的回火防止器。水封式回火防止器必须设有卸压孔、防爆膜。

（5）喷涂枪：目前国内通用的金属线材火焰喷涂枪为 BQP-1 型（北京工业大学研制）及 SQP-1 型（上海喷涂机械厂研制）。

2）涂层制备工艺

（1）基体前处理（喷砂）：对压缩空气要求必须清洁、干燥，对磨料要求必须清洁、有棱角。

（2）喷涂铝或锌涂层工艺参数：乙炔压力 0.05~0.1 MPa；氧气压力 0.20~0.40 MPa；压缩空气压力 0.40~0.70 MPa；氧-乙炔火焰中性焰；喷距 150~200 mm；涂层厚度 0.15~0.25 mm，不要一次喷到，应多次喷达。

（3）涂层后处理（封闭）：为什么喷涂完后涂层要封闭处理？由热喷涂涂层形成过程可知，涂层孔隙必然存在。例如金属线材火焰喷涂铝涂层孔隙率一般为 5%~12%，可能是由于错综曲折的连接从基体直达涂层表面，这将影响防腐效果，同时会使涂层密闭性下降，故必须进行封闭孔隙处理。

涂层经封闭处理产生的效果如下。

①大大提高金属涂层防蚀能力。所形成的复合涂层（铝或锌涂层+封闭层），其抗腐蚀寿命大于单个涂层寿命之和。

②由于封闭剂的渗透效果，在金属涂层孔隙中会形成盐类或因渗入的封闭剂而封闭，防止污物或碎屑进入孔隙，堵死错综曲折的通道。

封闭剂应具备的条件如下。

①良好的渗透性，即要求封闭剂黏度较低，且能与金属涂层良好湿润，从而易渗入涂层孔隙中。

②良好的耐蚀性，即要求封闭剂在涂层所处的介质中有良好的抗蚀性。

封闭剂与锌或铝涂层的组合体系如表 8-3 所示。

表 8-3 封闭剂与锌或铝涂层的组合体系

服役环境	喷涂层金属	涂层厚度/mm	封闭或涂装
乡村气氛	铝	0.1	涂一层乙烯基铝或环氧清漆
乡村气氛	锌	0.276	涂两层乙烯基铝
温和工业气氛	铝	0.1	涂一层乙烯基铝或环氧清漆
严酷工业气氛	铝	0.15	涂两层乙烯基铝或其色漆
严酷海洋气氛（含盐雾）	锌	0.15	涂洗涤底漆，并可涂乙烯基铝涂料
严酷海洋气氛（含盐雾）	锌	0.3	涂洗涤底漆，并可涂乙烯基铝涂料
严酷海洋气氛（含盐雾）	铝	0.15	涂洗涤底漆，并可涂乙烯基铝涂料
高湿度气氛	锌	0.1	涂三层乙烯基铝涂料
自来水全浸（低于 49 ℃，pH>6.7）	锌	0.25	无须后续覆盖层
盐水全浸	锌	0.3	涂洗涤底漆，并可涂乙烯基铝涂料
盐水全浸	铝	0.15	涂洗涤底漆，并可涂乙烯基铝涂料
盐水全浸	铝	0.15	涂两层铝硅酮涂料

8.2.3.2 电弧喷涂铝或锌涂层制备工艺

1) 电弧喷涂系统

电弧喷涂系统如图 8-8 所示。电源既可以是交流电，也可以是直流电，其电源外特性是平特性或少许上升特性。在此，可给电弧直流叠加高频脉冲电流。

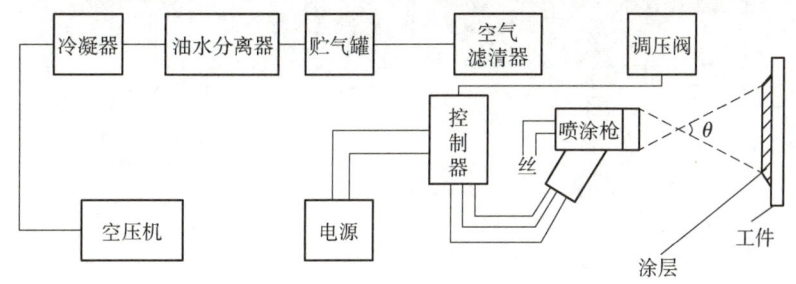

图 8-8 电弧喷涂系统

2) 电弧喷涂特点

（1）涂层与基体结合强度高。这是因为电弧喷涂较之金属线材火焰喷涂或粉末喷涂粒子飞行速度高（100~180 m/s，一般金属线材火焰喷涂为 80~180 m/s）。由于粒子含热量大，当熔融态的粒子打到基体上时，形成局部微冶金结合的可能性要大得多，因此，涂层与基体有较强的结合强度，即一般电弧喷涂涂层与基体结合强度为金属线材火焰喷涂的 1.5~2 倍。

（2）喷涂效率高。20 世纪 70 年代初期和中期，电弧喷涂钢材的生产率可达 20~30 kg/h，电弧喷涂喷锌为 45~55 kg/h，为金属线材火焰喷涂的 2 倍。到 20 世纪 80 年代，电弧喷涂喷锌生产率可达 140 kg/h 以上。美国通用电气公司两种喷涂方法的成本比较如表 8-4 所示，该公司使用一台电弧喷涂设备代替以前使用的四台金属线材火焰喷涂设备对管子和钢制电线杆喷锌，使生产连续进行。用直径 3.2 mm 的锌丝，生产率可达 80.8 kg/h。用两根不同成分线材即可制造伪合金涂层，其可以具有独特的综合性能。例如，铜钢伪合金具有良好的耐磨性与导热性，是制造刹车盘的好材料。

表 8-4 美国通用电气公司两种喷涂方法的成本比较

喷涂方法	设备成本			操作成本/(美元·h^{-1})			合计成本/(美元·h^{-1})
^	设备价格/美元	设备使用成本/(美元·h^{-1})		人工	气体	电	^
电弧喷涂	0.4 万~0.9 万	0.55		8.0	空气：0.30	0.35	9.2
金属线材火焰喷涂	0.2 万~0.4 万	4.80		8.0	O_2：1.90 C_2H_2：2.60 空气：0.30	—	17.6

3) 电弧喷涂设备

目前国内工程中使用的电弧喷涂设备主要包括 D_4-400 型电弧喷涂设备、CMD-AS1620 型电弧喷涂设备、BAS-1 型电弧喷涂设备。

4）电弧喷涂工艺

基体前处理（喷砂）、涂层后处理（封闭）工艺与金属线材火焰喷涂工艺相同。电弧喷涂铝或锌涂层工艺可参考表8-5。

表8-5 电弧喷涂铝或锌涂层工艺

喷涂材料	金属线材直径/mm	电弧电压/V	电弧电流/A	压缩空气压力/MPa	喷距/mm
铝	2.0	28	150~180	0.5~0.7	150~250
锌	2.0	22	150~180	0.5~0.7	150~250

8.2.4 热喷涂铝或锌涂层的应用

热喷涂铝或锌涂层是历史最早、技术最为成熟、应用范围也最广的热喷涂层，国内外挂片试验是其应用的最有力依据。金属防护目前主要有3种方法：一是将工件与环境介质隔开，使环境介质无法对工件产生腐蚀作用，例如采用有机涂层、电镀涂层、化学镀涂层、釉瓷涂层、搪瓷涂层等；二是采用电保护，例如阴极保护；三是减弱介质对工件的腐蚀，例如向介质（或反应剂）中加缓蚀剂，在涂料中加缓蚀颜料。热喷涂铝或锌涂层在一定程度上兼具了上述3种保护作用。

以下为热喷涂锌或铝涂层防腐工程举例。

8.2.4.1 大型水闸钢闸门及水工结构（耐水腐蚀）

基本情况：闸门是水库、水电站、水闸、船闸抽水站等水利工程中的主要构件，长期浸水，启闭时频繁干湿交替，受高速水冲击。水线部分受水、气、日光及水生物浸蚀及泥沙冲磨，因此易腐蚀。刷油漆一般防护期为3~4年，较好的可达7~8年，较差的为1~2年。喷Zn或Al寿命可达20年。

工艺方法：金属线材火焰喷涂或电弧喷涂。

喷涂材料：Al或Zn丝。

喷涂工艺：金属线材火焰喷涂或电弧喷涂工艺。涂层厚度：0.15~0.25 mm。涂层后处理：用环氧清漆（第1遍）+环氧铝粉漆（第2遍）或沥青漆、环氧煤沥青漆。

8.2.4.2 电厂输电铁塔、广播电视塔、电站管道等（耐大气腐蚀）

基本情况：输电铁塔、广播电视塔、电站管道等，这些设施因长期暴露在大气中，受到气候变化和日晒雨淋，故被迅速氧化，生成一层三氧化二铁，严重影响钢构件的使用寿命。为防止钢构件的氧化，以前一般都采用油漆保护，其使用寿命一般为3~5年，更长也不超过8年，因此需要经常进行维修保养，常见的方法是采用金属线材火焰喷涂或电弧喷涂工艺喷锌、喷铝加以保护，可保证20年以上无须保养的效果。例如，在锌、铝涂层外再加涂料，在这种双重复合涂层作用下，其使用寿命更长，可确保工程的百年大计。

工艺方法：金属线材火焰喷涂或电弧喷涂。

喷涂材料：Al或Zn丝。

喷涂工艺：同上例。

8.2.4.3 煤矿井下钢结构长效防腐（耐井下潮湿大气腐蚀）

基本情况：平顶山煤矿井下水滴如柱，空气中含 CO_2、SO_2、NO_2 等腐蚀性气体。工字钢制梁及支架每年腐蚀 0.7~1 mm，投产 6 年严重腐蚀。井筒寿命一般为 10~15 年，平顶山 14 个矿，每年至少 1~2 个矿的井筒因腐蚀必须更换。井筒是煤矿提升工人、煤及其他物料的关键部位，更换井筒一般要 30 天，维修停产损失费达 500 万元。全国煤矿系统每年因维修井筒消耗钢材达 4.5 万吨，停产损失达亿元以上。可采用喷铝进行防护。

工艺方法：金属线材火焰喷涂或电弧喷涂。
喷涂材料：Al 或 Zn 丝。
喷涂工艺：金属线材火焰喷涂或电弧喷涂工艺。
适用范围：洗煤机械、框架、紧固件、井筒钢结构件、排水管道。

8.2.4.4 甲醇部分氧化反应器喷铝防腐蚀（耐高温水腐蚀）

基本情况：甲醇部分氧化反应器为生产甲醇的重要设备，设备尺寸为 ϕ3 568 mm × 22 mm，高 7 m，外壳材质相当于 A3。反应器中因反应温度高，外加冷却水管，导致外壳严重水腐蚀，几乎需要年年除锈，漆膜至多 3 个月即全部脱落。某些部分腐蚀速度达 1 mm/a，壁厚减薄严重。可对设备外壳进行喷铝防腐（加封闭）。

工艺方法：金属线材火焰喷涂或电弧喷涂。
喷涂材料：ϕ3 mm 铝丝。
喷涂工艺：金属线材火焰喷涂或电弧喷涂工艺。

8.3 电镀锌及其合金涂层

8.3.1 电镀锌及其合金涂层性能

8.3.1.1 电镀锌涂层性能

1) 耐蚀性好

锌层在干燥空气中不发生变化，在潮湿空气中会生成一层主要由碱和碳酸锌组成的薄膜，可起到缓蚀作用。与热浸镀锌涂层一样，由于锌的标准电极电位（-0.76 V）比铁的标准电极电位（-0.44 V）更负，因此当形成铁-锌原电池时，镀锌层为阳极，可有效保护钢铁基体不受电化学腐蚀，故其耐蚀性优良。

但需指出的是，电镀锌涂层在酸、碱的水溶液中，含 SO_2、H_2S 大气或海洋潮湿大气、高温高湿空气和有机酸气氛中，耐蚀性较差。

2) 美观及耐储存性好

电镀锌涂层经钝化处理可能得到各种色彩钝化膜，如彩虹色或白色钝化膜。彩虹膜不仅美观，而且较厚，且因其有"再划伤自修补作用"，即当彩虹膜表面划伤时，在划伤部位附近的钝化膜中的六价铬有自修补作用，可令划伤的钝化膜恢复完整。这就是电镀锌涂层往往采用彩虹色钝化的原因。

3) 成本低

热浸镀锌涂层材料用量一般为 60~305 g/m² （单面，厚度为 60~300 μm），而电镀锌涂层材料用量为 5~50 g/m² （单面，厚度为 6~12 μm），比热浸镀锌要节约很多锌，成本大大降低。

在工程上，钢铁工件的锌层主要是防护性电镀锌涂层，用量占全部电镀件的 1/3~1/2，是所有电镀品种中产量最大的一个镀种。

8.3.1.2 电镀锌合金涂层性能

若在电镀锌涂层中加入适当元素，令其电极电位降低，则会大大改善镀层的耐蚀性，延长其寿命。正由于这项考虑，发展了电镀锌合金涂层。

锌合金涂层的腐蚀电位、腐蚀速度和腐蚀产物如表 8-6 所示。

表 8-6 锌合金涂层的腐蚀电位、腐蚀速度和腐蚀产物

喷涂材料		Zn	Zn-10Fe	Zn-4Al-0.3Mg	Zn-13Ni	Zn-55Al	Zn-18Ni-1Co	Zn-10Co
涂覆方法		电镀	热浸镀后合金化处理	热浸镀	电镀	热浸镀	电镀	热浸镀
相对于饱和甘汞电极的腐蚀电位/V		-1.03	-0.89	-1.025	-0.86	-1.00	-0.75	-1.00
腐蚀速度/(g·m⁻²·h⁻¹)		1.0	0.7	0.45	0.37	0.05	0.35	0.40
腐蚀产物	ZnCl₄·4Zn(OH)₂	强	强	强	强	强	强	强
	ZnO	强	强	无	无	无	无	无

1) 电镀锌镍合金涂层性能

锌镍合金中一般含镍 8%~15%。Ni 含量超过 15%，则镀层难以钝化。电镀锌镍合金涂层耐蚀性及耐磨性均为纯锌层的 3~5 倍，耐热达 200~250℃，焊接性及延展性与锌相当。在碳素工具钢上的显微硬度为 50HV，与油漆亲和力好，氢脆性接近于 0（脆化率仅为 1.5%，而氰化物镀锌为 53%，锌酸盐镀锌为 78%，氯化物镀锌为 46%，光亮镀铬为 18%）。镀层毒性小，润滑性能不如锌。

2) 电镀锌铁合金涂层性能

(1) 耐蚀性：含铁 8%~20%的电镀锌铁合金涂层耐蚀性比锌好；含铁 1%~8%的电镀锌铁合金涂层的耐蚀性与锌相当或稍低；含铁 0.2%~0.7%、厚度为 5 μm 的电镀锌铁合金涂层耐蚀性很好，可耐中性盐雾试验 2 000 h。

(2) 延展性：含铁 0.2%~0.7%的高耐蚀性电镀锌铁合金涂层延展性与锌相当，镀液分散能力好，成本低且可进行彩色、白色、黑色钝化。

3）电镀锌镍铁合金涂层性能

（1）耐蚀性：含镍 6%~10%、铁 2%~5% 的电镀锌镍铁合金涂层，其耐蚀性与锌铜合金层相似，对铁基体是阳极性镀层。

（2）装饰性：白色的电镀锌镍铁合金涂层经抛光后可直接套铬，光亮的电镀锌镍铁合金涂层可先镀一层薄铜或黄铜再套铬。

4）电镀锌铁钴合金涂层性能

（1）耐蚀性：含铁 7%~9%、钴 1%~2% 的电镀锌铁钴合金涂层电极电位为 -0.698 V，比铁的电极电位（-0.44 V）低，属阳极性镀层。

（2）装饰性：与电镀锌镍铁合金涂层一样，均属于耐蚀性好的装饰镀层，与钢铁基体结合良好。

5）锌合金涂层耐蚀机理

从表 8-6 可以知道，锌合金涂层腐蚀电位比纯锌涂层电位高，因而降低其腐蚀速度。但其中 Zn-55Al 及 Zn-4Al-0.3Mg 合金层的腐蚀电位，与纯锌涂层电位相近，而腐蚀速度却差很多，这是为什么？

通常认为，锌的腐蚀速度按下列反应进行：

阳极反应： $$Zn \longrightarrow Zn^{2+} + 2e^- \tag{8-1}$$

阴极反应： $$1/2O_2 + H_2O + 2e^- \longrightarrow 2OH^- \tag{8-2}$$

总反应： $$Zn^{2+} + 2OH^- \longrightarrow Zn(OH)_2 \longrightarrow ZnO + H_2O \tag{8-3}$$

$Zn(OH)_2$ 的导电率较小，它能抑制氧的还原反应；ZnO 是 N 型半导体，不能抑制阴极反应。因此，如果在锌涂层中加入可抑制 $Zn(OH)_2$ 转变为 ZnO 的元素，就可能降低涂层的腐蚀速度。从模拟生锈试验可知，Al、Mg、Ni 和 Cr 均可有效抑制 $Zn(OH)_2$，使其难以转变为 ZnO，即可抑制氧的还原，从而改善涂层的耐蚀性。

8.3.2 电镀锌及其合金涂层的形成及结构

8.3.2.1 氰化物镀锌涂层的形成及结构

1）锌涂层的形成

在氰化物镀液中，锌离子与氰化钠、氢氧化钠均形成络合物，即锌氰化钠（$Na_2[Zn(CN)_4]$）和锌酸钠（$Na_2[Zn(OH)_4]$），形成这两种络合盐的反应如下：

$$3ZnO + 4NaCN + 2NaOH + 3H_2O \Longrightarrow Na_2[Zn(CN)_4] + 2Na_2[Zn(OH)_4] \tag{8-4}$$

阴极过程：锌氰化钠和锌酸钠均离解出锌离子；通电时，锌离子在阴极上吸收电子而沉积出锌-锌电镀涂层，而氢离子吸收电子析出氢气。反应如下：

$$Na_2[Zn(CN)_4] \longrightarrow 2Na^+ + 4CN^- + Zn^{2+} \tag{8-5}$$

$$Zn^{2+} + 2e^- \longrightarrow Zn \tag{8-6}$$

$$2H^+ + 2e^- \longrightarrow H_2 \uparrow \tag{8-7}$$

阳极过程：电解时，阳极上发生锌的溶解，阳极上也有少量氧析出。反应如下：

$$Zn + 4CN^- - 2e^- \longrightarrow Zn(CN)_4^{2-} \tag{8-8}$$

$$4OH^- - 4e^- \longrightarrow 2H_2O + O_2 \uparrow \tag{8-9}$$

2) 锌涂层的结构

锌涂层细致、光泽性好，涂层经除氢后不会发黑，这正是氰化物镀锌的优点。

8.3.2.2 锌酸盐镀锌层的形成及结构

1) 锌涂层的形成

镀液中的锌离子与氢氧化钠生成络合物锌酸钠：

$$ZnO + 2NaOH + H_2O \longrightarrow Na_2[Zn(OH)_4] \tag{8-10}$$

阴极过程：锌酸钠在电解时离解出锌-锌电镀涂层，电解时也有氢析出。反应如下：

$$Na_2[Zn(OH)_4] \longrightarrow 2Na^+ + [Zn(OH)_4]^{2-} \tag{8-11}$$

$$[Zn(OH)_4]^{2-} + 2e^- \longrightarrow Zn + 4OH^- \tag{8-12}$$

$$2H^+ + 2e^- \longrightarrow H_2 \uparrow \tag{8-13}$$

阳极过程：阳极的锌与氢氧根失去电子生成锌酸根离子；当锌板出现局部不溶解时，氢氧根在不溶解处放电析出氧气。反应如下：

$$Zn + 4OH^- - 2e^- \longrightarrow [Zn(OH)_4]^{2-} \tag{8-14}$$

$$4OH^- - 4e^- \longrightarrow 2H_2O + O_2 \uparrow \tag{8-15}$$

2) 锌涂层的结构

锌涂层细致光亮，钝化膜不易变色。

8.3.2.3 氯化物镀锌涂层的形成及结构

1) 锌涂层的形成

镀液中锌离子与氯化铵、氨三乙酸都生成络合离子。在弱酸性条件下，锌离子与氯化铵生成的络合离子很少。

阴极过程：除锌的沉积外，还有少量氢析出。反应如下：

$$Zn^{2+} + 2NH_3 + [N(CH_2COO)_3]^{3-} \longrightarrow [Zn(NH_3)_2N(CH_2COO)_3]^- \tag{8-16}$$

$$[Zn(NH_3)_2N(CH_2COO)_3]^- + 2e^- \longrightarrow Zn + 2NH_3 + [N(CH_2COO)_3]^{3-} \tag{8-17}$$

$$2H^+ + 2e^- \longrightarrow H_2 \uparrow \tag{8-18}$$

锌沉积形成锌-锌电镀涂层。

阳极过程：阳极主要是锌的溶解，锌阳极局部钝化时，氢氧根失去电子放出氧气。反应如下：

$$Zn + [N(CH_2COO)_3]^{3-} + 2NH_3 - 2e^- \longrightarrow [Zn(NH_3)_2N(CH_2COO)_3]^- \tag{8-19}$$

$$4OH^- - 4e^- \longrightarrow 2H_2O + O_2 \uparrow \tag{8-20}$$

2) 锌涂层的结构

锌涂层质量好，结构致密。

8.3.2.4 硫酸盐镀锌涂层的形成

阴极过程：硫酸锌在水中离解；电解时，锌离子在阴极上得到电子析出锌；同时，部分氢离子得到电子析出氢气。反应如下：

$$ZnSO_4 \longrightarrow Zn^{2+} + SO_4^{2-} \tag{8-21}$$

$$Zn^{2+} + 2e^- \longrightarrow Zn \tag{8-22}$$

$$2H^+ + 2e^- \longrightarrow H_2 \uparrow \qquad (8-23)$$

析出的锌沉积形成锌-锌电镀涂层。

阳极过程：锌阳极易溶解，电解时少量氢氧根失去电子而析出氧气。反应如下：

$$Zn - 2e^- \longrightarrow Zn^{2+} \qquad (8-24)$$

$$4OH^- - 4e^- \longrightarrow 2H_2O + O_2 \uparrow \qquad (8-25)$$

8.3.2.5 电镀锌镍合金涂层

电镀锌镍合金涂层制备的主要类型有氯化物型、硫酸盐型、氨基磺酸盐型、乙酸盐型、柠檬酸盐型、葡萄糖酸盐型等。其中，前两种应用较广泛，其锌涂层形成机理与前文所述大致相同，以下简述锌涂层结构。

用盐水喷雾试验测定锌涂层耐蚀性发现，当涂层中 Ni 含量为 10%~16% 时，耐蚀性最好，此时涂层为银白色，其相结构为 γ 相的单相组织。当 Ni 含量超过 16% 时，涂层由 γ 相和 α 相构成。当 Ni 含量低于 10% 时，涂层由 γ 相和 η 相构成，它具有一定耐蚀性。γ 相+α 相耐蚀性最差。

8.3.3 电镀锌及其合金涂层的制备工艺

8.3.3.1 氰化物镀锌涂层制备工艺

这种锌涂层制备工艺的优点是镀液具备良好的均镀能力和涂镀能力，允许使用的阴极电流密度及溶液的温度范围较宽，对设备腐蚀性较小，适用于复杂形状工件，镀层厚度 20 μm 以上；缺点是电流效率低（仅 70%~75%），镀液毒性大，环保问题大。

氰化物根据含氰量多少分为高氰、中氰、低氰 3 种，其中中氰使用较多。氰化物镀锌镀液成分及工艺条件如表 8-7 所示。

表 8-7 氰化物镀锌镀液成分及工艺条件

成分及工艺条件	1-高氰	2-光亮	3-中氰	4-中氰	5-低氰	6-低氰	7-低氰	8-低氰
氧化锌/(g·L^{-1})	35~45	17~22	16~22	15~18	9~10	14	9.5	10~12
氰化钠/(g·L^{-1})	80~90	38~55	25~40	30~40	10~13	5	7.5	10~12
氢氧化钠/(g·L^{-1})	80~85	60~75	80~100	65~75	75~80	110	75	110~120
硫化钠/(g·L^{-1})	0.5~5	0.5~2	0.5~3	0.5~2	—	—	—	—
甘油/(g·L^{-1})	3~5	—	—	—	—	—	—	—
HT 光亮剂/(mL·L^{-1})	—	1~1.2	—	—	0.5~1	—	—	—
CKZ-840/(mL·L^{-1})	—	—	—	—	—	5~6	—	—
"505"/(mL·L^{-1})	—	—	—	—	—	—	—	—
硫脲/(g·L^{-1})	—	—	—	—	—	—	4~6	—

续表

成分及工艺条件	1-高氰	2-光亮	3-中氰	4-中氰	5-低氰	6-低氰	7-低氰	8-低氰
Zn-AP/(mL·L^{-1})	—	—	—	—	—	—	5	—
DPE 添加剂/(mL·L^{-1})	—	—	4~6	—	—	—	4	—
DE 添加剂/(mL·L^{-1})	—	—	—	1~2	—	—	—	—
温度/℃	10~35	25~40	15~30	15~30	15~32	15~45	20~43	10~40
阴极电流密度/(A·dm^{-2})	1~3	1~4	1~2.5	1~2.5	1~4	2~6	0.5~5	0.5~6

8.3.3.2 锌酸盐镀锌涂层制备工艺

这种锌涂层制备工艺的优点是镀液成分简单、溶液稳定、工艺使用范围较宽、均镀和涂镀能力还好、对杂质敏感性低；缺点是槽端电压高、耗电大、镀层较厚有脆性，工作中有刺激性气体逸出，要求通风要好。锌酸盐镀锌镀液成分及工艺条件如表 8-8 所示。

表 8-8 锌酸盐镀锌镀液成分及工艺条件

成分及工艺条件	配方 1	配方 2	配方 3	配方 4	配方 5	配方 6
氧化锌/(g·L^{-1})	12~20	10~15	10~12	10~15	12	6~12
氢氧化钠/(g·L^{-1})	100~160	100~130	100~120	100~150	120	75~100
碳酸钠/(mL·L^{-1})	—	—	—	—	20	15~30
DE 添加剂/(mL·L^{-1})	4~5	—	—	—	—	—
DPE 添加剂/(mL·L^{-1})	—	4~6	—	—	—	—
三乙醇胺/(mL·L^{-1})	—	12~30	—	—	—	—
混合光亮剂/(mL·L^{-1})	0.1~0.5	—	—	—	—	—
香豆素/(mL·L^{-1})	0.4~0.6	—	—	—	—	—
DE-81 添加剂/(mL·L^{-1})	—	—	3~5	—	—	—
ZDE-81 光亮剂/(mL·L^{-1})	—	—	2~5	—	—	—
BW-901/(mL·L^{-1})	—	—	—	4~6	—	—
CKZ-840/(mL·L^{-1})	—	—	—	—	6~7	—
OCA99/(mL·L^{-1})	—	—	—	—	—	10
温度/℃	10~45	10~40	5~45	10~40	15~45	24~35
阴极电流密度/(A·dm^{-2})	0.5~4.0	0.5~3.0	0.5~6.0	0.5~5.0	2.0~6.0	0.5~2.0

8.3.3.3 氯化物镀锌涂层制备工艺

氯化物镀锌的优点是镀液电流效率高（95%以上），电镀过程渗氢少，镀液对操作人员影响小；缺点是镀层钝化膜有时发生"变色"现象，且氯化铵镀液废水处理困难。氯化物镀锌镀液成分及工艺条件如表 8-9 所示。

表 8-9 氯化物镀锌镀液成分及工艺条件

成分及工艺条件	配方 1	配方 2	成分及工艺条件	配方 1	配方 2
氧化锌/(g·L^{-1})	30~40	30~45	平平加/(g·L^{-1})	5~8	—
氯化铵/(g·L^{-1})	220~260	240~272	苄叉丙酮/(g·L^{-1})	0.2~0.4	—
氨三乙酸/(g·L^{-1})	—	30	pH 值	6.0~6.7	5.4~6.2
硫脲/(g·L^{-1})	—	1~2	温度/℃	15~35	15~30
聚乙二醇/(g·L^{-1})	—	1~2	阴极电流密度/(A·dm^{-2})	1~4	1~2.5
六次甲基四胺/(g·L^{-1})	10~20	—			

8.3.3.4 硫酸盐镀锌涂层制备工艺

硫酸盐镀锌的优点是镀液成分简单、成本低、电流效率高（接近 100%）、沉积速度快；缺点是只可用简单硫酸盐电镀，分散能力与覆盖能力差，镀层结构较粗。硫酸盐镀锌镀液成分及工艺条件如表 8-10 所示。

表 8-10 硫酸盐镀锌镀液成分及工艺条件

成分及工艺条件	配方 1	配方 2	配方 3	配方 4
硫酸锌/(g·L^{-1})	360	380	205	250~300
氯化铵/(g·L^{-1})	15	—	—	—
硫酸铝/(g·L^{-1})	30	—	20	10~20
硼酸/(g·L^{-1})	25	—	—	20~25
硫酸镁/(g·L^{-1})	—	60	—	—
甘草精/(g·L^{-1})	1	—	—	—
钾明矾/(g·L^{-1})	—	—	50	—
硫酸钠/(g·L^{-1})	60	70	50~100	250
糊精/(g·L^{-1})	—	—	10	—
萘二磺酸/(g·L^{-1})	—	—	—	2~3
葡萄糖/(g·L^{-1})	—	—	—	2~3
pH 值	8~9.5	3~4	3~4	4.5~5.5
温度/℃	10~25	60	室温	室温

8.3.3.5 电镀锌镍合金涂层制备工艺

电镀锌镍合金涂层制备常用镀液为氯化物型及硫酸盐型（其他还有乙酸盐型、氨基磺酸盐型、柠檬酸盐型、葡萄糖酸盐型等）。在生产上应用的锌合金涂层主要有 Zn-Ni、Zn-Fe、Zn-Co、Zn-Mn、Zn-Ti、Zn-Cr 及 Zn-Sn 等。它们的镀层一般也要进行钝化处理。锌合

金涂层中第二种金属的存在会加大钝化的难度，通常而言，若第二种金属含量在1%以下，较易钝化；当含量在1%以上，则需特殊钝化工艺；其含量在15%以上，则很难钝化。合金的组成及含量不同，则钝化工艺也不同。锌镍合金镀液成分及工艺条件如表8-11所示。

表8-11 锌镍合金镀液成分及工艺条件

成分及工艺条件	配方1	配方2 挂镀	配方2 滚镀	配方3	配方4
硫酸镍/(g·L^{-1})	100~120	—	—	100~200	—
氯化镍/(g·L^{-1})	—	120~140	70~120	—	75~85
硫酸锌/(g·L^{-1})	—	—	200~300	—	—
氯化锌/(g·L^{-1})	60~80	80~110	60~80	—	55~85
氯化钾/(g·L^{-1})	—	—	—	—	200~220
氯化铵/(g·L^{-1})	200~220	190~220	220~250	0~50	50~60
硫酸钠/(g·L^{-1})	—	—	—	30~100	—
硼酸/(g·L^{-1})	20~35	—	—	5~20	25~30
硫酸铝/(g·L^{-1})	—	—	—	10~15	—
十二烷基硫酸钠/(g·L^{-1})	0.05~0.5	—	—	—	—
硫酸锶/(g·L^{-1})	—	—	—	0~10	—
721-2光亮剂/(mL·L^{-1})	0.1~0.6	—	—	—	5
添加剂/(mL·L^{-1})	—	适量	适量	—	—
pH值	5	5~7	5~7	2~3	5~6
阴极电流密度/(A·dm^{-2})	2	2~6	1~4	30~100	1~3

8.3.3.6 电镀锌铁合金涂层制备工艺

锌铁合金镀液成分及工艺条件如表8-12所示。

表8-12 锌铁合金镀液成分及工艺条件

成分及工艺条件	24%~27% Fe 光亮	12% Fe	2%~3% Fe
硫酸锌/(g·L^{-1})	70~80	—	23.8~24.8
氯化锌/(g·L^{-1})	—	30~300	—
氢氧化钠/(g·L^{-1})	—	—	100~120
三氯化铁/(g·L^{-1})	8~10	—	—
氯化亚铁/(g·L^{-1})	—	300	—
硫酸亚铁/(g·L^{-1})	—	—	1.3~6.2
焦磷酸铁/(g·L^{-1})	250~300	—	—

续表

成分及工艺条件	24%~27% Fe 光亮	12% Fe	2%~3% Fe
柠檬酸/(g·L^{-1})	—	5	—
磷酸氢二钠/(g·L^{-1})	80~100	—	—
醋酸钠/(g·L^{-1})	—	15	—
洋茉莉醛/(g·L^{-1})	0.05~0.12	—	—
三乙醇胺/(g·L^{-1})	—	—	1.4~6.7
锌酸盐镀锌添加剂/(mL·L^{-1})	—	—	4~6
温度/℃	50~60	50	20~25
pH 值	9~10	3	—
阴极电流密度/(A·dm^{-2})	1.5~2.5	—	3~5

8.3.3.7 电镀锌铬合金涂层制备工艺

锌铬合金镀层的耐蚀性好，其原因是铬均匀分布于镀层中。其镀液成分及工艺条件如表 8-13 所示。

表 8-13 锌铬系合金镀液成分及工艺条件

成分及工艺条件	配方 1	成分	配方 1
硫酸锌/(g·L^{-1})	250	pH 值	3.0
氯化锌/(g·L^{-1})	100	时间/s	28
氯化铵/(g·L^{-1})	50	阴极电流密度/(A·dm^{-2})	30
硫酸钠/(g·L^{-1})	30	温度/℃	50
三氧化铬/(g·L^{-1})	0.39	—	—

8.3.3.8 电镀锌镍铁合金涂层制备工艺

锌镍铁合金镀液成分及工艺条件如表 8-14 所示。

表 8-14 锌镍铁合金镀液成分及工艺条件

成分及工艺条件	普通镀层	光亮镀层
硫酸锌/(g·L^{-1})	100	80~90
硫酸镍/(g·L^{-1})	16~20	10~15
硫酸亚铁/(g·L^{-1})	2~2.5	3~4
焦磷酸钾/(g·L^{-1})	250~300	250~300
酒石酸钾钠/(g·L^{-1})	15~25	10~15
磷酸氢二钠/(g·L^{-1})	50	50~60
1,4-丁炔二醇/(g·L^{-1})	0.4~0.6	—
洋茉莉醛/(g·L^{-1})	—	0.01~0.02

续表

成分及工艺条件	普通镀层	光亮镀层
阴极电流密度/(A·dm^{-2})	0.6~0.7	0.8~1.5
pH 值	8.2~8.5	8.5~9
温度/℃	38~42	20~35

8.3.3.9 电镀锌铁钴合金涂层制备工艺

锌铁钴合金镀液成分及工艺条件如表 8-15 所示。

表 8-15 锌铁钴合金镀液成分及工艺条件

成分及工艺条件	配方 1	成分及工艺条件	配方 1
焦磷酸钾/(g·L^{-1})	350~400	洋茉莉醛/(g·L^{-1})	0.05~0.1
硫酸钴/(g·L^{-1})	1.0~1.5	pH 值	9~9.5
酒石酸钾钠/(g·L^{-1})	20	温度/℃	35~42
硫酸锌/(g·L^{-1})	100~110	阴极电流密度/(A·dm^{-2})	170~200
硫酸铁/(g·L^{-1})	8~12	—	—

8.3.4 电镀锌及其合金涂层的应用

锌及锌合金涂层因较薄，主要用作涂料的基体。不经涂漆的镀锌板经铬酸盐处理后，尤其是经钝化处理后，成为较厚而无孔隙的锌涂层钢板，耐蚀性优良。这种技术被大量应用于汽车部件、电器仪表、家用器具、日用五金、建筑五金等制品上。

8.4 锌扩散涂层

8.4.1 锌扩散涂层性能

8.4.1.1 耐蚀性

锌扩散涂层（渗锌涂层）具有优良的耐蚀性。其原因在于扩散退火使纯锌层被铁所饱和，在原锌涂层（热浸镀、热喷涂或电镀）与钢铁基体之间发生了扩散，原锌涂层中由于铁的渗入，形成了一层铁锌合金。铁含量可达 7%~12%，相当于 δ_1 相，与 δ_1 相相邻的是一层较薄的 Γ 相，这时的涂层组织均匀、耐蚀性也较好。表 8-16 为渗锌涂层与不渗锌钢材腐蚀状况的比较。

表 8-16 渗锌涂层与不渗锌钢材腐蚀状况的比较

材料	腐蚀介质	腐蚀速度
20 钢	向油井输送空气的钢管,介质为潮湿高压空气 20 d	0.048 g/(m²·h)
20 钢渗锌后		0.002 g/(m²·h)
不渗锌钢材	含 6~13 mg/L 硫化氢的地下水 500 h 及 800 h 腐蚀试验	6.20 g/(m²·h)
渗锌钢材		0.03~0.08 g/(m²·h)
不渗锌钢材	海水中,海水涨落交替潮湿环境	300 μm/a
渗锌钢材		5~10 μm/a
渗锌涂层	矿物水	2~4 μm/a

8.4.1.2 物理性能

锌扩散涂层的物理性能如下。

(1) 结合强度:锌扩散涂层与基体的结合强度(附着力)高,只要工艺正确就行。

(2) 硬度:因为锌扩散涂层中有铁,所以其硬度高于电镀锌、热喷涂锌及热浸镀锌涂层。

(3) 涂漆性:锌扩散涂层涂漆时,无须先有底漆,即可获得良好附着力的漆层。

(4) 机加工性:由于锌扩散涂层中主要是 δ_1 相,故当其受到延伸率大于 50% 的机加工时易断裂。

8.4.2 锌扩散涂层的组织

锌扩散涂层的组织主要取决于温度。此外,与渗锌方法也有关系。在 400~600 ℃ 渗锌时,得到的锌扩散涂层的组织由里及表主要由 α 相(Zn 在 α 铁中的固溶体)、Γ 相(Fe_3Zn_{10},含 21%~28% Fe)、δ 相($FeZn_7$,含 7.0%~11.5% Fe)及 ζ 相($FeZn_{13}$,含 6%~6.2% Fe)组成。图 8-9 为粉末渗锌 10 钢的金相组织(440 ℃,3 h)。表面薄层为 ζ 相,第二层为均匀的柱状 δ 相,直接在基体上的黑色带是 Γ 相。

图 8-9 粉末渗锌 10 钢的金相组织(440 ℃,3 h)(×250)

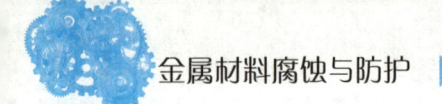

钢中含碳量增加，促使渗层中δ相和ζ相的形成长大，导致锌厚度增加。钢中硅、锰和磷含量增加，会增强钢与液态锌之间的相互作用，导致锌厚度的增加。

8.4.3 锌扩散涂层的制备工艺

锌扩散涂层的制备工艺有粉末渗锌、气体渗锌及液体渗锌。

8.4.3.1 粉末渗锌

其工艺过程是将工件埋进含锌粉（或用盐酸处理过的锌粉）、氧化铝和氯化铵的混合粉末中进行渗锌。渗锌温度一般为380～420 ℃。渗锌过程中需注意的事项如下。

(1) 温度不可过高，否则会导致锌粉表面熔化，造成锌粉黏结；而且，如果渗锌剂中含有水分，高温下锌粉与工件迅速氧化，形成氧化膜，会阻碍原子向工件内扩散。

(2) 为加速渗锌速度，可采用含一定量氯化锌的锌粉（即用盐酸处理过的锌粉），或氢或在分解氨的气氛中渗锌。氢可还原锌粉表面和钢铁基体表面的氧化膜。常用粉末渗锌剂的成分及工艺条件如表8-17所示。

表8-17 常用粉末渗锌剂的成分及工艺条件

序号	渗锌剂成分	渗锌工艺条件 温度/℃	渗锌工艺条件 时间/h	420 ℃×4 h的渗层厚度/mm
1	5%锌粉+48%～49%氧化铝+1%～2%氯化铵	380～420	2～4	—
2	75%锌粉+25%氧化铝	380～420	2～4	0.07～0.09
3	92%锌粉+8%氧化铝	380～420	2～4	0.10～0.13
4	98%锌粉+2%氧化锌	380～420	2～4	—
5	50%锌粉+20%氧化锌+30%氧化铝	380～420	2～4	0.03～0.04

8.4.3.2 气体渗锌

其工艺过程是将工件放入真空或还原性气氛中，真空度一般为$133.322×10^{-2}$～$133.322×10^{-3}$ Pa，当一种金属（如锌）的蒸气压达到$133.322×10^{-2}$ Pa时，就可顺利渗入另一种被加热的金属（如铁）中。

在$133.322×10^{-2}$～$133.322×10^{-3}$ Pa真空度下，当以锌粉为渗锌剂时，渗锌温度、渗锌时间与渗层厚度的关系如表8-18所示。

表8-18 渗锌温度、渗锌时间与渗层厚度的关系

渗锌时间/h	渗层厚度/μm 200 ℃	250 ℃	300 ℃
1	2.5	18.7	58.1
2	4.8	42.5	127.1
3	15.5	54.6	177.1
4	16.6	66.2	254.9

8.4.3.3 液体渗锌

常用液体渗锌主要有干法渗锌和氧化还原法热浸渗锌。

（1）干法渗锌：工件经过酸洗、熔剂处理后再进行热浸渗锌。熔剂处理是为了进一步清洁工件表面，并活化表面，提高锌液润湿基体的能力。干法渗锌用熔剂成分及工艺条件如表8-19所示。

表 8-19　干法渗锌用熔剂成分及工艺条件

序号	熔剂成分	温度/℃	时间/min
1	600~800 g/L 氧化锌+80~120 g/L 氯化铵+1~2 g/L 乳化剂水溶液	50~60	5~10
2	614 g/L 氯化锌+76 g/L 氯化铝+1~20 g/L 乳化剂水溶液	60±5	<1
3	550~650 g/L 氯化锌+68~89 g/L 氯化铵+乳化剂（甘油丙三醇）	45~55	3~5
4	35%~40%$ZnCl_2 \cdot NH_4Cl$ 或 $ZnCl_2 \cdot 3NH_4Cl$ 水溶液	50~60	2~5

（2）氧化还原法热浸渗锌：将工件表面在440~460 ℃的温度下氧化，再用氢将氧化层在700~950 ℃的温度下还原成铁，并使工件在还原性气氛中冷却到470~500 ℃，然后浸入440~460 ℃锌熔体中，浸入时间为1.6~10 s。典型氧化还原法热浸渗锌熔体有两种：一种为Zn+5% Al体系+微量（<0.1%）稀土元素；另一种为43.4% Zn+55% Al+1.6% Si。

将上述工艺得到的热浸渗锌涂层，在保护性气氛（如N_2）中扩散退火，不仅使热浸渗锌涂层组织均匀，还可使其更为耐蚀。退火温度为450~1 020 ℃，保温时间为10 s~30 min。

8.4.4　锌扩散涂层的应用

锌扩散涂层广泛用于弹簧、紧固件、钢管（尤其是细长钢管）以及需要严格控制尺寸误差工件的防蚀上。

习题

1. 简述热浸镀锌涂层、热喷涂锌涂层、电镀锌涂层及锌扩散涂层的制备工艺。
2. 简述影响热浸镀锌涂层、热喷涂锌涂层、电镀锌涂层及锌扩散涂层结构和性能的因素。
3. 以船板钢防腐涂层为例，通过课堂学习和查阅文献资料，说明该防腐设计的工作原理、结构特点、设计原则、制造和选材考虑的因素，并说明该防护措施的运行对生态环境和社会可持续发展的影响。

第 9 章 热点课题讨论——混凝土中钢筋的腐蚀与防护

混凝土作为一种建筑与土木工程结构物，广泛用于堤坝、海底隧道、桥梁、高架桥和大型海洋平台等结构建筑中。在海洋资源开发日渐兴盛的今天，混凝土的使用无疑会越来越广泛。然而，混凝土因钢筋的腐蚀而产生的耐久性问题比比皆是。钢筋混凝土的破坏不仅造成重大经济损失，也给人民生命财产安全带来重大隐患。

迄今为止，许多技术如缓蚀剂、阴极保护技术、涂层防护技术、再碱化技术及电化学除氯法等被用来保护混凝土中的钢筋不受腐蚀，其中以阴极保护法最为方便。阴极保护法又可分为外加电流法阴极保护和牺牲阳极法阴极保护，相比前者，后者则更为方便。

研究结果证明，镁及其 AZ91 合金可用作钢筋混凝土这种高碱性环境中的智能牺牲阳极材料，它们可同时检测氯离子的入侵，并在被氯离子污染的混凝土中自动地为钢提供充足的阴极保护电流。

此外，镁经常作为合金添加元素，被用来提高锌及其合金作为海洋环境中牺牲阳极材料的耐蚀性，以提高其使用寿命，既然镁对氯离子敏感，那么将其作为合金元素加入锌中，则有希望改善锌作为钢筋混凝土中传统牺牲阳极材料的智能化程度，对这一猜想进行验证，有助于扩大镁及其合金作为智能牺牲阳极材料的范围。

除氯离子的侵蚀外，混凝土碳化也是其内部的钢筋受到腐蚀的原因之一。混凝土碳化能够导致孔隙液 pH 值降低，从而使钢筋丧失钝化能力而受到腐蚀。但镁合金作为智能牺牲阳极材料时，对混凝土碳化程度的感知能力尚未有报道，因此相关研究尚需进一步探索。

9.1 钢筋混凝土的概述及其腐蚀失效

混凝土是一种由砂石、水泥和水混合并经一定时间养护凝固后的材料。由于其低成本、高强度、良好的耐久性以及室温下易于制备等优点，自 19 世纪开始就被广泛应用于各个领域中。在混凝土中嵌入钢筋可在一定程度上提高混凝土的强度、韧性以及抗裂性能，同时不会对混凝土本身的结构性能产生影响。然而，长期经验表明，混凝土服役时易受到外界腐蚀性介质侵蚀，导致钢筋受到腐蚀，造成混凝土断裂、脱落，不仅影响钢筋混凝土性能，甚至引发安全事故。因此，钢筋已成为影响混凝土耐久性的主要因素之一。

钢筋的腐蚀与混凝土内部结构及服役环境有关。混凝土内部并不是非常致密紧实的结构，通常有孔隙的存在。其孔隙可根据尺寸进一步分为凝胶孔（<10 nm）、毛细孔（10~10 000 nm）和气孔（>10 000 nm），其内部孔隙的大小、排列和连接具有随机性。孔隙中存在由水泥中石膏和硅酸二钙及三钙等水化产物生成的饱和氢氧化钙溶液，其 pH 值一般为 12.5。此外，受水泥成分的影响，孔隙液中还可能存在其他碱性离子，如钾离子和钠离子，这些离子的存在会使孔隙液的 pH 值更高。混凝土孔隙中凝胶孔的存在与水化产物的形成有关，而毛细孔的存在则对水、氯离子、氧气和二氧化碳等物质在孔隙中的传输起主要作用，这取决于毛细孔的孔隙率及孔的连接程度。当毛细孔孔径大于 50 nm 时，侵蚀性介质才能向混凝土内部传输，从而对混凝土的结构和性能产生不利影响。而气孔的存在则属于宏观缺陷，会严重影响钢筋与混凝土的界面质量，使孔隙液成分发生改变。降低混凝土的孔隙率能够使混凝土内部结构更加紧实，提高混凝土内部的结合强度和对侵蚀性介质的阻碍能力，进而提高钢筋服役过程中的耐蚀性。

9.2 钢筋的腐蚀

在完好的混凝土中，钢筋处于高碱性的孔隙液中，其表面能够生成稳定的钝化膜而保持钝化态，其钝化膜由内层 Fe^{2+} 及外层 Fe^{3+} 氧化物组成，内层氧化物比较薄但非常致密，因此保护性很强，外层氧化物比较厚但较为疏松，因此保护性比较差。随着混凝土腐蚀性因氯离子入侵及碳化逐渐变强，Fe^{2+}/Fe^{3+} 比值会逐渐下降，因此钢筋表面的钝化膜会被破坏，使钢筋很容易受到腐蚀。其钝化膜破坏过程及钢筋腐蚀过程如下：

阳极溶解反应：

$$4Fe(OH)_2 + O_2 + 2H_2O \longrightarrow 4Fe(OH)_3 \tag{9-1}$$

$$Fe \longrightarrow Fe^{2+} + 2e^- \tag{9-2}$$

$$Fe^{2+} + 2H_2O \longrightarrow 2H^+ + Fe(OH)_2 \tag{9-3}$$

阴极吸氧反应：

$$2H_2O + O_2 + 4e^- \longrightarrow 4OH^- \tag{9-4}$$

相应的钢筋腐蚀的模型如图 9-1 所示。在混凝土中，钢筋的腐蚀产物会将钢筋与混凝土隔离，使钢筋混凝土力学性能下降，此外，其腐蚀产物具有疏松的特点，能够造成体积膨胀，相比腐蚀前，腐蚀产物造成的体积膨胀约为原体积的 2~10 倍，随着铁锈在钢筋表面不断堆积，膨胀压力最终会使混凝土断裂，并进一步加速侵蚀性介质的传输与扩散，导致混凝土进一步受到破坏并发生剥离，因此对混凝土中侵蚀性介质的检测与钢筋的防护极为重要。其中，氯离子的侵蚀、混凝土碳化及温度变化对于钢筋在混凝土中的腐蚀起着很大的作用。

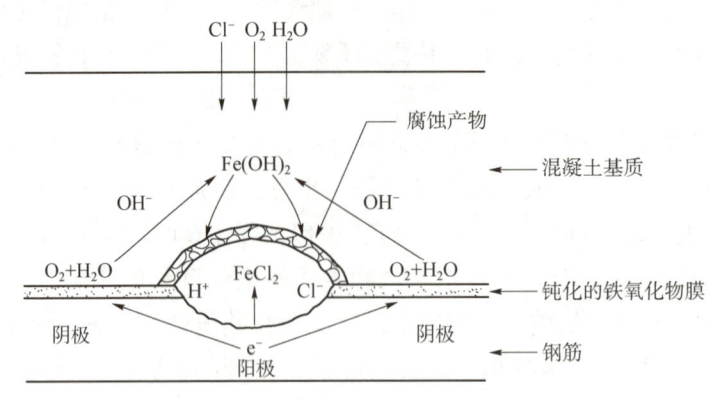

图 9-1　相应的钢筋腐蚀的模型

9.2.1　氯离子侵蚀

由氯离子引起的钢筋腐蚀是导致钢筋混凝土性能恶化的主要原因之一，这种情况广泛存在于暴露在海水中或近海岸的钢筋混凝土及使用除冰盐的公路。氯离子在自然环境中主要通过以下几种方式进入混凝土内部。

（1）扩散。扩散是氯离子进入钢筋混凝土中最主要的方式，其驱动力为氯离子的化学梯度。因为混凝土是一种固、液、气三相共存的结构，因此氯离子的扩散过程并不是均匀的，其扩散遵循菲克第二定律。此外，氯离子的扩散还同时受其他阳离子存在的影响，该影响主要体现在阳离子物质与氯离子的结合能力，若阳离子与氯离子结合能力较强，则能够显著降低氯离子的扩散速度。

（2）对流。这种方式一般发生于浸泡在水中的混凝土，若水中含有氯离子，则氯离子能够随水一起进入混凝土内部。

（3）毛细作用。氯离子能够通过毛细作用进入孔隙内部，通过这种方式进入混凝土中的氯离子只能到达混凝土浅层，但这种传输方式很快，能够大大降低氯离子到达混凝土浅层的时间，从而缩短氯离子扩散到钢筋表面的时间。

（4）热迁移。这种传输方式在受热不均匀的环境中更容易发生，如使用除冰盐的公路。当阳光照射后，公路上方受热最快，此时氯离子容易在温差的作用下，由温度高的部位传输到温度低的部位。

当氯离子向混凝土内部扩散时，并不是所有氯离子都能到达钢筋表面，有相当一部分氯离子在向混凝土内部传输过程中会被混凝土内部成分固化，从而不能继续向混凝土内部传输。氯离子固化可分为物理结合和化学结合。物理结合是水合硅酸钙表面与氯离子通过物理吸附作用固化，而化学结合则通过氯离子与水泥水化产物发生化学反应生成含氯化物的化合物，如 $3CaO \cdot Al_2O_3 \cdot CaCl_2 \cdot 10H_2O$ 将氯离子固化。被固化的氯离子对钢筋腐蚀的影响很小，只有自由移动的氯离子能够到达钢筋表面，并对钢筋造成腐蚀。

自由移动的氯离子在入侵钢筋表面后，需要聚集到一定浓度时才能引发钢筋的腐蚀，这个值通常称为临界氯离子浓度,但目前关于临界氯离子浓度尚未有统一的定义。目前有以下几种关于临界氯离子浓度的定义。

(1) 氯离子含量达到钢筋去钝化态时的浓度。这是关于临界氯离子浓度最精确的定义,但是这种定义只考虑了钢筋腐蚀的初始阶段,该阶段很难通过具体的方法和手段进行监测。

(2) 钢筋的腐蚀达到可视化程度或在接受范围内的氯离子浓度。相比第一种定义,这种定义更加具有工程意义,也更便于测量,但是受限于这种定义,临界氯离子浓度波动范围也很大。

(3) 混凝土中氯离子与混凝土的质量比。这种定义虽然操作起来简单,但是囊括了固化后的氯离子浓度,因此可能带来很大的误差。

(4) $c(Cl^-)/c(OH^-)$,即氯离子与氢氧根离子浓度的比值。这种定义被认为是目前关于临界氯离子浓度最合理的定义,它同时考虑了溶液 pH 值的影响,也比较符合试验中引起钢筋腐蚀的临界氯离子浓度随溶液碱性提高而增大的试验现象。

需要注意的是,氯离子并不会直接参与反应(见图9-2),但氯离子的存在能够起到搬运工的作用,在腐蚀产物的传输方面起到重要的作用,并在后续的反应过程中导致钢筋表面局部酸化,使钝化膜不断受到破坏并形成微观腐蚀原电池,其中钝化膜破坏的地方为阳极。之后局部腐蚀面积不断扩大,形成宏观腐蚀原电池,最终使整个钢筋表面受到腐蚀。

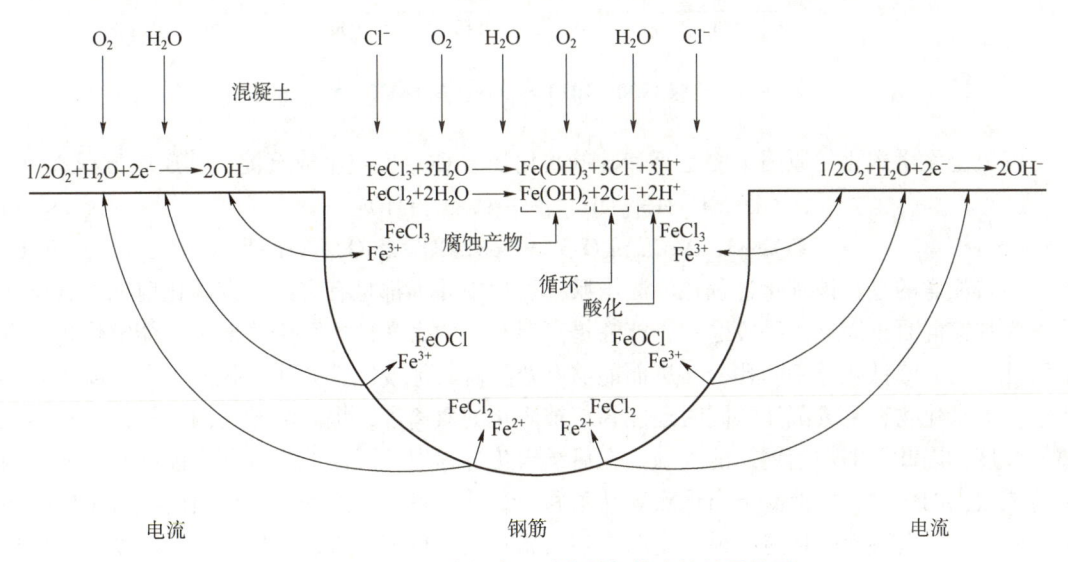

图 9-2 混凝土中氯离子引发的钢筋腐蚀扩展模型

9.2.2 混凝土碳化

混凝土碳化也是造成钢筋混凝土破坏的重要原因之一,该过程主要是空气中的 CO_2 向混凝土内部扩散,并与孔隙液中的饱和氢氧化钙生成碳酸盐沉淀,从而导致孔隙液碱性降低。与氯离子侵蚀相比,混凝土碳化发生于所有的钢筋混凝土结构中,在一些工业污染比较严重的地区,由混凝土造成的钢筋腐蚀现象尤为严重。此外,混凝土碳化速度比氯离子侵蚀速度慢,碳化过程贯穿于整个钢筋混凝土服役期间,因此混凝土碳化决定其服役寿命。虽然混凝土碳化需要的时间比氯离子侵蚀需要的时间更长，但其对钢筋混凝土的破坏程度同样不可小觑，碳化过程会导致钢筋由钝化态进入腐蚀活化态，在一些海洋环境中，混凝土碳化会导致诱发钢筋发生腐蚀的临界氯离子浓度大大降低，加速钢筋混凝土结构的破坏。图 9-3 总结了全球 1930—2020 年水泥基材料 CO_2 吸收量。可以发现 CO_2 吸收量在逐年增加，因此在大气中 CO_2 浓度逐渐提高的情况下，碳化过程引起的破坏无疑也会更加明显。

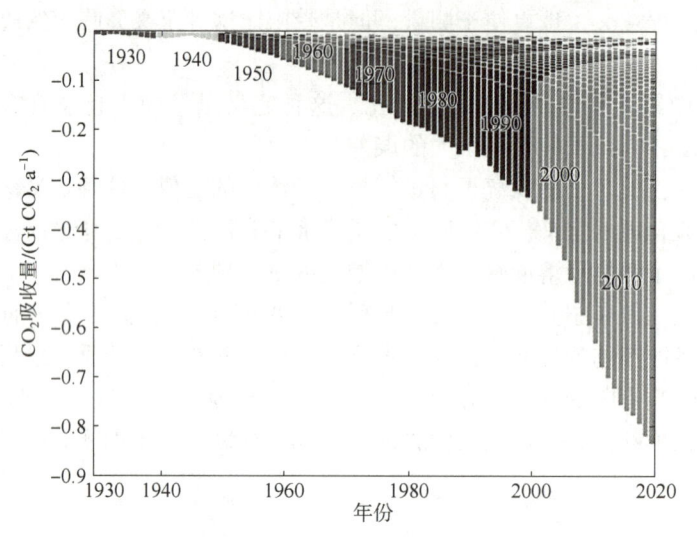

图 9-3　全球 1930—2020 年水泥基材料 CO_2 吸收量

混凝土发生碳化的原因主要是钙和硅的水化物与 CO_2 反应生成沉淀，其反应方程式为

$$CO_2 + Ca(OH)_2 \longrightarrow CaCO_3 + H_2O \tag{9-5}$$

$$xCO_2 + yH_2O + Ca_xSi_zO_{x+2z} \longrightarrow xCaCO_3 + zSiO_2 \cdot yH_2O \tag{9-6}$$

值得注意的是，该碳化过程在混凝土服役过程中并不都是有害的，在碳化前期，其反而能作为加速混凝土固化的手段之一，能够提高混凝土的力学性能，生成的沉淀能够优化混凝土的孔结构，降低孔隙率和孔径，进而能够有效阻碍其他侵蚀性介质如氯离子向混凝土内部传输。但水化物在生成沉淀的同时还能释放被固化的氯离子，提高混凝土内部自由移动的氯离子浓度，因此能够加速钢筋的腐蚀。在后续碳化过程中，沉淀的生成同样能够在混凝土内部造成很大的压力，使混凝土出现宏观孔隙和裂纹，进一步加速侵蚀性介质向混凝土内部传输。除此外，混凝土碳化造成最严重的影响当属对钢筋腐蚀的加速作用。随着混凝土碳化程度的加深，钢筋会发生去钝化现象而导致其腐蚀被激活，如果此时还有氯离子存在，则碳化对钢筋的腐蚀作用将更加明显。释放被固化的氯离子反应方程式为

$$3CO_2 + 3CaO \cdot Al_2O_3 \cdot CaCl_2 \cdot 10H_2O \longrightarrow Ca^{2+} + 3CaCO_3 + 2Cl^- + Al_2O_3 + 10H_2O \tag{9-7}$$

9.2.3　温度的影响

冻融和高温都能对混凝土结构造成不利影响，但两者作用方式不同。

冻融环境能够使混凝土孔隙液产生冰冻，导致其体积发生膨胀，进而对混凝土内部产生应力，使其内部孔隙变大，甚至产生裂缝，这些会加速后续侵蚀性介质在混凝土内部的传输，从而导致钢筋发生腐蚀。因此冻融对钢筋腐蚀产生的影响是间接的。

高温能对钢筋腐蚀产生直接影响和间接影响。直接影响具体表现在钢筋的电化学腐蚀速度能随温度升高而提高,这一点目前已有广泛的报道;而间接影响表现在升高温度能影响其他因素如水分子吸附、氧扩散速度及氯离子扩散速度等,从而进一步影响钢筋的腐蚀速度。

水的吸附在一些干湿交替的环境中容易发生。研究发现,随着温度的升高,水通过较大孔径的孔向凝胶孔内的传输有增大的趋势。因此,若水中含有氯离子,则氯离子比较容易在这种环境中向混凝土内部进行传输。此外,随温度的升高,氧气和氯离子向混凝土内部的扩散系数都能提高,但氯离子受温度的影响更明显。值得注意的是,升高温度虽然能够提高传质速度,但同时也会改变物质在孔隙液中的溶解度,因此对氧气扩散来讲,提高温度还有可能降低其在水溶液中的溶解度,反而有可能降低钢筋的腐蚀速度。

9.3 混凝土中钢筋的腐蚀性监测

自从混凝土中钢筋的腐蚀情况受到重视,人们发明了许多方法对钢筋的腐蚀情况进行检测,如电化学检测技术、光纤传感器技术、声波检测技术和电磁检测技术等。其中,电化学检测技术使用最为广泛,不仅能检测钢筋的腐蚀状态,还能对其腐蚀速度进行测量,并进行局部腐蚀检测。

9.3.1 腐蚀状态检测方法

腐蚀状态检测主要通过监测钢筋在混凝土中的腐蚀电位(或开路电位)来推测钢筋的腐蚀情况,该方法所用设备简单,经济适用,仅需要参比电极和电位计即可进行测量,常用的参比电极为 $Cu/CuSO_4$、$Ag/AgCl$ 和 Hg/Hg_2Cl_2 电极。但该方法的影响因素较多,受钢筋到外表面距离以及混凝土电阻率的影响较大。为此,后续又相继开发了直接嵌入混凝土中的参比电极,如钛棒和银丝等来监测钢筋的腐蚀电位,但这些电极同时也会受混凝土中氯离子和 pH 值等其他因素的影响,因此测出的腐蚀电位误差也较大。开尔文探针则很好地避免了以上电极的缺点,其在测试过程中不会接触混凝土,也不会受电极到混凝土距离的影响,能够非常快速准确地测量不同部位的钢筋在混凝土中的腐蚀电位,但仅通过测试钢筋的腐蚀电位只能得到钢筋的腐蚀状态,无法得知钢筋的腐蚀动力学信息如腐蚀电流密度等。钢筋腐蚀速度的方法还需要其他测试手段。

9.3.2 腐蚀速度测量技术

主要通过线性极化电阻法、脉冲电流法和交流阻抗法来监测钢筋的腐蚀速度。其中,线性极化电阻法由于操作简单而受到广泛的使用。其原理是向被测金属在腐蚀电位附近施加一个小幅度的电压 ΔE,通过测量电流响应 ΔI 计算出极化电阻 R_p,并根据 Stern-Geary 方程计算腐蚀电流密度 i_{corr},涉及的方程为

$$R_p = \Delta E/\Delta I \tag{9-8}$$

$$i_{corr} = B/R_p (\text{Stern-Geary 方程}, B \text{ 为常数}) \tag{9-9}$$

脉冲电流法与线性极化电阻法类似，其是通过施加一个小幅度的直流电扰动，然后测量其电位变化情况计算极化电阻值，并根据 Stern-Geary 方程计算腐蚀速度。当使用线性极化电阻法和脉冲电流法时，应考虑由混凝土高电阻率带来的 IR 降，此外，根据 Stern-Geary 方程计算腐蚀速度时还需要考虑 B 值，很多时候 B 值可能会发生变化。

与线性极化电阻法和脉冲电流法不同，交流阻抗法向被测量体系施加一个小幅度的扰动交流电压，通过测量其电流反馈来获得所测频率范围内的阻抗信息。通过分析阻抗谱可得出丰富的信息，如所测体系的腐蚀机制以及腐蚀速度，该方法被广泛应用于试验分析。交流阻抗法是一种无损检测方法，可长期用来监测被测试样的腐蚀情况；但交流阻抗法依然有一些不足，比如有时候会有特殊的阻抗谱难以解析，此外阻抗谱测试过程中受外界电磁信号干扰也较大。

以上方法虽然能获得腐蚀速度，但测出来的腐蚀速度为钢筋整体的腐蚀速度，很多时候钢筋发生的是局部腐蚀，因此腐蚀速度的测量无法获得局部腐蚀的信息。此外，腐蚀速度测量中腐蚀面积也难以确定，而局部腐蚀检测技术则能够获得局部腐蚀的信息。

9.3.3 局部腐蚀检测技术

钢筋在局部腐蚀比较严重后形成宏观腐蚀原电池，其中，腐蚀区域严重的地方作为阳极，而未腐蚀或腐蚀轻的地方作为阴极。将钢筋分成多个区域，并将这几个区域外接，通过测量不同区域之间的宏观电偶电位和电偶电流密度的大小，即可判断钢筋哪一部分发生的腐蚀比较严重，利用这种方法能够快速方便地判定局部腐蚀的位置，其误差相比直接用腐蚀速度测量的结果能降低 10 倍。

9.4 混凝土中钢筋的保护方法

混凝土中钢筋的保护方法主要有缓蚀剂法、钢筋覆膜法以及电化学防护法，电化学防护法又包括电化学除氯法、电化学再碱化法和阴极保护法。

9.4.1 缓蚀剂法

缓蚀剂法主要通过向混凝土中添加化学物质来延缓钢筋的腐蚀。有些缓蚀剂通过抑制阴极反应来降低腐蚀速度，这类缓蚀剂称为阴极型缓蚀剂；而有些缓蚀剂则通过抑制阳极反应过程来降低腐蚀速度，这类缓蚀剂称为阳极型缓蚀剂。相比阴极型缓蚀剂，阳极型缓蚀剂的效果则更明显，因此阳极型缓蚀剂是使用和研究最多的。目前常用的阳极型缓蚀剂有亚硝酸盐，但亚硝酸盐缓蚀剂可能会引起碱集料反应，从而对混凝土的耐久性产生不利影响。有些缓蚀剂则是移动性缓蚀剂，这类缓蚀剂可以敷在混凝土表面，并向混凝土内部通过毛细浸润和蒸气扩散的方式迁移并沉积到钢筋表面，但这类缓蚀剂能够到达混凝土内部的深度很难得到保证。除此之外，缓蚀剂一般是水溶性的，因此混凝土中的缓蚀剂有可能会向外扩散，从而降低其缓蚀作用。更重要的是，大部分缓蚀剂对环境是有毒的，因此新型的绿色环保缓蚀剂目前还有待开发。

9.4.2 钢筋覆膜法

钢筋覆膜法是通过向钢筋表面涂覆一层保护性的膜层来提高钢筋的耐蚀性，涂层可以是金属涂层，也可以是有机涂层。金属涂层是广泛使用的一种涂层，常采用浸渍和喷涂的方法来制备，其中使用最为广泛的是锌及其合金涂层。涂层的厚度及溶解速度决定了其服役寿命，因此为了提高其服役寿命，通常还会在浸渍时向锌的金属液体中加入其他的合金元素，如镁和铝等合金元素来降低锌基涂层在混凝土中的溶解速度。锌基涂层由于制备方便和经济而得到了广泛使用，但锌基涂层也有不利的方面，锌本身是一种两性金属，在强碱性环境中腐蚀时容易产生氢气，有可能会降低涂层与钢筋的结合，因此其更适宜用在碳化的混凝土中。有机涂层一般为高分子材料，其耐侵蚀能力强，因此广泛用于海洋环境中钢材的防护。但高分子材料不耐磨损，用在混凝土中钢筋的防护上，很容易在施工过程中造成其局部破裂，从而引起钢筋的局部腐蚀。

9.4.3 电化学防护法

当混凝土中氯离子浓度较高时，使用电化学除氯法能够将钢筋附近的氯离子含量降低，该方法对钢筋无损伤且经济实用。图9-4为电化学除氯法示意图，在钢筋和被碱性电解质溶液包围的外部沉积阳极之间施加短时间的电场，氯离子将向阳极方向移动，因此使钢筋周围的氯离子浓度降低，在此过程中会通过消耗氧气和水产生氢氧根离子，从而提高钢筋附近的碱性，但同时也会产生氢气，因此对一些有应力存在的钢筋有发生氢脆的风险。

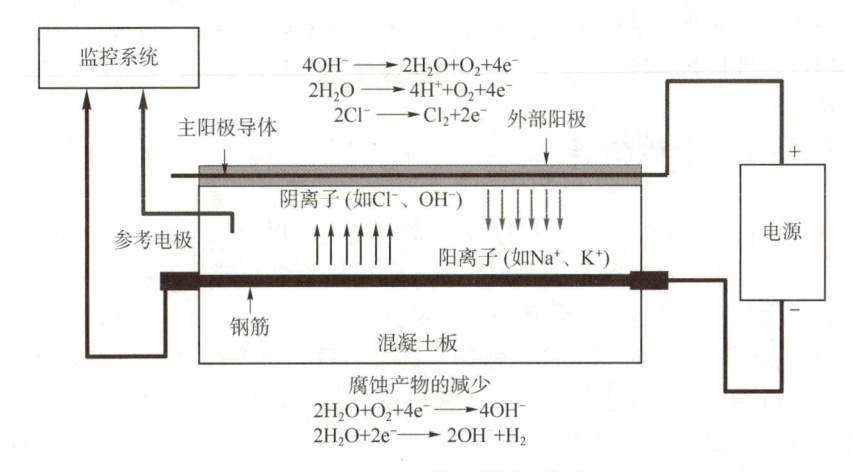

图 9-4 电化学除氯法示意图

电化学再碱化法和电化学除氯法很像（见图9-5），但其使用的电流比较小，约为电化学除氯法的一半，电流过大也容易使钢产生氢脆，此外，当电压比较负时，还可能出现碱集料反应，使钢筋和混凝土结合力下降，并有可能引起阳极酸化的现象。

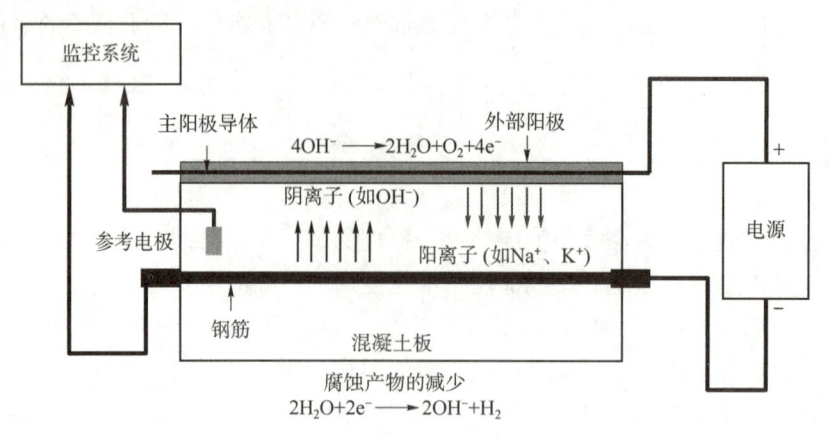

图 9-5　电化学再碱化法示意图

9.5　牺牲阳极法阴极保护

　　金属在腐蚀性介质中的电化学腐蚀过程是一个阳极溶解的过程,若能将金属的电位维持在阴极反应的一侧,金属的阳极溶解过程就会受到抑制甚至停止,这就是阴极保护。阴极保护一般分为外加电流法阴极保护和牺牲阳极法阴极保护。外加电流法阴极保护是通过外电源向被保护金属提供阴极电流从而实现阴极保护的方法,该方法的优点是能提供稳定的阴极电流,电流大小易于调节;缺点是建设成本和日常维护成本很高,不利于大规模的实际应用。牺牲阳极法阴极保护是将一个腐蚀电位比被保护金属低的阳极材料与被保护金属相连形成宏观电偶腐蚀,电偶腐蚀的电偶电位会低于被保护金属的腐蚀电位,使被保护金属上发生阴极反应,而阳极溶解受到抑制。牺牲阳极法阴极保护操作和安装更为简单,无须日常维护,因此除广泛应用于钢筋混凝土结构中外,还广泛应用于石油钻井平台、近海设备以及船体等结构中。目前牺牲阳极材料使用最广的是锌、铝和镁及它们的合金。

9.5.1　锌基牺牲阳极材料

　　锌基牺牲阳极材料广泛应用于船体以及钢筋混凝土的保护。作为最早的牺牲阳极材料,锌被用来保护船体外壳,其对钢等被保护金属的阴极保护电压较低,约为 0.2 V,因此适用于低电阻率的海水环境中。作为这种环境中的牺牲阳极材料,锌的自腐蚀速度小,保护效率高且极化效率高,同时不会对钢形成过保护。此外,锌阳极在碰到钢结构件时不会产生火花,因此是唯一可用来保护油罐等易爆容器和运输设备的材料。纯锌作为牺牲阳极材料时,对其纯度要求很高,若其中存在的铁、铜及铅等杂质含量达到一定浓度时会引起锌的阳极化,导致其自腐蚀速度增加,保护效率降低,驱动电压也会降低。除纯锌外,还开发了一系列锌合金,如锌铝合金、锌锡合金。相比于纯锌,锌合金能提供的电流效率高,且能够消除锌中杂质的不利影响。除用来保护船体等近海或者海上使用设备,锌及其合金还常被用来保护钢筋混凝土中的钢。锌基牺牲阳极材料的缺点在于理论比容量相对较低,约为 795 A·h/kg,这和锌的高密度有很大关系。此外,锌基牺牲阳极材料不适宜在温度超过

60 ℃的环境中使用，当温度高于60 ℃时，锌的电位会大幅度向正电位方向移动，与被保护金属的极性发生反转，反而加速被保护金属的腐蚀。

9.5.2 铝基牺牲阳极材料

相比于锌，铝的理论比容量很高，约为2 980 A·h/kg，是3种牺牲阳极材料中比容量最高的。其电位也比锌更低，理论上是一种比较理想的牺牲阳极材料，但是铝在中性环境中使用时，由于其表面生成致密的氧化铝膜而进入钝化态，能够提供的阴极保护电流非常有限，因此纯铝很难直接作为牺牲阳极材料使用。实际使用的铝基牺牲阳极材料都是铝合金，铝合金中其他合金元素的加入能阻止铝表面形成连续致密的氧化物薄膜，使铝基体能够活化溶解。

目前工程上使用的铝基牺牲阳极材料多为铝锌合金。锌作为合金元素加入铝中，能使合金腐蚀产物容易脱落，促进合金的活化。向铝锌合金中继续加入其他合金元素，能进一步促进铝锌合金的活化，降低其腐蚀电位并提高腐蚀电流密度。这一作用最明显的是铟元素，其添加量达0.03%即可发生以上显著的变化。在此基础上还相继开发了四元合金如铝锌铟镁、铝锌铟硅及铝锌铟锡等合金，能进一步提高铝基牺牲阳极材料的性能。铝基合金作为钢筋混凝土中的牺牲阳极材料则报道较少，其大部分都与锌一起作为混凝土中的钢筋镀层进行使用。值得注意的是，铝基牺牲阳极材料受温度的影响很大，当温度升高时，其表面形成的钝化膜趋于稳定状态，使铝进入钝化态，从而对被保护金属形成欠保护。

9.5.3 镁基牺牲阳极材料

镁的标准电极电位（-2.37 V）与钢（-0.44 V）、铝（-1.66 V）等金属材料相比是最低的，此外，镁及其合金表面膜很疏松。镁的这种腐蚀特点使镁及其合金在使用中很容易与其他金属接触，从而形成宏观电偶腐蚀，进一步加速镁合金的腐蚀。

虽然镁合金的高电化学活性使其在结构材料上应用比较困难，但在阴极保护上则是一种比较受欢迎且广泛使用的牺牲阳极材料。与锌合金和铝合金相比，镁合金作为牺牲阳极材料时，其电位更负，因此与被保护金属如钢之间的电位差更大，对被保护金属的阴极极化更强；此外镁受温度等外部因素的影响很小，温度升高反而有利于促进镁的腐蚀，从而提供更大的阴极保护电流。镁作为牺牲阳极材料，目前大多应用在石油钻井平台、电缆、地下金属管道、船体和土壤等偏中性的环境中。但是镁合金作为牺牲阳极的材料时，仍然不如铝合金和锌合金那样受欢迎，主要原因在于在中性环境中镁合金通常自腐蚀速度较快，使其阴极保护的效率较低，只有50%左右，而锌合金和铝合金在中性环境中的自腐蚀速度则较低，能提供的保护效率高达90%。

9.6 智能镁阳极

虽然镁合金在中性环境中不受欢迎，但在混凝土这种电阻率较大的强碱性环境中则是一种很好的牺牲阳极材料，其不仅可以为钢筋提供充足的阴极保护，还可以检测混凝土腐蚀性。当混凝土没有被氯离子污染时，钢筋不会被腐蚀，因此不需要阴极保护，而镁合金此时也能保持钝化态，其自腐蚀速度很小，能为钢筋提供的阴极保护电流非常有限，有利于延长镁牺牲阳极的服役寿命；随着混凝土因氯离子侵蚀而变得具有腐蚀性，钢筋就有受到腐蚀的风险，但镁合金的腐蚀能比钢筋提前被激活，同时为钢筋提供阴极保护电流，且它们之间的电偶腐蚀电位降低；此外，镁合金为钢筋提供的阴极保护电流，还能随着氯离子浓度的提高而继续增大，其与钢筋的电偶腐蚀电位也随着氯离子浓度的提高而继续降低。以上结果说明了镁作为混凝土中牺牲阳极材料的智能化程度，即可以通过监测镁与钢筋之间电偶腐蚀电流和电偶腐蚀电位的变化来判断混凝土因氯离子侵蚀造成的腐蚀性大小，说明镁能够同时作为氯离子入侵的探测器及钢筋的腐蚀保护器。目前在钢筋混凝土中广泛使用的牺牲阳极材料锌和铝，由于其特殊的两性金属性质，在高碱性的环境中溶解很快，氯离子的入侵不能进一步促进它们的溶解，因此它们对氯离子不敏感，不能探测氯离子的入侵，且很可能对钢筋形成过保护。

此外，根据镁的电位-pH图可知，镁对混凝土碳化也很敏感，其可以作为混凝土碳化过程的智能镁阳极材料，但混凝土碳化过程中镁的自腐蚀速度较高，可能影响其电流效率。镁合金中微电偶效应是导致镁合金自腐蚀速度高的原因之一，因此影响镁合金自腐蚀的因素理论上都能够影响镁合金作为牺牲阳极材料的腐蚀行为。

9.6.1 由晶粒取向引起的微电偶腐蚀

不同取向镁晶粒之间的微电偶腐蚀首次发现在纯镁中，后来在镁铝合金的腐蚀中也发现了不同取向晶粒之间能发生微电偶腐蚀。经过计算发现，这种电偶腐蚀与各晶面的原子密排程度有关。镁的密排面为（0002）基面，该基面的原子密度远高于其他非密排面，因此该密排面原子之间结合能最高，使该密排面表面能最低，因此较其他非密排面耐蚀。这种由不同晶面带来的微电偶腐蚀，在后续的研究中用其他方法如针管电极和扫描开尔文探针，成功地在其他纯镁和镁铝合金中得到了证明。研究发现，密排面的腐蚀电位比非密排面的更高，其腐蚀电流密度更小，表面膜对基体的保护性也更强，相关文献则进一步证明了镁基体的腐蚀更容易沿着柱面扩展。镁合金这种由晶粒取向引起的微电偶腐蚀可能也是高纯镁发生局部腐蚀的原因。这种由晶粒取向引起的耐蚀性差异的现象在低合金钢中也得到了证明。

9.6.2 由杂质引起的微电偶腐蚀

杂质元素与镁基体形成的电偶对对镁基体的腐蚀起着极大的促进作用，能够大大加速镁基体的腐蚀。一般认为，Ni、Fe和Cu是对镁合金腐蚀最有害的杂质，它们在镁合金中的固溶度非常有限，一旦它们在镁合金中的含量超过其溶解度时，便以析出相的形式存在。由于这些杂质的腐蚀电位远高于镁基体，因此它们析出相的存在便形成非常有效的阴极活性位点，能极大地促进周围镁基体的腐蚀，使镁合金发生局部腐蚀。因此，若要降低镁合金的腐蚀速度，就必须控制镁合金中有害杂质的含量。

9.6.3　由第二相引起的微电偶腐蚀

第二相与基体相形成的微电偶腐蚀对镁合金腐蚀的影响情况比较复杂，这也一直是镁合金腐蚀研究领域的一个热点。第二相对镁基体腐蚀的影响与合金元素的种类和添加量有关，这同时会改变第二相的种类、分布及相对含量，改变以上任意一点都能对腐蚀造成较大的影响。第二相的种类对腐蚀的影响受所添加合金元素的影响很大，其取决于所添加合金元素的活性。在铸态合金中，若所添加的合金元素活性比镁低，则所形成的第二相的腐蚀电位往往比镁基体的腐蚀电位高，镁基体与第二相形成电偶腐蚀时，镁基体相会受到腐蚀，如图9-6（a）所示。但此时连续分布的网状第二相能对镁基体腐蚀的扩展起到阻碍作用，绝大部分镁合金的腐蚀都以这种方式发生。若有的添加合金元素活性比镁高，则在镁基体中容易形成比镁基体活性更高的第二相，在腐蚀过程中，这种第二相与镁基体形成电偶对时会优先溶解，这种典型的腐蚀方式常见于镁钙合金中 Mg_2Ca 相的腐蚀，如图9-6（b）所示。值得注意的是，这种镁钙合金中位于晶界处的第二相的优先溶解对镁合金的腐蚀非常不利，这会使晶粒失去支撑作用，造成大量镁基体相的脱落。

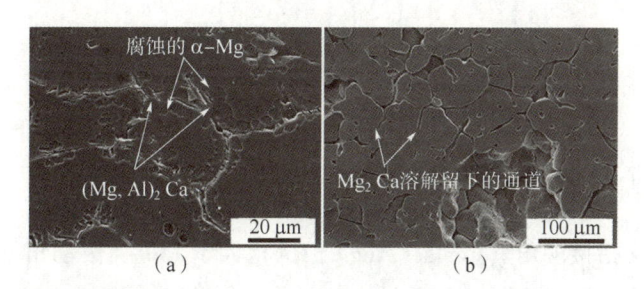

图 9-6　镁合金中两种典型的在不同相上发生的腐蚀

（a）当第二相腐蚀电位比镁基体相高时，镁基体相会腐蚀；（b）当第二相腐蚀电位比镁基体相低时，第二相会腐蚀

在三元合金中钙的加入反而能弱化其他第二相带来的微电偶腐蚀，这主要是由于加入钙元素后，钙元素会与其他合金元素一起在晶界处析出，这能够大大降低第二相与镁基体相之间的腐蚀电位差，从而降低镁基体溶解的驱动力，减小其腐蚀电流密度。与钙作用相似的元素还有钕。

除第二相的种类外，第二相的分布方式也会对镁合金的腐蚀产生影响。在铸态合金中，一般会存在两种分布方式的第二相，即分布在晶界处的网状第二相和以颗粒状形式存在的第二相。除上文提到的镁钙合金外，镁合金中绝大部分的网状第二相对腐蚀的扩展都具有阻碍作用，而颗粒状第二相则能够作为有效的腐蚀位点促进镁基体的腐蚀，但镁钙合金中颗粒状 Mg_2Ca 相的溶解造成的腐蚀反而不如其他颗粒状第二相造成的腐蚀严重。

第 10 章 热点课题讨论——超疏水涂层的制备工艺及性能

10.1 超疏水涂层概述

10.1.1 超疏水表面原理

超疏水表面通常指接触角（Contact Angle，CA）大于 150°、滚动角（Sliding Angle，SA）小于 10°的表面。超疏水表面在自然界中普遍存在，如荷叶、蝴蝶翅膀、水稻叶、水黾腿、玫瑰花瓣等。荷叶能"出淤泥而不染"是因为表面的灰尘在液滴滚动和弹跳的过程中去除，从而达到自清洁的效果。德国波恩大学著名植物学教授 W. Barthlott 首次采用扫描电子显微镜观察荷叶表面的微观结构，发现荷叶的表面并不是光滑的，而是存在许多微米级别的乳突，并且这些乳突表面分布着疏水性的蜡状物，因此得出，荷叶的自清洁性是由其表面存在微米结构的乳突和表面蜡状物引起的。进一步研究表明，微米结构的乳突上还存在着纳米结构，而这种微/纳米级的多级结构是构建超疏水表面的一个必要因素。液体在固体表面的接触角大小与固体表面的润湿性密切相关，研究超疏水表面的基本原理也要从固体表面的润湿性开始说起。

当液滴滴落在不同的固体表面上时，润湿行为可能会出现如下情况：完全铺展形成液膜、部分铺展呈凸镜状、几乎不发生铺展呈球状。对于上述的不同的润湿行为，通常采用液滴在固体表面形成的接触角进行定量描述。接触角是指固、液、气三相接触达到平衡时，从三相接触的公共点沿液-气界面作切线，此切线与固-液界面的夹角，通常用 θ 表示，如图 10-1 所示。接触角是液体对固体表面润湿程度的量度。对于静态液体与固体表面的润湿状态主要有以下理论：Young 方程、Wenzel 模型和 Cassie-Baxter 模型。

第10章 热点课题讨论——超疏水涂层的制备工艺及性能

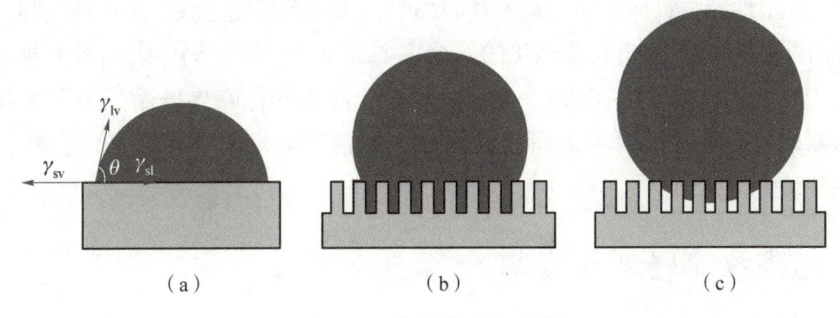

图 10-1　润湿状态示意图

（a）Young 方程；（b）Wenzel 模型；（c）Cassie-Baxter 模型

Young 首次将表面张力的概念引入润湿性能的衡量，提出了理想情况下光滑表面上液滴接触角 θ 的大小是三个界面张力共同作用的结果，即可由固-液表面张力 γ_{sl}、液-气表面张力 γ_{lv} 和固-气界面张力 γ_{sv} 共同决定，其定量关系如下：

$$\gamma_{sl} = \gamma_{lv} + \gamma_{sv}\cos\theta \tag{10-1}$$

式中，θ 为本征接触角。

式（10-1）为 Young 方程，也称为浸润方程，它展现的是接触角的大小与三相界面张力之间的定量关系。

Wenzel 认识到实际表面都存在一定的粗糙度，这些粗糙结构的存在使它的真实表面积要比表观表面积大，由于粗糙度的存在会使固-液和固-气界面张力对体系自由能的贡献增加，最终对液滴在固体表面的润湿性能产生影响，即表现为接触角的变化。因此，Wenzel 在 Young 方程基础上引入了表面粗糙因子 r，建立了 Wenzel 方程：

$$\cos\theta_r = r\cos\theta \tag{10-2}$$

式中，r 为粗糙度，是指实际的固-液界面接触面积与表观固-液界面接触面积之比；θ_r 为 Wenzel 状态下粗糙表面的接触角。

在粗糙固体表面上，固体的实际表面积显而易见大于固体的几何投影面积，因此 r 值恒大于 1。根据此模型，当 $\theta<90°$ 时，即固体本身呈亲水性时，表面粗糙度越大，亲水性越强；反之，当 $\theta>90°$ 时，即固体本身呈疏水性时，表面粗糙度越大，疏水性越强。

实际表面，除了具有一定程度的粗糙度外，化学组分也往往不均一、不同质。在这种情况下，Wenzel 方程则不再适用。Cassie 和 Baxter 认为异质固体表面的润湿性受到每一个化学组分本征接触角和每一个化学组分的面积占整个表面比例的影响，于 1944 年提出了异质表面的接触角方程：

$$\cos\theta_r = f_1\cos\theta_1 + f_2\cos\theta_2 \tag{10-3}$$

式中，θ_1、θ_2 分别为固-液、液-气界面的本征接触角；f_1、f_2 分别为固-液、液-气界面的面积分数（$f_1 + f_2 = 1$）。

由润湿性相关理论可知，表面的微/纳米级粗糙结构和表面自由能对特殊润湿性表面的获得起至关重要的作用。据 Wenzel 模型，$\cos\theta_r = r\cos\theta$，其中 $r>1$，当 $0°<\theta<90°$ 时，$\cos\theta<1$。因此 $\cos\theta_r > \cos\theta$，$\theta_r < \theta$，固体表面粗糙度越大时，$\theta$ 越大。因此，当固体是亲水性表面时，表面

229

粗糙度越大，亲水性越强；当固体是疏水性表面时，表面粗糙度越大，疏水性越强。

表面自由能是影响接触角和滚动角的一个主要因素。通常，固体表面张力越大，越容易被润湿。因为硅烷和氟化物存在的 C—F 键、—CF$_3$ 基团的低临界表面张力和生物惰性，所以通常首选氟取代硅烷，而对于表面改性物质，通常选取氟硅烷等含氟化合物、长链脂肪酸、长链烷基硫醇等。

10.1.2 超疏水涂层制备策略

由润湿性相关理论可知，固体材料表面的疏水性取决于材料的表面张力以及材料表面的粗糙度。当固体的表面张力大于固-液界面张力时，表面呈亲水性；当固体表面张力小于或相当于固-液界面张力时，表面呈疏水性；当疏水表面同时具有微/纳米级粗糙度时，能进一步增强表面的疏水性。所以，超疏水表面的制备通常通过以下两种方法实现：

（1）在低表面能的材料表面构建微/纳米级粗糙结构；
（2）利用低表面能材料修饰具有微/纳米级粗糙结构的表面。

目前，在金属表面制备超疏水表面主要涉及两个步骤，即在金属材料表面构筑微/纳米级粗糙结构和低表面能物质修饰。鉴于上述两个步骤顺序的不同，超疏水涂层的制备可以分为以下 3 种策略，如图 10-2 所示。

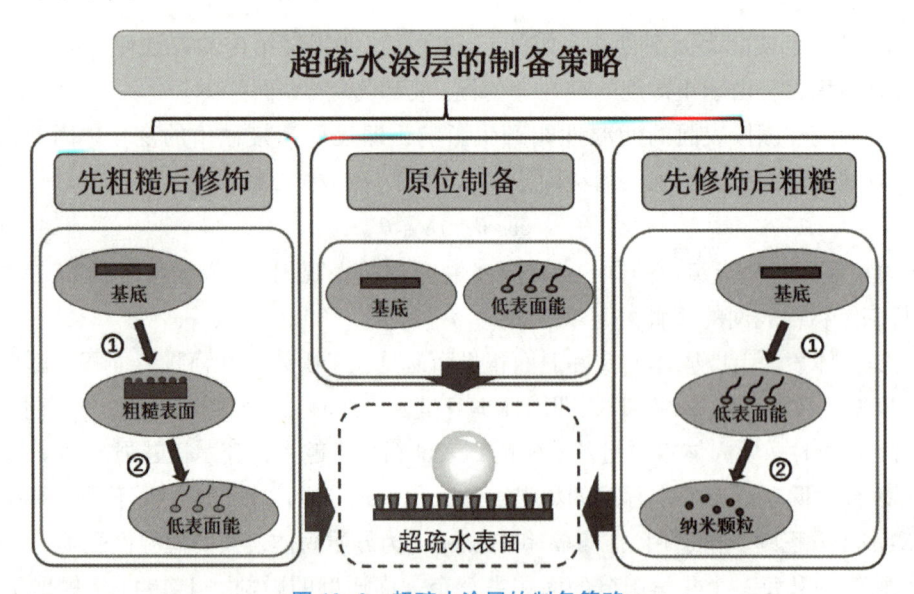

图 10-2　超疏水涂层的制备策略

（1）先粗糙后修饰，通常采用刻蚀法、沉积法、氧化法、水热法和溶胶-凝胶法等方法在金属材料表面构筑具有适宜粗糙度的微/纳米级结构，通过自组装、旋涂、气相或液相沉积等途径将低表面能物质（如氟硅烷等含氟化合物、长链脂肪酸、长链烷基硫醇等）修饰于粗糙表面。

（2）先修饰后粗糙，首先制备低表面能或高表面能的聚合物或纳米颗粒，然后通过喷涂、溶胶-凝胶法转化或其他物理技术将这些特殊表面能材料涂覆在平坦的金属表面，在涂覆的过程中提高材料的粗糙度。

(3) 原位制备，即粗糙和修饰同步实现，常采用自组装、电沉积、化学沉积等一步原位技术来制备特殊润湿性表面，是更简单的制备方法。

10.2 超疏水涂层制备工艺

由于金属及其合金材料通常具有亲水性，在金属材料表面制备超疏水涂层通常采用先粗糙后修饰的策略，即首先在金属表面构建微/纳米级粗糙结构，然后用低表面能物质对此粗糙结构进行修饰。近年来，随着技术的发展，先修饰后粗糙的策略也常常采用操作简单的喷涂技术来实现。在金属及其合金表面制备超疏水涂层的常见方法如下。

(1) 刻蚀法（Etching Method）。该方法是一种常用的在固体表面制备粗糙结构的方法。刻蚀法分为干刻蚀法和湿刻蚀法。干刻蚀法利用离子气体与固体表面反应，对固体表面进行各向异性的腐蚀，从而构建粗糙结构。湿刻蚀法是利用金属和合金之间存在晶格缺陷或合金不同成分的抗腐蚀能力存在差异进行选择性刻蚀，从而获得所需的微/纳米级粗糙结构的方法。湿刻蚀法通常利用强酸、强碱或浓盐溶液以获得所需的微/纳米级粗糙结构。对铝及其合金而言，由于是两性金属，刻蚀试剂除酸外还使用碱。对镁合金而言，研究人员通常选择酸来进行刻蚀。通过刻蚀所获得的微/纳米结构均匀性好，而且能够控制所刻蚀结构的形状、大小等。但由于湿刻蚀法通过化学反应来获得粗糙结构，所以可控性较差。此外，湿刻蚀法产生的废物对环境有一定的危害性，处理时所需的成本也较高。

(2) 水热法（Hydrothermal Method）。该方法是采用水溶液作为反应介质，通过对反应容器加热，获得高温高压环境，使金属基体发生溶解、反应并且重结晶，从而在金属基体表面制备金属氧化物或氢氧化物微/纳米晶体薄膜来构建粗糙表面的方法。通常，将金属基体置于装有一定水热介质的高压釜中进行加热，然后冷却、干燥，之后使用低表面能物质进行改性。利用水热法和低表面能物质修饰的方法，研究人员在不同的金属基体上制备了超疏水涂层。水热法的优点在于其主要原料通常是水或者过氧化氢溶液等无毒无害的化学品，所以，水热法也被认为是一种绿色环保的合成方法。其缺点在于反应需要高温高压的苛刻条件，对样品大小、反应设备有较高要求，同时反应时间较长，不适用于大规模生产应用。

(3) 阳极氧化法（Anodic Oxidation Method）。该方法是指在电解质溶液环境下，以被处理样品为阳极，与阴极材料相连形成回路，外加电流，使样品表面被氧化，从而在表面形成氧化物涂层的过程。阳极氧化法常被用于铝合金产品表面处理，在超疏水涂层的制备过程中，一般可以先通过阳极氧化法制备具有多孔和微/纳米级粗糙结构的氧化物涂层，随后利用低表面能物质修饰后而形成超疏水表面。阳极氧化法已经被广泛应用在工业生产中，其优点在于成本低、制备时间短、操作简单、能精准控制成品表面的粗糙度以及形貌。此外，相较于化学刻蚀工艺，阳极氧化法制备的涂层具有更高的附着力和更致密的结构，能有效地提高金属基体的耐蚀性。然而，阳极氧化过程中使用的电解质溶液往往对环境有很大危害。

(4) 微弧氧化法（Micro-arc Oxidation，MAO）。该方法又称等离子体氧化法（Plasma Electrolytic Oxidation，PEO），是一种在碱性电解质溶液中，中、高压等离子体辅助下的阳极氧化方法，是通过调节电解质溶液和电参数原位生长以基体金属氧化物为主的涂层工艺技术。微弧氧化法广泛应用于铝、镁以及钛等金属及其合金表面，其涉及热化学、等离子体化学和电化学反应，所形成的涂层通常由一层较薄的阻隔层和具有微/纳米级粗糙结构的多孔外层

组成。因此，利用微弧氧化法可以在金属材料表面形成具有微/纳米级粗糙结构的多孔金属氧化物层。后续利用低表面能物质修饰涂层表面而使涂层具有超疏水性。然而，微弧氧化涂层表面会不可避免地形成许多的微孔和微裂纹，这些缺陷会形成传输通道，从而促进腐蚀性离子和水分子的进入，所以微弧氧化法制备的涂层的耐蚀性相对较差。因此，在经过微弧氧化后，样品往往需要二次处理来封孔，从而提高涂层的耐蚀性。相对于阳极氧化法，微弧氧化法更加绿色环保，然而该方法所需设备昂贵且能耗较高。

（5）电化学沉积法（Electrochemical Deposition）。该方法是指在外电场作用下依靠阴极的还原反应在金属基体表面沉积微/纳米级粗糙结构的技术。电化学沉积法的原理和操作过程与阳极氧化法相近，只是在电化学沉积法中，需要将处理的样品作为电路的阴极，而电解质溶液里的阳离子会在置于阴极的样品表面发生还原反应而生成涂层。该方法的制备周期短、金属沉积率高，可以通过调节电参数来调节反应速度，可控性好。但是所制备的微/纳米级粗糙结构黏合力差，而且反应过程中的重金属污染问题也难以避免。近期的研究中，研究者们都尝试在电解质溶液中加入低表面能的物质，从而使涂层的表面能降低。相较于其他疏水涂层的制备方法，这种方法省去了后续表面修饰过程，简化了制备工艺。

（6）化学气相沉积法（Chemical Vapor Deposition，CVD）。该方法是指化学气体或蒸气在基质表面反应合成涂层或纳米材料的方法，在工业和学术领域已被广泛应用于制备多种高性能膜材料。在化学气相沉积过程中，化学前驱体在真空腔内以气体状态分解、反应，然后在固体基体上形成沉积膜。在超疏水涂层的制备工艺中，化学气相沉积法既可以用来沉积具有粗糙表面的涂层，也可以用来在粗糙表面沉积低表面能化合物形成超疏水表面。相较于利用溶液浸渍法对涂层表面进行低表面能改性，利用 CVD 制备的低表面能修饰层更薄、更均匀；然而，CVD 具有所用设备和原材料相对昂贵、工艺过程复杂、制备成本高、不适用于大面积基体等缺点，因此 CVD 在制备超疏水涂层材料领域受到限制。

（7）溶胶-凝胶法（Sol-gel Method）。首先将化学前驱体溶解于溶剂中，添加催化剂，使化学组分间发生水解、缩合等反应，形成溶胶体系；然后对溶胶体系进行陈化，溶胶粒子相互交联而形成具有三维网络结构的凝胶；最后经过干燥和烧结过程制备具有微/纳米级粗糙结构的材料。溶胶-凝胶法制备超疏水涂层对设备要求低、制备工艺相对简单，但是制备周期往往较长，且需要高温处理。

（8）喷涂法（Spray Method）。该方法是指将涂料从容器中压出或吸出，并通过喷枪雾化后施涂于物体表面的涂装方法，具有操作简单，适用于不同形状、尺寸和材质基体的优点。因此，喷涂法制备超疏水涂层在科研和工业领域均得到了广泛的应用，但在喷涂过程中涂覆不均匀的现象也急需改善。

（9）复合法（Composite Method）。该方法是指将两种或两种以上的独立的方法经过组合，在金属表面获得超疏水涂层。与使用一种方法相比，复合法可以很大程度上弥补单种方法的缺陷，所获得的超疏水涂层也具有更强的耐蚀性和耐磨性，但该方法过程较为复杂。

10.3　超疏水涂层防护应用

金属超疏水涂层问世以来，超疏水表面在金属腐蚀防护领域表现的潜在应用价值就引起了研究人员的极大关注。2008 年，江雷小组首次报道了稳定的超疏水镁合金表面具有增强的防护性能，此后，一些研究小组就开始专注于超疏水镁合金耐蚀性的研究。目前，金属材料超疏水表面防护性已经被广泛研究，镁、铝、钢、铜及其合金材料的耐腐蚀研究报道也逐年增多。

10.3.1 超疏水涂层在镁防腐领域的应用

镁及其合金因为具有高比强度、比刚度、导热性，良好的减振能力，优异的电性能、电磁干扰屏蔽性能以及良好的可加工性和清洁性，在众多的工程材料中脱颖而出。镁合金材料凭借其出色的性能，在军事、航空航天、能源汽车、生物医学和3C（计算机、通信器械、消费类电子）等行业广泛应用，被誉为21世纪"绿色"工程材料。21世纪以来，全球环境与能源问题日益突出，质量轻、能耗少的交通工具备受关注。随着汽车拥有量的增加，汽车对于人们也变成了不可或缺的一部分，但是汽车对能源的消耗量也在增加，汽车燃油带来的废气排放对环境的污染也越来越严重。汽车轻量化是现代汽车的重要发展趋势，当汽车自身质量下降10%，其所耗费的燃油量也将减少6%~8%，同时尾气排放量将减少5%~6%。此外，车身质量的减轻对整车的燃油性价比，行车过程中稳定性、安全性都将有极大的提升。而镁合金正好可以充当这个角色，使汽车在铝合金的基础上质量减少15%~20%。

虽然镁合金具有低密度、高强度等众多优异的性能，但是镁合金具有较高的电化学活性，耐蚀性成了其广泛应用在各个行业的最大阻碍。其中主要有以下两个原因：一是镁的标准电极电位（-2.37 V）比常用的金属电极电位低，电化学活性相对较高，因此当与其他金属材料组合时，镁易作为阳极发生电化学腐蚀反应；二是镁合金表面被氧化时，不能形成致密的氧化膜层（形成氧化镁膜的P-B比仅为0.81），氧化膜层表面呈疏松多孔结构，不能有效阻止腐蚀反应的进一步发生。镁合金由于其高的表面自由能而具有高的水亲和力，这种吸水/吸湿的亲和作用极大地影响其使用寿命。因此，有效增强镁合金的防潮性能，能够提高其耐用性并延长其使用寿命。近年来，超疏水涂层凭借其优异的抗水性能引起了研究人员的广泛关注。目前，在镁金属上制备超疏水涂层的主要方法包括水热法、微弧氧化法、电化学沉积法等。

Wu小组通过在含有$NaNO_3$、$Al(NO_3)_3$、NaOH介质的水热溶液中原位生长合成了Mg-Al-$V_2O_7^{4-}$层状双氢氧化物（LDH）复合薄膜。腐蚀试验表明，Mg-Al-$V_2O_7^{4-}$ LDH膜腐蚀电流密度比AZ31合金提高了4个数量级。Huang等在AZ31基体上利用水热法制备Mg-Al层状双氢氧化物，随后用月桂酸钠（SL）和十二烷基苯磺酸钠（SDBS）进行改性。接触角结果测试表明，涂层的CA大于150°，SA小于3°，具有超疏水性，所制备的涂层在NaCl溶液中表现对镁合金基体优异的长期防腐性能。Song等通过简单的水热法利用硝酸钠水溶液在镁合金表面的Zn-Al合金表面制备了LDH膜，进一步用月桂酸改性，得到了超疏水LDH膜。涂层经过60个磨损循环后，CA仍大于150°，SA小于10°。Cui等在AZ31镁合金表面制备了一种MAO层，随后用硬脂酸（SA）改性得到了超疏水涂层，CA最大达到了151°。电化学测试表明，超疏水MAO涂层表现更低的腐蚀电流密度，在3.5% NaCl溶液中浸泡11 d后，只显示出局部腐蚀。结果表明，超疏水MAO涂层可以提供长期的腐蚀保护。Joo等将微弧氧化法处理后的镁合金通过水热法制备纳米多孔氢氧化物超疏水涂层，所制备的超疏水涂层的CA高达172.8°，SA约为2.4°，与镁合金基体相比，腐蚀电流密度降低了4个数量级。Cui等通过对Mg-4Li-Ca合金微弧氧化，之后使用硬脂酸锌（ZnSA）进行改性，制

备了 MAO/ZnSA 涂层。经过测试，CA 达到 153.5°。通过电化学测试，结果表明 MAO/ZnSA 涂层的腐蚀电流密度与基体相比降低了 3 个数量级。

电化学沉积法可以在镁基体表面沉积更耐腐蚀的其他金属涂层，并构建粗糙表面结构而形成超疏水表面。Song 等在 AZ31B 镁合金上，通过化学镀制备了镍-磷内层、镀铜中间层和电镀镍形成微/纳米级粗糙结构，在硬脂酸改性复合涂层后制备成超疏水涂层。超疏水涂层的 CA 为 155°。极化曲线和电化学阻抗谱测试结果表明，超疏水涂层显著提高了 AZ31B 的耐蚀性。Fang 等在 AZ31 镁合金上成功设计并制备了超疏水镍-磷/镍/氟化聚硅氧烷（PFDTMS）三层复合涂层，该复合涂层由化学沉积镍-磷（EL Ni）底层、电化学沉积镍（EC Ni）中间层和通过硅烷脱水缩合反应形成的 PFDTMS 顶层组成。复合涂层的 CA 为 153°，与未处理的镁合金相比，腐蚀电流密度降低了 4 个数量级，相应的低频阻抗模量增加了 4 个数量级，这表明复合涂层具有优异的超疏水性和耐蚀性。

Jiang 等将微弧氧化法与电化学沉积法相结合，在 AZ91D 镁合金上制备了具有主动愈合功能的超疏水性涂层，CA 最高达（151±1）°，这种双相涂层表现良好的抗腐蚀性。Zhang 等对 LA103Z 镁合金的表面进行微弧氧化，然后通过在不同温度的水和 Na_2SiO_3、NaOH、NaF 溶液中进行水热处理，在 MAO 陶瓷涂层表面原位生长 Mg-Al-Co 层状双氢氧化物涂层。电化学测试表明，90 ℃ 制备的复合涂层的腐蚀电流密度具有最佳的耐蚀性，比 MAO 陶瓷涂层低 2 个数量级。Wang 等采用了电化学沉积法和化学转化法在镁合金上制备了磷酸钙（Ca-P）和壳聚糖（CS）组成的复合镀层，通过化学转化和低表面能改性制备的超疏水涂层 CA 达到 158.5°。此外，超疏水涂层表现良好的耐蚀性和力学性能。Wang 等在镁合金表面制备了 MAO 陶瓷涂层，然后在陶瓷涂层的表面覆盖了一层改性的 SiO_2 薄膜，形成了有机-无机超疏水涂层，涂层的腐蚀电流密度与原基体相比降低了 6 个数量级。

Jiang 等使用硅酸盐电解质制备 MAO 涂层，并使用同源金属氧化物诱导法和一步原位生长法分别制备了 ZIF-8 涂层，然后将两种复合在镁合金表面，并使用硬脂酸进行改性形成了 MAO/ZIF-8/SA（MZS）复合涂层。通过检测，复合涂层的 CA 大于 150°，而且在低温以及不同溶液中仍保持化学稳定性。通过两种涂层的复合以及硬脂酸改性，不仅大大提高了涂层与涂层、涂层与基体之间的黏合力，而且极大提高了涂层的耐蚀性。Zhang 等通过水热法和电化学沉积法在镁合金 AZ31 表面制备了无氟超疏水 $Mg(OH)_2$/DTMS 复合涂层，该涂层由核桃状微/纳米级粗糙结构组成，CA 为 165.1°，SA 为（3.5±0.6）°。此外，极化曲线、电化学阻抗谱和析氢测量结果表明，复合涂层具有优良的耐蚀性。

镁基金属自身耐蚀性差，目前不同制备技术已成功在镁基体表面构建了各种形貌、材质的超疏水涂层，镁基超疏水涂层在 3.5% NaCl 溶液中的防护性能如表 10-1 所示。虽然为涂层增加超疏水性本身能提高涂层的耐蚀性，但涂层耐蚀性的主要决定因素仍是涂层自身的化学性质、形貌、致密度以及均匀性。从表 10-1 可以看出，相较于微弧氧化法，电化学沉积法和水热法所制备的涂层耐蚀性更高。微弧氧化法制备涂层的成分往往是氧化镁，自身耐蚀性差，且往往涂层具有多孔结构，一旦腐蚀液体渗入涂层，则会迅速侵入基体表面，导致基体腐蚀。相较而言，电化学沉积法与水热法则是在镁基体上制备一层更耐蚀的金属或金属氧化物来保护基体本身，涂层结构也往往更加致密，即使腐蚀液体浸入涂层表面粗糙结构，其也会被底层致密层阻隔而无法在短时间内接触基体表面。在超疏水涂层的保护下，镁基体的耐蚀性有很大程度提升。与其他金属基体类似，如何提高超疏水涂层的机械强度以及稳定性是重要研究课题之一。此外，由于镁合金基体本身有良好的生物兼容性，超疏水涂层对细菌等微生物附着有良好的抑制作用,因此,超疏水涂层在镁基生物材料上的应用是未来超疏水涂层的另一个重要发展方向。

表 10-1　镁基超疏水涂层在 3.5% NaCl 溶液中的防护性能

制备方法	基体材料	接触角/(°)	滚动角/(°)	基体腐蚀电流密度/($A \cdot cm^{-2}$)	涂层腐蚀电流密度/($A \cdot cm^{-2}$)
水热法	AZ31	160	4.2	2.56×10^{-4}	1.30×10^{-8}
	AZ31	150	3	1.09×10^{-4}	4.33×10^{-9}
	Mg-Al-Zn	150	10	9.18×10^{-4}	7.09×10^{-8}
微弧氧化法	AZ31B	172.8	2.4	5.82×10^{-5}	2.74×10^{-10}
	AZ91	153	5	2.81×10^{-5}	2.04×10^{-10}
电化学沉积法	AZ31B	155	2.2±0.2	3.66×10^{-4}	1.02×10^{-6}
	AZ31	153.6±4.6	5	6.93×10^{-5}	5.84×10^{-8}
复合法	AZ31	150	10	1.83×10^{-5}	1.6135×10^{-7}
	AZ91D	157	3.7±0.3	7.53×10^{-5}	4.31×10^{-9}
	AZ31	165.1	3.5±0.6	7.342×10^{-5}	1.777×10^{-8}

10.3.2　超疏水涂层在铝防腐领域的应用

铝是自然界中分布最广的金属元素,质量轻、比强度高的优点使铝及其合金在诸多领域有广泛的应用。在铝合金表面制备超疏水涂层时,一般采取先在表面构建微/纳级粗糙结构,再对表面进行疏水性改性的两步法。在铝表面可形成致密的氧化膜,从而隔绝金属表面与腐蚀介质的直接接触,进而提高铝的耐蚀性,因此通过阳极氧化法在铝表面制备氧化膜已经被广泛地应用于铝及其合金的表面防腐处理。目前,阳极氧化法也被广泛地应用于在铝及其合金表面制备超疏水涂层。

Zhang 等利用阳极氧化法详细研究了在 AA1050 铝合金基体上制备超疏水涂层的工艺参数与涂层性能之间的关系。研究发现,提高阳极氧化的电流密度以及处理时间,能增加涂层的表面粗糙度和超疏水性能;然而,当电流密度超过 0.5 A/cm²、处理时间超过 12 min 时,涂层的超疏水性能反而会降低。此外,当电解质溶液的 pH=7 时,涂层的超疏水性能最好,经氟化硅烷表面处理后,涂层的接触角最高达到 163°。在 3.5%NaCl 溶液中,与铝合金基体相比,超疏水涂层的腐蚀电流密度下降 8 个数量级。Arunnellaiappa 等以含有 Al_2O_3 纳米颗粒、硅酸钠和氢氧化钾的混合水溶液为电解质溶液,在 150 mA/cm² 电流密度下对 AA7075 铝合金微弧氧化处理 10 min;随后在 1 mol/L NaOH 水溶液中对微弧氧化形成的涂层腐蚀 10 s,以增加涂层粗糙度;然后将样品浸入肉豆蔻酸的乙醇溶液中进行疏水处理,涂层的接触角最高达到 154°。经过超疏水表面处理后,样品在 3.5%NaCl 溶液中的腐蚀电流密度下降了 6 个数量级。电化学阻抗谱试验中,处理后样品的阻抗提升了 6 个数量级。于佩航等利用微弧氧化法与水热法在 AA2024 铝合金表面制备了一种类水滑石/微弧氧化陶瓷复合涂层,

通过微弧氧化法制备的涂层往往有多孔结构，会导致腐蚀溶液的渗透，保护性差。后来在已有的微弧氧化陶瓷涂层上通过水热法制备了一层致密的类水滑石的涂层，经过硬脂酸修饰后，涂层具有超疏水性能，其接触角可达155°。同时，经过水热处理后，涂层的耐蚀性有了很大的提高，电化学阻抗谱试验数据表明，致密类水滑石/微弧氧化陶瓷复合超疏水涂层的阻抗是多孔微弧氧化涂层的400倍以上，同时腐蚀电流密度比微弧氧化陶瓷涂层降低了约2个数量级，即超疏水复合涂层具有更优异的耐蚀性。

Wang等采用水热法在6061铝合金上成功制备了镁-铝层状双氢氧化物（Mg-Al LDH）纳米层，使表面具有微/纳米级粗糙结构。经FAS修饰改性后，涂层的接触角达到160°。此外，涂层具有良好的抗结冰性能，与没有超疏水涂层的6061基体本身相比，当-10 ℃时，水滴在经过处理的表面结冰需要更长时间。另外，研究了水热反应过程中溶液的pH值对涂层表面形貌以及接触角的影响，结果表明，pH值越高，氢氧化物的分布越均匀，形状越卷曲，经过疏水化处理后涂层的接触角越大，样品在3.5% NaCl溶液里的腐蚀电流密度下降了1个数量级。

Zhang等采用水热法以氨水为水热介质，在5083铝合金上制备了由微米级三棱锥状$Al(OH)_3$颗粒组成的氢氧化铝涂层，每个$Al(OH)_3$颗粒由纳米级阶梯结构组成；经FAS改性处理后，涂层的接触角达到168°。该涂层使样品在3.5% NaCl溶液中的阻抗值提高了3个数量级，此外，该涂层能有效降低细菌的吸附。

铝基体本身具有良好的耐蚀性，同时，现有表面处理工艺能进一步提高铝基体的耐蚀性。目前，通过不同的制备方法，研究者们在现有工艺的基础上，为铝基体的表面涂层增加了超疏水性能。在超疏水涂层的保护下，铝基体的耐蚀性大幅提高，总体上腐蚀电流密度可以降低1~2个数量级。铝合金超疏水涂层在3.5% NaCl溶液中的防护性能如表10-2所示。优化现有工艺、降低制备成本、提高涂层稳定性，是铝合金基体上超疏水防腐涂层未来主要的发展方向。

表10-2 铝合金超疏水涂层在3.5% NaCl溶液中的防护性能

基体材料	制备方法	接触角/(°)	腐蚀电位/V 基体	腐蚀电位/V 涂层	腐蚀电流密度/(A·cm^{-2}) 基体	腐蚀电流密度/(A·cm^{-2}) 涂层
AA1050	阳极氧化法	163	-0.768	-0.758	5.65×10^{-6}	1.50×10^{-8}
AA7075	微弧氧化法	154	-0.737	-0.763	3.30×10^{-6}	2.93×10^{-12}
AA2024	微弧氧化法 水热法	155	-0.620	-0.470	1.68×10^{-3}	6.63×10^{-5}
6061	水热法	160	-0.691	-0.287	1.58×10^{-4}	1.58×10^{-5}
5083	水热法	152	-1.020	-0.780	1.19×10^{-6}	4.96×10^{-9}

10.3.3 超疏水涂层在钢防腐领域的应用

钢铁是国民经济建设的重要基础材料，钢铁的生产和使用与国民经济的发展密切相关。

钢铁产品种类繁多，分类也相当复杂。钢铁产品或构件一经生产出来，就必然处于一定的存储和使用环境中，除非采用特殊的防护措施，否则由于环境中存在水、氧和其他类型的侵蚀性介质，在化学、电化学和物理因素的作用下，钢铁会逐渐产生损失或变质现象。如何提高钢的耐蚀性和使用寿命，是防腐蚀工业的一个重要课题。

超疏水涂层也被用于钢的腐蚀防护。Peng 等采用模板法，在冷轧钢上合成了基于牺牲阳极型环氧树脂的超疏水涂层，该涂层的接触角高达 155°。然而，利用旋涂法制备的环氧树脂涂层的接触角仅为 81°。表面形貌分析表明，模板法制备的涂层具有与矢车菊叶类似的微观结构，具有良好的超疏水性能。经过表面处理后，由于金属活性环氧树脂对基体有阳极保护作用，使基体在 3.5% NaCl 溶液中的腐蚀速度下降 85%。此外，该涂层耐久性良好，在 3.5% NaCl 溶液中浸泡 7 天后，涂层的疏水性能以及耐蚀性均未下降。

Gao 等利用硫酸与过氧化氢混合溶液对 GCr15 钢进行刻蚀后，在基体表面构建了微/纳米级粗糙结构，经过 FAS 表面改性后，涂层的接触角达到 152°，且通过注入全氟聚醚形成注液光滑多孔表面，其滚动角接近 0°。此外，该涂层具有良好的耐磨性。在 3.5% NaCl 溶液中，样品的腐蚀电位提升了 250 mV，表明涂层具有良好的耐蚀性。韦少伟等通过一步电化学沉积法，将低碳钢置于 HCl 与硬脂酸的混合溶液中进行电化学沉积，在低碳钢表面成功制备了超疏水涂层，其接触角可达 152°。在 3.5% NaCl 溶液中，超疏水涂层的样品的腐蚀电流密度相较基体下降了 2 个数量级。Xiang 等系统研究了电化学沉积法腐蚀电流密度与涂层性能的关系，发现当腐蚀电流密度为 6 或 8 A/cm^2 时，涂层具有超疏水性能，且当腐蚀电流密度为 6 A/cm^2 时，涂层具有良好的耐磨性，在 5 N 重力下、1 400 目砂纸上摩擦 10 次后，涂层的接触角仍大于 150°；在 3.5% NaCl 溶液中的腐蚀电位提高了 261 mV，表明超疏水涂层具有良好的耐蚀性。Dey 等利用电泳沉积法，在中碳钢表面制备一层具有微/纳米级粗糙结构的 TiO$_2$ 涂层，通过表面改性处理后，涂层的接触角达到 160°。经过处理的中碳钢样品在 3.5% NaCl 溶液中的腐蚀电位提高了 550 mV，腐蚀电流密度下降了 4 个数量级。Li 等把镀锌钢基体直接浸泡在硬脂酸与硝酸银的混合溶液里，在镀锌钢表面一步制成具有微/纳米级粗糙结构的超疏水涂层，涂层的接触角高达 165°；在 3.5% NaCl 溶液中，腐蚀电位从基体本身的 -1.140 V 增加到 -0.988 V，提升了 152 mV，腐蚀电流密度从基体本身的 2.24×10^{-4} A/cm^2 下降到 5.24×10^{-7} A/cm^2，下降了 3 个数量级。此外，经超疏水涂层处理的样品在经过 72 h 的盐雾试验后，其失重降低到基体本身的 14%。

目前，通过不同的制备技术，人们已成功地在钢材料的表面构建了多种形貌、材质的超疏水涂层，在超疏水涂层的保护下，钢材料的耐蚀性得到进一步提高，钢基超疏水涂层在 3.5% NaCl 溶液中的防护性能如表 10-3 所示。从表 10-3 可看出，利用单纯在固体表面构筑粗糙结构的方法，如刻蚀法、模板法等方法，所制备的超疏水涂层对基体的耐蚀性提高有限，在传统抗腐蚀涂层的基础上再增加超疏水涂层的方法对涂层耐蚀性提高更大。总之，以下 3 个方面是未来钢基体表面超疏水防腐涂层的主要研究方向：

（1）进一步优化涂层制备工艺，提高超疏水涂层的耐磨性；

（2）研发成本更低、操作简单、适用性更广的涂层制备方法（如喷涂法）；

（3）研发适用于高盐度、高湿度海洋环境的超疏水涂层。

表 10-3　钢基超疏水涂层在 3.5% NaCl 溶液中的防护性能

基体材料	制备方法	接触角/(°)	腐蚀电位/V 基体	腐蚀电位/V 涂层	腐蚀电流密度/(A·cm^{-2}) 基体	腐蚀电流密度/(A·cm^{-2}) 涂层
冷轧钢	模板法	155	−0.916	−0.588	$3.40×10^{-7}$	$5.50×10^{-7}$
GCr15 钢	刻蚀法	152	−0.634	−0.493	$1.07×10^{-5}$	$7.46×10^{-6}$
低碳钢	电化学沉积法	152	−0.548	−0.256	$1.22×10^{-5}$	$1.14×10^{-7}$
低碳钢	电化学沉积法	152	−0.447	−0.186	$5.74×10^{-6}$	$2.02×10^{-7}$
中碳钢	电化学沉积法	160	−0.903	−0.380	$1.20×10^{-4}$	$0.90×10^{-8}$
镀锌钢	电化学沉积法	165	−1.140	−0.988	$2.24×10^{-4}$	$5.24×10^{-7}$

10.4　超疏水涂层防护机理

通常，金属基体被腐蚀破坏的主要原因是发生了电化学腐蚀，而发生电化学腐蚀需满足 3 个条件，即阴极、阳极、腐蚀介质，腐蚀介质一般为水溶液。在镁合金表面构建具有微/纳米级粗糙结构的超疏水涂层，可以最大程度隔绝镁合金与水和腐蚀离子的直接接触，从而提高了金属材料的耐蚀性。如图 10-3 所示，对于裸金属而言，Cl^-、H_2O 和 O_2 等侵蚀性介质直接与基体接触，极易发生腐蚀反应；而对于超疏水涂层而言，侵蚀性介质首先会被粗糙结构中所包含的空气组成的气垫隔离，其次，超疏水涂层本身也是耐蚀的，即使侵蚀性介质突破了气垫，涂层也可以进一步保护基体不被腐蚀，从而达到长期耐蚀的效果。

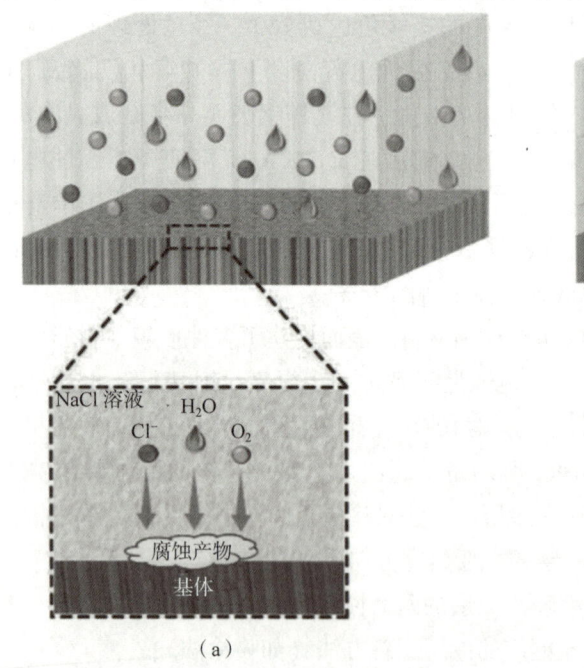

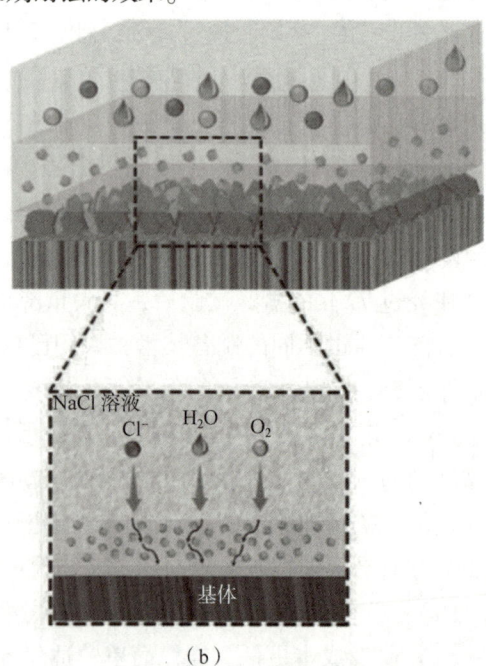

图 10-3　裸金属和超疏水涂层的防腐机理示意图
(a) 裸金属；(b) 超疏水涂层

(1) 气垫效应。

所制备的微/纳米级粗糙结构的超疏水涂层所具有的固-液界面符合 Cassie-Baxter 状态，涂层表面所具有的粗糙结构可以在界面处捕获空气，从而形成一层空气层。这个空气层可以有效地阻止侵蚀性介质与镁合金表面的直接接触，从而为基体提供保护。此外，空气层的存在相当于侵蚀性介质与基体之间存在一层气垫，可以阻止腐蚀体系中电池形成回路，从而抑制腐蚀，这便是气垫效应。然而，一些文献指出气垫处于亚稳态，很容易在水相中发生转化而被耗尽。因此，提高气垫的稳定性也不容忽视。

(2) 毛细作用。

毛细作用也是镁合金超疏水表面防腐蚀的一个重要因素。超疏水表面的微/纳米级粗糙结构可以在界面处捕获大量的空气，从而形成了许多微小的毛细管。当液滴落在超疏水表面时，处于液相中的毛细管垂直置于液体中。如果毛细管是亲水的，则液面将会上升并形成凹面；但如果毛细管表面是疏水的，则液面会被压低。超疏水表面的高接触角和细小的孔径，会导致液面明显下降。此外，在这种微小孔隙结构中的液体由于拉普拉斯力作用会受到一个从微孔向外的推力。

(3) 物理屏蔽作用。

腐蚀是因为金属与环境之间发生了物理化学反应，导致金属性能发生了变化，而为防止腐蚀设计的涂层必须具备有效的物理屏障，阻止腐蚀性溶液中侵蚀性介质进入金属界面，如图 10-4（a）所示。首先，常见的钝化层（LDH 膜），除了吸收氯化物和释放抑制剂阴离子的作用之外，膜本身也是一种强大的物理屏障，阻碍水分子和侵蚀性阴离子的侵袭。其次，涂层的微/纳米级粗糙结构，除了可以捕捉空气构成气垫外，也可以减少侵蚀性介质入侵金属表面的路径。除此以外，暴露在潮湿空气中的镁合金表面会由于温度变化和水蒸气冷凝而形成电解质膜，由于电解质膜是电子、氧气和二氧化碳的载体，因此会导致腐蚀速度突然增加。但在超疏水涂层上，由于微/纳米级粗糙结构凹凸不平，电子不能自由移动，因此可以抑制电化学反应，从而降低腐蚀速度，如图 10-4（b）所示。

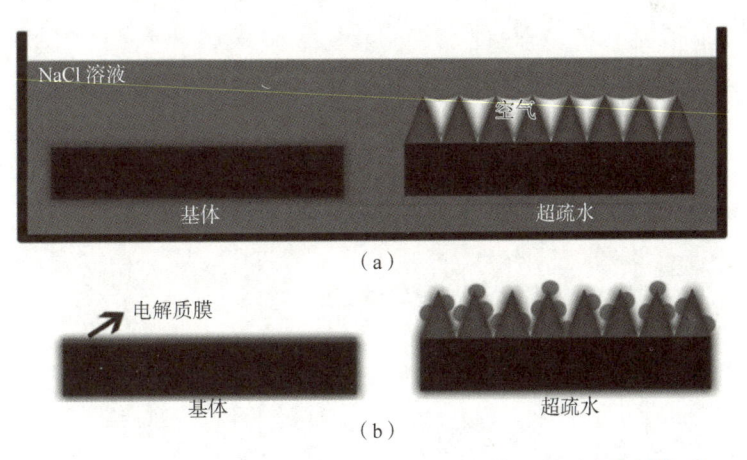

图 10-4 腐蚀性溶液中和潮湿空气中超疏水表面的耐腐蚀性模型

(a) 腐蚀性溶液中；(b) 潮湿空气中

10.5　超疏水涂层发展方向

　　微/纳米级粗糙结构以及低表面能是制备超疏水涂层的两个必要因素。但是，由于金属基体的表面能较高，呈亲水性，在金属表面构建微/纳米级粗糙结构后，会增加金属表面的亲水性。因此，在金属表面制备超疏水涂层时，大多选择在金属表面构建粗糙结构后，用低表面能物质处理基体以降低表面能，从而使涂层获得超疏水性能。然而，这种方法操作繁复，同时，低表面能物质往往是含氟化合物，既增加了成本，也不环保。因此，如何使用一步法制备超疏水涂层，同时避免在制备过程中使用含氟化合物，是超疏水涂层未来的一个发展方向。

　　研究发现，气垫是涂层重要的保护屏障，但在高流体静态或动态压力、高流量和盐度下，气垫便很容易发生不可逆转的破坏。其次，精致的微/纳米级粗糙结构无法提供高机械强度，从而导致机械耐久性差。微/纳米级粗糙结构一旦破坏，涂层的超疏水性必将衰减甚至失去，耐蚀性也会大大减弱。因此，在实际服役工况环境下，涂层的附着力、机械强度、耐久性以及耐磨性至关重要，研发耐久性超疏水涂层也是超疏水涂层的一个发展方向。

　　金属腐蚀是一个长期过程，一旦表面涂层破损便会导致破损处金属基体的加速腐蚀。当具有自修复功能的涂层出现破损时，其能对自身进行修复而延长其使用寿命。相似地，在涂层中添加缓蚀剂，使涂层能在使用过程中缓慢地释放缓蚀剂，令涂层具有主动防腐功能，从而延长涂层的使用寿命。研究功能型超疏水涂层，为涂层增加自修复功能和主动防腐功能，则是未来超疏水涂层的另一个发展方向。

参 考 文 献

[1] 孙秋霞. 材料腐蚀与防护 [M]. 北京：冶金工业出版社，2001.
[2] 张宝宏，从文博，杨萍. 金属电化学腐蚀与防护 [M]. 北京：化学工业出版社，2005.
[3] 曹楚南. 腐蚀电化学原理 [M]. 2版. 北京：化学工业出版社，2004.
[4] 朱日彰. 金属腐蚀学 [M]. 北京：冶金工业出版社，1989.
[5] 杨文治. 电化学基础 [M]. 北京：北京大学出版社，1982.
[6] 张承忠. 金属的腐蚀与防护 [M]. 北京：冶金工业出版社，1985.
[7] 肖纪美，曹楚南. 材料腐蚀学原理 [M]. 北京：化学工业出版社，2002.
[8] 魏宝明. 金属腐蚀理论及应用 [M]. 北京：化学工业出版社，1984.
[9] 胡传炘，宋幼慧. 涂层技术原理及应用 [M]. 北京：化学工业出版社，2000.